中国人的道德前景

（第三版）

茅于轼 著

暨南大學出版社
JINAN UNIVERSITY PRESS
中国·广州

图书在版编目(CIP)数据

中国人的道德前景/茅于轼著.—3版.—广州:暨南大学出版社,2008.11(2016.5重印)
ISBN 978-7-81135-091-3

Ⅰ.中… Ⅱ.茅… Ⅲ.道德修养—研究—中国 Ⅳ.B825

中国版本图书馆CIP数据核字(2008)第141888号

出版发行:暨南大学出版社

地　址:中国广州暨南大学
电　话:总编室(8620)85221601
营销部(8620)85225284　85228291　85228292(邮购)
传　真:(8620)85221583(办公室)　85223774(营销部)
邮　编:510630
网　址:http://www.jnupress.com　http://press.jnu.edu.cn

排　版:广州市天河星辰文化发展部照排中心
印　刷:佛山市浩文彩色印刷有限公司

开　本:787mm×1092mm　1/16
印　张:23.25
字　数:332千
版　次:1997年12月第1版　2008年11月第3版
印　次:2016年5月第15次

定　价:39.80元

第三版前言

本书的第一版是1997年出版的。当时正是中国经济全面从计划经济向市场经济推进的时候。在这个渗透到社会方方面面的深刻的变化中,中国人的道德观也经历着重新定向的迷茫。过去所提倡的共产主义道德观显然和市场经济相冲突。一个要无私奉献,一个要追求利润。究竟何者正确,理由何在,迫切需要回答。这本书就是在这样的背景下写的。本书从1997年初版到2002年的五年中,销售量估计已超过8万册。它不但在国内产生影响,也在美国和欧洲拥有许多读者,有个人和组织与我联系希望将此书翻译成英文。这本书还获得了1999年安东尼·费雪的国际纪念提名奖。

到了2002年,中国的市场化改革有了很大进展,但是社会的金钱至上思潮迅速泛滥,见利忘义的行为使社会的道德水准普遍降低。这时候需要强调的不再是维护个人利益的正当性,而是对金钱的正确认识,对自利的克制和对公共利益的重视。在这样的背景下我做了第二版的修改。讨论了为什么要克制自利,还增加了"道德与快乐"一章,旨在说明金钱并不是最终追求的目标。

六年后的今天,社会所关心的问题又转向了公平和收入分配问题。公平是与道德有关的一个重要内容,我们应明确我们要追求的是什么样的公平,一些公平貌似合理,其实是对社会有害的。所以我把近年来在这方面的思考呈现给大家。尽管这样,这本书还谈不上是完整的道德论述。我相信随着中国改革的进一步深入,还会出现新问题。希望这本书能够帮助大家认真地思考,探索不断发展和变化中的中国人的道德前景。

茅于轼

2008 年 9 月 5 日

再版前言

本书于 1997 年底出版以后，引起海内外众多读者的兴趣。这是因为我国正经历着从计划经济到市场经济的过渡，这是一场极其深刻的变化，它不但改变了人们所赖以为生的一切资源的配置方式，而且改变了人们的是非观。过去认为正确的，现在被认为是错误的；过去所提倡的，现在反而要批评。这里正用得着狄更斯在小说《双城记》中一开始所说的：这是最好的时代，这是最坏的时代；这是最聪明的时代，这是最愚蠢的时代；这是信任的时代，这是欺骗的时代……总之，这是一个一切都在变动，使人们失去方向、感到迷茫的时代。而这一切最根本的问题是什么是对，什么是错，这牵涉到道德观、是非观。本书正是讨论这个大家非常关心的最根本的问题，所以受到广大读者的欢迎。本书虽然没有外文版，但是在美国和欧洲都产生了影响，因此它获得了 1999 年安东尼·费雪的国际纪念提名奖（Sir Antony Fisher International Memorial Award，Honorable Mention）。奖金 2 000 美元我捐给了北京天则经济研究所。现在有国外基金会计划将本书翻译成英文出版，此项工作正在进行之中。

从本书第一次出版至今，已过去了四年多。虽然这本书出版以来一直卖得很好，平均每个月都能卖 1 000 册左右，但是我对它越来越不满意，有不少内容需要修改。一方面，社会在变化，发生的新事物、新问题使得原书讨论的重点需要适当调整；另一方面，我本人在道德问题的思考中也有许多新的想法，值得提出来和大家一起交流。另外，有些理论除了需要用更新、更恰当的例子来说明外，其本身也需要补充更新。这一版最主要的补充是增加了新的一章：道德与快乐。我认为这是一个十分重要的发展。我研究经济学 20 多年，树立了对经济学规律的坚定的信心，可是随着对快乐的认识的逐步深入，我发现我过去的许多想法存在问题，我过去推导得出的一些结论，现在有时连我自己都不敢相信。可是经客观地分析，它们确实是对的。现将其奉献给各位读者，恐怕也会引起一些争论。一个社会的道德观，就是这样不断适应需要而调整变化着。这应该是一种社会的进步。

茅于轼

2002 年 10 月

前 言

古今中外讨论道德问题的书多如牛毛，它们的内容非常之不同。当你拿起一本这一类的书时，很难把握它的着重点在哪里，无法判断它是偏重于哲学、心理学、神学，还是口号的汇编，或者干脆只是一本小说。

本书着重从两个方面讨论道德问题。第一是对道德问题进行理性的分析，用大家都同意的简单逻辑来分析各种道德主张的矛盾性和一致性，指出每种主张隐含的出发点是什么，它可以推广到何种程度，其界限何在。**道德说教之所以苍白无力就在于缺少理性分析。说教者板着面孔，说出一堆自己也不能自圆其说的主张，叫人觉得滑稽可笑。**其实，道德问题中充满着引人入胜的矛盾论证，它常引起喜欢思考的人的兴趣。第二是大量结合我国经济改革以来出现的各种社会现象来展开理性分析，而不是在纯粹的形式逻辑里兜圈子。不仅报刊上有趣的新闻报道可以用作我们的素材，许多司空见惯的现象也是我们讨论问题的出发点。越是我们熟视无睹的事，越能体现大家共同认可的规则。对这类现象作深层次的探讨将有助于我们更透彻地了解自己、反省自己，并看出我们应朝什么方向来修正自己的道德观念。

文化大革命结束之后，我国历史翻开了崭新的一章：人们变得更富裕了；人际关系的范围大大扩展了，其内容很多是利益往来；西方的观念大量涌入；人们对生活的追求越来越偏重于物质方面。"文革"中最忌讳的一些事，现在变成了热门话题。思想解放当然是大进步，但也引发了大量的新问题。有人以为现在是百无禁忌，什么事都可以做了。我们却不知道究竟是非的界限在哪里，可以说许多人出现了道德上的迷茫。面对着世风日下，某些不良风气泛滥，人人追求赚"快钱"等这些新中国成立40年来没有过的事，社会上的有识之士深感忧虑。当然，哀叹和牢骚是无用的，但对策何在？前景如何？答案是极其不同的。**再用过去强调的道德原则来要求新的一代人，实际上已很难被接受，而且这一套原则在逻辑上包含着严重的缺陷，真正要将它贯彻到底是行不通的。我国传统的儒家伦理有许多可贵的规范，但需对其侧重点加以重大调整，特别是要注入我国传统文化中从来没有也不可能产生的商品经济所需要的全新的道德要素。**我们需要道德观念的重整。只有在适应新经济环境的基础上，新的道德观念才能够重新建立。

新道德观念的萌生主要是经济发展的结果。所以从经济的角度来讨论道德问题是非常必要的。历来研究经济的许多人最终被伦理问题所吸引。现代经济学的奠基人亚当·斯密，除写了传诸200年而不衰的《国富论》之外，还写了《道德情操论》；马克思著有不朽的《资本论》，在这本书以及他的其他许多著作里大量地讨论了道德问题；[①]精于

① 参见《马克思的道德理论》，见《道德百科全书》，湖南人民出版社1988年版，第271页。

经济理论研究的恩格斯的《反杜林论》中有连续三节专门讨论道德；现代许多获得诺贝尔经济学奖的经济学家，如阿罗、布坎南、弗里德曼、西蒙都发表过自己关于道德的看法。伦理学中一个主要流派——功利主义的奠基人边沁(Jeremy Bentham，1748—1832)曾将道德原则确立为最大多数人的最大幸福，而经济学所研究的正是在各种资源有限的条件下将社会财富极大化的方法，这是从目标看。从动机看，经济学研究人在自利动机下的经济行为，以及此种行为所导致的资源分配结果。然而人的行为动机除了自利之外还有一个重要方面，即道德，某种意义上可以解释为利他。这两种相互排斥的动机如何统一存在于个人的行为，当然吸引了经济学家和伦理学家的注意。

人类社会已经有几千年文字记载的历史，在此期间经济制度不断在演进，同时也不断地向伦理学提出新的问题。这方面的探讨将永远没有穷尽的时候。

茅于轼

1997年国庆节于天则经济研究所

目录

第一章　道德的悖论

1. 君子国里的利益冲突

18 至 19 世纪之间，我国文学家李汝珍写了一本小说，名叫《镜花缘》。书里讲了一位叫唐敖的人，由于宦途受挫，跟随他的妻弟林之洋到海外去游历。途中经过了许多国家，见识了许多奇风异俗。他们经过的第一个国家就是“君子国”。

君子国里的人，个个都以自己吃亏让人得利为乐事。小说的第十一回里描写了君子国里一名隶卒（在衙门里当差的小兵，作者有意用隶卒作例，因为隶卒有点特权，往往欺侮百姓）买物的情况：

隶卒……手中拿着货物道：“老兄如此高货，却讨恁般低价，教小弟买去，如何能安！务求将价加增，方好遵教。若再过谦，那是有意赏光不肯交易了。”

卖货人答道：“既承照顾，敢不仰体！但适才妄讨大价，已觉厚颜，不意老兄反说货高价贱，岂不更教小弟惭愧？况货并非‘言无二价’，其中颇有虚头。**俗云‘漫天要价，就地还钱’**。今老兄不但不减，反要增加，如此克己，只好请到别家交易，小弟实难遵命。”

只听隶卒又说道：“老兄以高货讨贱价，反说小弟克己，岂不失了‘忠恕之道'？凡事总要彼此无欺，方为公允。试问哪个腹中无算盘？小弟又安能受人之愚哩。"谈了许久，卖货人执意不增。隶卒赌气，照数讨价，拿了一半货物。刚要举步，卖货人哪里肯依，只说"价多货少"拦住不放。路旁走过两个老翁，作好作歹，从公评定，令隶卒照价拿了八折货物，这才交易而去。

接着小说又描写了另一笔交易。这笔交易中的买方认为货色鲜美索价太低，而卖方则坚持自己的货色既欠新鲜，又属平常。最后成交时买者尽挑了次等货物，引起公众议论，说买者欺人不公，买方只好将上等货与下等货各携一半而去。第三笔交易的双方是在银子的成色和分量上发生了争执。付银的一方硬说自己的银子成色欠佳，分量不足，而收银的一方则嫌成色超标，戥头又过高。无奈付银人已走远，收银人只好将他觉得多收的银子称出，送给了过路的乞丐。

小说中关于君子国的描写，有两点值得我们思考。

第一，双方让利和双方争利都会引起争论。我们**在现实生活中所遇到的争论，都是由各方偏袒自己的利益引起的。因此，我们常常错误地认为，如果关心别人的利益胜过关心自己的利益，争论就不会发生。而君子国里发生的事情，说明了以别人的利益作为自己行动的原则同样会引起争论，结果我们仍然得不到一个和谐、协调的社会。**

进一步的观察还可以发现，在现实世界的商业往来中，虽然双方都以牟利为目的，但通过讨价还价可以达成协议，而在无私的君子国里，讨价还价则不可能。小说里不得不借助于两个路过的老翁或一个乞丐，用强制性的办法来解决矛盾（幸亏乞丐是从外国来的，如果他也是君子国的人，则纠纷永无了结之时）。这里包含着一个极深奥而且非常重要的道理：**以自利为目的的谈判具有双方同意的均衡点，而以利他为目的的谈判则不存在能使双方都同意的均衡点。**所以利己是可以达到和谐的，而利他却永远不可能达成一致意见，其结果将是产生一个纠纷不断的社会。这确实大大地出乎人们的意料。由于君子国内不能实现人与人关系的均衡，从动态变化来看，它最终必定转变成"小人国"。因为君子国是最适宜于专门利己、毫不利人的“小人”们生长繁殖的环境。当“君子”们吵得不可开交时，“小人”跑来用使君子吃亏自己得利的办法解决矛盾。但长此以往，君子国将被“小人国”取代而走向消亡。

从这一点来看，**人是自利的生物实在是人类社会的大幸。由此，人类才有了创建大同世界的理想。如果人是利他的，则任何理想都不可能建立起来。**

当然，从现实出发，为了减少争吵，每个人都应多一点关心别人，多一点克制自己的私欲。可是这一点如果变成了各方行为的目标，就会出现君子国里的另一种争吵。也许有人会说君子国里滑稽的争吵在现实生活中是不会发生的，可是本书的讨论会逐渐揭示出现实生活中的种种问题，有一部分确实和君子国里发生的事情有类似的原因，或者说，是和利益原则的误导有关。

第二，君子国里每个人的动机是什么？首先要问的是人们为什么要交易？不论是原始的以货换货，或是现代社会的用货币换取商品，交换的动机都是改善自己的处境，使自己的生活更方便、更舒适些。如果没有这一点动机，人们为何不辞辛劳地去参加交换呢？我们每个人所得到的各种物质享受，从针头线脑到冰箱彩电，都是通过交换才得到的。如果绝对避免交换，每个人就只能到农村去种粮种棉花，用土坯垒房子，向土地索取自己生活所需要的一切物品了，当然这样也可以勉强生存下去，我们的祖先曾经以这种方式生存了几万年。但他们绝对不可能享受任何现代文明所提供的最起码的成果。

君子国里的人已经有了国家，又有了市场，这就说明他们已经摈弃了自给自足的生活方式，选择了通过交换来改善自己物质生活的道路。既然如此，他们又何以要在交换的时候拒绝考虑自己的利益呢？当然，如果交换一开始就是为了减少自己的利益增进他人的利益，“君子”们的行为或许还可能发生。可是每一个参与过交换、有过交换经验的人都知道，交换双方都是为了自己的利益去参加交换，而在交换进行的过程中却又反对自己的利益，这种前后不一致的动机是自相矛盾的。

2. 建立在互相服务基础上的社会是否可行

过去在宣传学雷锋的时候，电视上经常出现这样的画面：一位学雷锋的好心人义务为附近群众修理锅碗瓢盆，于是在他的面前排起了几十个人的长队，每个人手里拿着一个破损待修的器皿。电视台作这样的报道，目的在于宣传那位学雷锋的好心人，观众的注意力也被他所吸引。但是如果没有那几十个人的长队，这种宣传就毫无意义了。可是值得思考的是，这几十个人完全不是来学雷锋做好事的，恰恰相反，他们是来拣便宜的。用这种宣传方式来教育大家为别人做好事，每培养出一名做好事

的人，必然同时培养出几十名拣便宜的人。**过去人们以为宣传为别人做好事就可以改进社会风气，实在是极大的误解，因为这样附带培养出来的专门拣别人便宜的人，将数十倍于为别人做好事的人。**

从社会的经济效益来看，这种义务做好事的行为也完全不值得推广。免费修理招引来的人，手里拿的多半是破损得厉害、本已不值得再去修的东西，有的干脆就是从垃圾堆里捡来的。现在因为可以免费修理，修理花的工夫再大，用的材料再多，也都是别人的负担，他们自己所花的代价只是排队要用的时间而已。从整个社会来看，花了修理用的材料，花了修理的时间和排队的时间，结果只是将一件很难再用的器皿修得勉强能用。如果将这些修理用的材料和时间，以及排队用的时间去从事更有效的生产活动，一定能为社会提供更多的价值。所以从经济效率看，这种义务修理的活动也是弊大于利。

更有甚者，如果再有一位学雷锋的好心人替他去排队，自己不必花费这个代价，等待修理的队伍恐怕还会长几倍。这将是一个十分可笑的情景，一部分人为另一部分人义务服务并且帮他们排队，而受服务人专门享受他人所提供的服务。可见义务为他人服务的制度，必须以有一批享受别人服务的人为前提条件。这大概是鼓吹义务为别人服务的人所从来没有想到的吧。

义务帮别人修理器皿，还有一个意想不到的结果。即原来从事修理业并以此为生的人，被这些学雷锋的好心人所排挤，他们可能是下岗的生活有困难的人。

我丝毫也不反对向雷锋学习，他帮助有困难的人，这对社会是有益的，是完全必要的。但是要求人义务做好事，则把事情弄混乱了。这是歪曲了雷锋精神。

在我们这个社会里有一些愤世嫉俗的人，讨厌这个金钱至上的社会。有钱人趾高气扬，颐指气使，而没钱的人不得不委曲求全。金钱扭曲了人和人之间的正常关系。因此他们希望建立一个彼此服务、不讲价钱的社会。农民无偿地为大家种粮食,工人无偿地为大家织布、做衣服,理发师无偿地为大家理发等。这样一个理想社会是否可行,值得我们思考。这里涉及经济学很深奥的资源配置理论，不是几句话能够讲得清楚的。但是我们不妨做一个思想实验。拿免费理发作例子,现在男人一般每三四个星期理一次发,如果变成免费理发,他们可能每星期都要理一次发。比较收费和免费,显然收费能够更有效地使用理发师的劳动。更深究一步,在收费的情况下收多少钱最合适,或者理发的价格决定了理发师的劳动在全社会中的份额。收费低,理发的人会增多,理发师的数量就需要增加。其他一切工种的多少都是这样决定的。这就是资源配置理论。

我国农村的不少地方盛行着互相免费服务的习惯。某家需要盖新房,亲戚朋友都来帮忙。一般是不付报酬的,顶多有一顿带肉的好饭。下次别人盖房,就用自己的免费服务作回报。乡间还有一些会修理电器用具的技工,他们为乡亲们服务往往也是免费的,只是过年过节乡亲们送一些礼作为补偿。这种不用金钱的交换不能准确计量服务的价值,有价值的劳动不能得到发展,社会的分工得不到鼓励。可见金钱和价格在人类社会发展中起了关键性的作用。至于金钱取代了人情,当然不是我们所希望的,但我们不能因为金钱侵蚀了人情就不要金钱。事实上人们为了有效使用资源将永远离不开金钱和价格,舍此别无他法。当然,我们也完全有可能建设一个既有人情又有效率的社会。

3. 私心的均衡[①]

甲、乙两人分吃苹果。甲捷足先登,一手拿走了大的。乙甚为不快,责怪甲说:"你怎么这样自私?"甲反问道:"要是你先拿,你拿哪一个呢?"乙

① 本例引自胡平:《道德问题随感录》,载《青年论坛》1985年第3期,第65页。

答："我先拿就拿小的那个。"甲笑道："如此说来，我的拿法是完全符合你的愿望的。"

在此，甲拣了乙的便宜，因为乙奉行了"先人后己"的原则；然而乙却无法拣甲的便宜，因为甲并不奉行这个原则。所以当社会里只有一部分人奉行"先人后己"的原则时，必定这一部分人吃亏，另一部分人占利。长此以往，势必引起争吵。可见这种"先人后己"的原则如果只有一部分人愿意实行的话，最终是行不通的。

如果甲、乙两人同时都奉行这个原则，上述这个分苹果的问题仍旧无法解决。因为两人都要先拿小的，又会在新的问题上争执不下，正如在君子国里发生的事。不但两个人组成的社会里会发生这样的问题，许多人组成的社会里也有这个问题。如果全社会中除了一个人以外，其他的人全都奉行"毫不利己，专门利人"的原则，将全社会的利益都归这一个人享用，至少在逻辑上还讲得通。如果连这个唯一例外的人，也转而奉行"毫不利己，专门利人"的原则的话，则这个社会就无法存在下去，除非它的利益可以输出。再从地球上的全人类的角度来看，输出利益是没有可能的。

产生这些矛盾的逻辑上的原因，在于从社会整体来看，不存在"别人"与"自己"的差别。虽然对某一个具体的张三或李四来说，自己就是自己，别人就是别人，二者绝不会混淆。但是就整个社会来说，每个人既是他自己，又是别人眼中的别人。[①] 当"先人后己"的原则应用于他自己时，他应该后于别人考虑自己的利害得失；可是当同一个原则应用于别人时，他又成了别人，他的利益又应先于别人(另一个自己)得到考虑。这样同一个社会成员的利益究竟应该先于别人还是后于别人，就陷入了矛

① 远东人在《我的反思》一文中写道：他是什么？他也是一个我。相对于我来说他是他，相对于他来说他是我。他只是我的赋予，而且只因为他也独立为我。他若不构成我，那便是他；可他不是他，那必是我……他如果要求我无我，那不过是他的自我膨胀；他如果用他来否定或贬低我，那不过是用他的我来否定或贬低我的我。此文刊于《青年论坛》1985年第2期，第112页。

盾。**所以"先人后己"和"毫不利己,专门利人"一类的要求包含着逻辑上的矛盾,不可能成为真正得以实施的处理人际关系的原则。当然这绝不是说,先人后己的精神不值得称赞,或者这种行为不高尚,而是说,这种原则不能成为社会成员中利益关系的普遍基础。**

经历过文化大革命的人一定还记得,当"斗私批修"的口号喊得震天响的时候,也正是一批野心家、阴谋家的私欲膨胀到极点,图谋篡权杀人的时候。那时大多数善良天真的老百姓真的相信"斗私批修"可以成为普遍的社会准则,因而真心诚意地身体力行。与此同时又有一批投机分子,他们窥察出"君子可欺以其方",别人"斗私批修",正是他们大捞便宜的好机会。他们以打倒剥削为借口去抄别人的家,却把抄来的金银财宝装进自己的口袋;他们号召别人"狠斗私字一闪念",要别人为了革命的利益承认自己是叛徒、特务、反革命,以便在自己的功劳簿上加上一笔;他们甚至不惜置人于死地，只要自己能图得一官半职。我们在前面只分析了“先人后己”在理论上的矛盾，而文化大革命的历史又证明了此种原则普遍推行时在实践上所出现的矛盾。

现在文化大革命已经过去，那时所提出来的许多口号正经受着质疑和批判。但是处理人与人之间利益关系的原则究竟是什么，似乎还没有经过认真的重新思考。有不少宣传材料仍旧用老一套的说教来要求群众，在民事纠纷调解中，甚至在法庭审判案件中，陈旧的观点仍然有着很大的影响。

善于思考的读者对于前面提到的两个人分苹果的例子，一定会提出进一步的问题。如果说“先人后己”不能解决合理分配的问题，难道说“先己后人”或者说什么其他更高明的原则能解决这个难题吗？苹果是一大一小，参加分配的就这么两个人，恐怕神仙也找不出好办法来。

但是，在一个有交换的社会里，上述难题就不难解决。这两个参与分配的人可以通过协商取得一个双方都同意的解决办法。

例如这一次甲拿大苹果，下一次乙拿大苹果；或者拿大苹果的人向拿小苹果的人支付一点补偿。在有货币的社会里，用后一种方法一定可以找到一种双方都同意的解决方案。只要将补偿的金额从最小的单位(一分钱)算起，逐步增加，一直到任何一方首先同意拿小苹果再加上补偿为止。因为最初补偿的金额很少，我们可以认为双方都愿意拿大苹果。当补偿的金额多到某个程度，甲、乙双方之中有一方同意拿小苹果加补偿时，另一方仍旧愿意拿大苹果并支付补偿，所以此方案是同时能被双方接受的，而且我们还可以肯定，补偿金额是有限度的，它不可能超过大苹果价值的一半。因为在最极端的情况下，小苹果的价值小到接近于零，拿小苹果的一方也不会感到吃亏。此时他拿到半个大苹果的价值，另一方拿到一个大苹果同时支付了半个大苹果的价钱，双方拿到的价值是相等的。所以在有货币的情况下，补偿的金额必定大于零，小于半个大苹果。我们有把握说，只要双方是理智地考虑这一问题，就不可能找不到解决问题的办法。这就是**具有利益的均衡点**。

通过对上面三个例子的分析，我们可以进一步地讨论革命的目的是什么，我们应该建立一个以什么样的原则组织起来的社会。

古今中外的革命毫无例外地都是受压迫的人们组织起来的，反抗压迫他们的少数人，或者说，革命是出于捍卫自身的利益，而不是出于漠视自身的利益。因此革命的最终目的，不可能是建立一个否定初衷、否定自身利益的社会。有少数人强调说，共产主义社会中每个人都有很高的觉悟，他们都恭敬谦让，不为物质利益而争吵，否则共产主义社会仍然会充满矛盾和斗争。这种理想直接与原来革命的目的相背离，如果克制谦让能成为社会组织的原则，那么大家都克制一点，当初的革命就不会发生。

革命之后建立起来的社会，如果仍旧是一部分人侵害另一部分人的利益，这个社会难免还要发生革命。这也正是迄今为止人类革命史上的悲剧，它没有建立一个公正合理的社会原则，使每一个人的利益都不受侵犯，每一个人的生存权利都得到尊重。过去革命的结果只是由这部分人压迫另一部分人改变为由另一部分人来压迫这部分人，或者由这个阶级专政改变为由那个阶级专政。人类要运用极大的聪明和理智，才能从这种无穷尽的革命—反革命—反反革命……的循环中解脱出来，正如马克思所说的，无产阶级(或任何一群人——作者注)只有解放全人类，才能最后解放自己。

如果革命是穷人造富人的反，革命的结果将是少数穷人变富人，多数穷人仍然是穷人，只不过是富人换了班，社会上仍有贫富之分，最后免不了再次革命。如果说有穷富就有革命，那么只有消灭穷富差别，或者全部变富人，或者全部变穷人，才能消除革命。但全部变富人受社会生产力的限制而不可能，就只能是全部变穷人。这就是我们在新中国成立后改革前的30年，即1949—1978年所存在的状况。地主富农被消灭了，资本家和买办阶级也没有了，全国没有一个人有私人小汽车，虽有私人住宅，但吃、穿、用，都非常困难。中国基本上变成消灭了富人的穷人国。这并不是大家所希望的。可见把消灭贫富差别作为社会发展的目标是错误的。在这样的背景下邓小平提出让一部分人先富起来。这需要巨大的勇气，因为当时大家把富跟罪恶连在一起,允许富等于允许罪恶。至今也还有不少人持此观点。

改革30年之后贫富的问题再次被提出来，改革前仇富的心理再次被激发。在强调阶级斗争的年代里,每次运动的开始都用忆苦思甜,控诉旧社会,回忆受剥削的痛苦来调动人民内心仇恨的种子。所以“文革”这场横扫一切牛鬼蛇神的阶级斗争开始时，许多地方把地主富农的后代(他们本人大多数已经去世了)活埋,老幼妇婴概无幸免。人说,世界上没有无缘无故的爱,也没有无缘无故的恨。活埋地主富农后代的仇恨心理从何而来?就是认定了他们是靠剥削起家的。现在市场经济流行之后贫富差距日益明显。其中固然不乏用非法手段致富的人,但在任何社会里贫富差别都是不可避免的现象。即使在非法渠道严格受限制的发达国家里,贫富差距也普遍存在。在他们那里仇富心理就是有,也没有我们这么严重。

仇富心理在逻辑上是错误的。如果因为自己没有当上富人而仇富,那么对这些暂时的穷人的最佳策略是先打倒富人,等自己变成富人以后再来保护富人。这样对个别人确实是最优。但就全社会而言,因为无法协调大家致富的步伐而无法实施。如果自己准备永远当穷人,安心于受穷,也就没有必要去反对富人。不论对哪种人而言,反对富人的理由都不能自圆其说。但确保每个人创造财富的权利,劳动成果不被侵犯,财产的所有权得到保障,穷人就有机会变富,因而有越来越多的人致富,提倡致富光荣,这样的社会是可以建立的。

中国学者黎鸣先生分析道,将人们分成穷人和富人是一个错误的分法。应该分成有权者和无权者。他的意思是,现在社会上的贫富问题,其实质是有权和无权的问题。富人是因为有权而致富的,穷人之所以穷是因为他们无权。他所指的权,应该是人权,而不是特权。因为不可能人人都享有特权。所谓特权就是只有少数人能够拥有的权利。所以要解决贫富问题,应该从每个人都享有的人权出发。他的分析深刻而彻底。

4. 何以私心需要克制

上面的论证,说明了每个人关心自己,有私心,是正常的。而且只要同时也尊重别人的私心,大家是能够找到一致意见的均衡点的。这样说来,没有必要去反对私心。严格地讲,私心本身并没有错,至少从理论上看是完全正当的。但是在现实生活中,又能看到许多纠纷就是由私心引起的,这是什么原因呢?

因为利益的界限并不是很清楚的。每个人都倾向于扩大自己的利益,而漠视他人的利益,其结果必然发生利益的矛盾。当几个人一起,共同完成一项工作或取得科研成果时,我们可以大致分一下,谁的贡献大,谁的贡献小。但是如果有一笔科研奖金发下来,要精确分配奖金时,究竟谁应该拿多少,往往是一个引起争吵的问题。这就是因为个人的利益界限并不是很清楚,而且每个人都倾向于多得一点而不是少得一点。类似的事是经常发生的。几个人合办一家企业,成功之后,往往在分配问题上闹纠纷。如果各不相让,最后只能不欢而散,企业垮台。这样的事例多得不胜枚举。企业内资方和劳方的矛盾也属于这一类。虽然市场上的价格能够为利益的分配提供一个参考,工人的工资可以参考通行的市场工资,但是每个企业都有其特殊情况,每个工人也有其特殊情况,市场价格并不一定等于每个具体工人的报酬所得。所得既然不能精确确定,利益界限存在模糊区域,争论就可能发生。

这一类争论往往是两败俱伤的。企业领导人之间的分歧可以导致企业解散;劳资纠纷如果双方都不让步,结果可能是工人罢工,对双方都不利,甚至影响到社会中其他人士。如果双方能够认识到不让步的不良后果,双方就有可能采取协商态度来解决问题。所以解决利益界限模糊的合理途径就是协商和让步。如果双方事前能够对自己的利益有所克制,争议就可避免,合作就更愉快。这就是为什么还要克制私心的缘故。

不侵犯别人的利益,这仅仅是一个原则,什么是别人的利益?这是很不清楚的。经常有这样的事:一对青年男女谈恋爱,后来由于某种原因一方要求中断恋爱关系。这是不是侵犯了对方的利益?中断恋爱关系因而遭受失恋的痛苦,显然是利益受侵犯。但是从另一方来看,恋爱关系不同于婚姻关系,它不受任何法律的约束。总不能说凡是谈了恋爱的都不可以反悔。这样的话谁还敢谈恋爱?恋爱就等于结婚。中断恋爱关系的事每天都在发生,闹出人命案的也不少。究竟是非何在,是很难判断的。解决的办法只能是劝告青年人恋爱的进行要有节制,在结婚之前应该承认人有选择的自由。各方既要慎重,不可轻易中断关系,同时也要对对方可能改变选择有思想准备。玩弄异性当然是不道德的,但是什么样的行为算是玩弄异性,界限还是模糊的。这说明不侵犯别人利益在实践上是困难的,同时也说明克制私心是必要的。

历来的哲学家都把私心看成坏事,这并不对。应该说,"私"是中性的,它无所谓好,也无所谓坏;它可以做好事,也可以做坏事。其分界点就是是否侵犯了别人的利益。一块石头没有私心,但是它也不会做好事。人的同情心是因为有私心才发展出来的。但是私心如果侵犯了别人同样的私心,私心就做了坏事。出于私心而捍卫自己的利益,不但不是坏事,反而是好事。上法庭打官司就是捍卫自己利益。为什么说这是好事?因为它抵抗了侵犯他人利益的人和事,使这一类的事减少或不发生。但是有许多情况原告和被告都是理直气壮的,其原因正是利益界限的模糊。虽然法律尽量把各方面的利益界限搞清楚,但是它终究不可能概括一切。在这种情况下如果各方面多克制一下自己的私心,争论也许就不会发生,打官司就变成了合作。打官司是劳民伤财的非生产性活动,无谓的官司越少越好。官司少,社会运行的总体成本就低,就有更多的力量投入到生产活动中去,整个国家就更富。所以要"息讼",要通过讲道德来减少官司。这是一个社会的致富之道。

要做到息讼,困难何在?如果双方都能克制自己的私心,大家都会满意。但是如果只有一方克制了私心,而另一方却得寸进尺,局势就失去了平衡,吃亏的一方必定诉诸法庭,息讼就成了一句空话。所以克制私心是双方的事。进一步说，克制私心必须成为全社会的共识，而且需要所有人的身体力行。这就是社会的宽容精神。否则有一方得寸进尺，另一方就会感到别人藏有私心，总有愤愤不平之感，这种心情总有一天会爆发成为斗争。虽然从逻辑上看，各人只要不侵犯别人的私利，私心并没有坏处，但是从现实来看，克制私心还是必要的。

从本质来看，人都是有私心的。能够克制私心的人与别人的纠纷就少一些，给人的印象就是一个好人，是一个有道德的人。从这方面来理解孔子的“克己复礼”是有道理的。但是克制私心并不是毫不利己，专门利人，后者是没有道理的。它不但行不通，而且它在逻辑上也是错误的。凡是逻辑错误的事物，不可能是对的。

上面我们分析“毫不利己，专门利人”的错误，是建立在人与人的地位完全平等的基础上，它的逻辑是：如果要求我毫不利己，专门利你，为什么不要求你毫不利己，专门利我？但是在现实世界中人与人的地位往往不平等，有富人和穷人，有强者和弱者。富人帮助穷人，强者帮助弱者完全正当，而且值得提倡，出于同情心，才有许多牺牲自己帮助他人的动人事迹，但是让穷人帮助富人却不值得提倡。所以把“毫不利己，专门利人”当作应当普遍遵守的原则是错误的。

第二章　最大多数人的最大幸福——道德、法律和利益

1. 善是什么

伦理学或者研究道德的学问，习惯上被视为哲学的一个分支。虽然它和心理学、社会学、逻辑学，尤其是经济学都有关系，但是研究什么是合乎道德的，什么是善的，它的判断标准是什么，这些标准从何而来，当追根究底地思考这些问题时，光用心理学、社会学等知识远远不够，还必须探究思维方法、认识的来源等更深一层的问题，这些问题更接近于哲学的范畴。

从哲学的方面研究“善”，曾经得到一个重要结论，即认为“善”是简单的，是不可定义的。这个结论首先由英国哲学家穆尔 (Moore George Edward，1873—1958)于 1903 年在他的《伦理学原理》一书中明确地提出来。什么是“善”显然是全部伦理学中最根本的问题。过去有不少思想家试图给“善”下定义，例如，有人认为“符合于最大多数人的最大幸福即为善”，有人认为“有利于人类是为善”(培根)，也有人干脆认为“善即是快乐”。但穆尔经过周密审慎的思考，发现所有这些说法都经不起哲学上的推敲。所以穆尔说：

如果问我:“善是什么?”那么我的回答是,善就是善,这个问题即使追根究底也是这样。或者如果问我:“怎样给善下定义?”那么我的回答是,它不可能下定义,这就是我对此所能说的一切。这些回答也许令人失望,但它们却是至关重要的。

穆尔把“善”和“黄”作类比,因为“黄”也是不可定义的。绞尽脑汁,也没有办法说明“黄”给我们一种什么感觉,如果查字典,“黄”的解释是“金子的颜色”,只能从表象上作说明,没有对黄的本质作出任何交代。也许有人会争辩说,“黄”可以定义为某一频率的电磁波反射到人视觉神经所产生的感觉。但这仍未把“黄”给人的感觉说清楚。因为人类在发现电磁波以前很久就已经有了“黄”的概念,并且有了“黄”这个字。从这个意义上说,“黄”仍然是不可定义的。“黄”和“善”都不能定义的原因是,它们都是最简单的、不可再分解的。它们不像“马”,马可以分解为尾、蹄、心、肝等,因此马可以通过这些更基本的要素来定义。而“善”则不可能。穆尔研究伦理学强调对伦理概念和善恶判断作出逻辑分析,目的在于寻求对什么是善作出回答,同时要求此种回答所依据的概念和判断是一致或无矛盾的,这种研究称为逻辑实证研究。而传统的伦理学强调伦理规范的研究,即人们的行为应遵循什么规则,研究道德的社会功能。通过伦理规范的研究,指出人应该如何处理与周围的人和事的关系,揭示出引导人们正确处理这些关系的方法。总之规范性的研究,是带有目的性的,而不仅是客观地对它分析。实证研究和规范研究是互相补充的。

伦理学所研究的问题,有一些被研究者达成比较一致的看法,但更多的问题至今未有定论。[1] 下面我们将简单介绍这些问题的困难所在。

道德规范就是行为准则,即人们在社会中活动时应遵守什么普遍规则。乍一看来,这个问题似乎是显而易见的。杀人、偷盗都是坏事情,这一点不大会有人反对,可是仔细想来事情远非如此简单。因为行为准则是

① 穆尔上述关于善的不可定义论,在发表30年之后他自己又表示了怀疑。他在《善是一种性质吗》一文中说,这种论点“当然是虚幻的”,并且直截了当地宣称,善是可以定义的。(载英国亚里士多德学会1932年专题论文集《现象学、善和美》,第116~131页)

人类在社会中逐渐形成的,并非与生俱来的。

吃猪肉在伊斯兰教中被认为是恶行,而其他民族则无此准则。古代人们还把人当作祀神的物品, 可见当时杀人是符合共同约定的习俗的。就从100年前中国封建道德对于善恶的观念——“百善孝为先, 万恶淫为首”来看,今天我们的善行和恶行中排第一位的,也绝不是孝顺和淫乱。在美国,孝顺虽然仍算是德行,淫乱也算是恶行,但违反了这些标准的人,只是不能参加总统竞选(1988年哈特参加美国总统竞选,因与他的女秘书有过桃色纠纷,使他从最有希望得到广泛支持的竞选地位上败退下来),但他照样可以当企业家,甚至当参议员。

这些例子说明,在不同的民族以及不同的时代,善恶的标准经常在变化,绝对的标准也许根本就不存在。可是如果我们说善和恶没有区别,这又好像太脱离常识。因此有人企图用良心来解释善,甚至认为良心是造物主赋予每个人的,是每个人纯粹出自内心的判断。

可是用良心来判断善恶的话,首先碰到的问题就是各人的主观判断未必一致。如果承认了这种不一致,等于承认了善恶并无客观标准,有良心或没有良心也就没有区别,这样就否定了良心可以解释善的说法。

然后碰到的问题是根据什么可以肯定良心是自发的,是不受外界暗示的。英国哲学家、数理逻辑学家罗素对于良心起源的一种解释是幼年时某些行为得到长辈的称赞,由于联想心理作用,这一类行为产生快乐的感觉。长大以后这类行为和快乐的联想保留下来,而产生此种联想的具体环境和过程已被忘却,于是给人一种神秘的感受,似乎这一类行为会自然导致快乐。[①] 这种解释认为良心是一种教育的产物,因此良心能够按照训练者的意图来塑造。这种假设又认为善恶的观念在幼年时代由上一代传递下来,因此,在各种多变的观念中善恶观是相当稳定的一部分,它的变化不可以年月计,而必须以一代人的时间来计算。

① 罗素:《宗教与科学》,商务印书馆1982年版,第120页。

2. 性善与性恶之争

若认为良心可以自然地生长出来，还必须假定人之初，性本善。如果人之初，性本恶，则自然生长出来的将是黑心而不是良心。可是人性本善还是本恶的问题，至今未有定论。也有人认为人性本无所谓善恶，全看后天的引导，这也否定了良心可以自发产生的看法。

上面提到的罗素关于良心的解释，即良心是幼年受长辈的教育而形成的，乍看起来似乎有理。但再问一下，长辈又凭什么标准来教育他们的后代或者说长辈的良心从何而来？这又成了一个难解的谜。如果继续应用罗素的解释，则长辈的良心是从长辈的长辈那里得来的，这样推测下去，难道我们能说良心是随着人类的出现而出现的吗?再推测下去，则会说良心是随着猴子进化成人而来的了，或者说良心是动物的本能，这样的结论正好推翻了良心是后天培养生成的最初的假设。所以否认人的善恶观受社会实践的影响，必然导致良心是天生的这一结论。

良心，或者说对于善恶的判断，是一种价值判断而不是逻辑判断。

几何学是由逻辑判断构成的。三角形内角之和等于180°，这是一个合乎逻辑的判断，它可以通过不出现矛盾的推论而被证明。三角形内角之和小于180°也是一个符合逻辑的判断，它同样可以通过推论中的一致性而成立。这两种互相矛盾的说法，在逻辑上都不出现矛盾，因而得以成立，前者就是欧氏几何学，后者就是非欧几何学。至于在实践上何者更接近于我们的现实世界，则要通过对宇宙的观察和测量来判断，这就是不涉及任何价值判断的逻辑判断。用来作逻辑判断的基础规则，我们把它看作是无须证明、不言自明的公理。例如，等量之和仍相等；甲大于乙，乙大于丙，则甲必大于丙等。从来没有人对这些公理提出过有力的挑战，因此逻辑的推论是不容置疑的。凡是基于事实而又符合逻辑的，我们就称之为“科学”。科学里不包括价值判断。“此人比那人美”，“幸福比受罪更可取”，“勿偷盗”等都是一些价值判断，因而不属于科学。

伦理学和美学相类似,它们都建筑在价值判断的基础之上,但伦理学涉及大量逻辑判断,美学则不然。近年美学的个别流派试图应用逻辑学,但未能解决美学中最核心的问题,因而未能成为主流。本书一开始就提到的君子国、义务为别人修东西、分苹果等,都是从逻辑上对道德观念提出问题。

近几十年来由于经济学有巨大发展,使经济学完全建立在逻辑框架的基础之上,这对伦理学的研究有重大影响。伦理学从来离不开功利主义,因为**一切对人不利的事物不可能合于善或符合道德**,所以伦理学越来越接近经济学。然而利益并不能等同于善,善还有更广的含义。

19 世纪英国伦理学家西季威克说,任何一种站得住脚的伦理学体系最终都得建立在那些无法依靠推理获得的原则之上,他的意见至今仍是正确的。美学则更是如此,对于美或丑的判断不需要作出类似于几何学里的证明。比较两个东西哪一个更美,各人都可以发表自己的意见,用不着列出理由。即使列出了理由也是枉然,因为持不同意见的人也可以列出别的理由,而且并无一个客观标准再对两种理由加以裁决。

美和丑虽然是一种主观判断,但并不能因此就认为它们完全没有客观标准。杨贵妃是美人,这个判断大概见过杨贵妃的大多数人都能同意;费雯丽(美国电影《飘》的女主角)姿色出众,看过她演的电影的多数人也能同意。这似乎说明美和丑是有客观标准的。因为如果关于美和丑的判断没有任何标准,纯粹是碰巧作出的,那么根据统计学中的大数定律(这是一条科学定律),当参与判断的人很多时,应该有一半人认为杨贵妃美,另一半人认为她丑才对。承认美丑有一定的客观标准,这才出现了美学,即研究美的客观标准的科学。

可是将这种标准推广到极端时就不可避免地要出现问题。"情人眼里出西施","瘌痢的儿子自个儿香",这都是大家公认的事实。要找出一条美的规则适用于一切人是不可能的。

伦理学和美学之间存在的另一点差别是,我们可以从行为产生的后果来判断善恶,如果行为的后果是符合我们需要的,就可以称之为善行;

后果是我们所厌恶的,就可以称为恶行。而美学却没有这个条件,它不可能从后果来判断美丑。可是这个办法并不能帮助伦理学摆脱它的困难,因为某一个行为的后果是否符合需要往往因人而异。不要杀人是多数人都同意的,但是对罪大恶极的罪犯处以死刑,虽然也是杀人,却未必不合于善。至于文化大革命武斗中,两派革命群众,为了一个共同的目标——"捍卫毛主席的革命路线"——势不两立,甚至兵戎相见,这更说明了判断某一行为是否符合需要,实在带有很大的主观性。文化大革命结束30多年后的今天,绝大多数人可以同意文化大革命是恶行的说法。可是如果没有这场十年浩劫,中国人民能够有今天这样的觉醒吗?改革开放的转变能这样顺利吗?这样看来文化大革命也有它积极的一方面,甚至可以说是十分重要的方面,它为中国历史的转机准备了条件。所以世界上没有哪种行为单纯只有好的结果或只有坏的结果。

即使上面所说的问题都不存在,以行为的结果来判断动机的善恶,还是存在问题的。小偷偷了旅客的飞机票使旅客误了飞机,事后这架飞机失事坠落,死亡人数中减少了一人,这应说偷窃产生了好的结果,但我们没有理由认为小偷偷东西是好事。1986年北京的一位售货员多收了外宾30多元钱,后来她用100多元做广告(她自己出了其中的一部分)寻找那位外宾,将多收的钱还给他。她消耗了100多元的社会财富(包括印刷工人的排版印刷、报纸的纸张以及占用的版面如果用于别的广告本可以产生的效益)使外宾的损失得以收回,从社会的经济效果看是坏事,但我们没有理由说这位售货员做坏事。由于动机和效果未必一致,使得从某一行为后果来判断其善恶的办法也不那么可信。

在研究道德问题的学者中历来有动机派与效果派之分。动机派以康德为代表,他们认为只要行为的动机符合"善良意志",此种行为就是好的。即使结果出乎最初的预期,是一个坏结果,这也是由于事态不能完全控制造成的,并不能否认行为具有善的性质。效果派以穆勒、边沁等人为代表,他们以效果好坏为判断善恶的主要的甚至唯一的依据。因为动机不可能被观察,效果才是真实的。只有好的效果才能证明动机也是好的。

的确,任何一个行为都有其动机。如果按动机论来判断一个人的道德行为,它要求行为主体必定认为这样做将有利于别人,即效果是好的。因此,此处仍是以效果来判断的,结果是不存在动机论。奇怪的是同样的理由也不存在效果论。因为行为有其动机,如果因效果好而推断做此事的人必定具有好的动机,那是荒谬的。在上例小偷偷机票的事件中,我们不会判定小偷有良好的动机;同样我们也不能因为“文革”之后发生了改革,就认为“文革”是好事,值得再去做一次。坚持效果论是因为动机无法被观察,只有效果是可以被观察到的,所以用效果来判断其动机。其隐含的前提是动机仍在判断中起关键作用。这就等于否定了用效果来判断的立论。既然效果论和动机论都不能成立,唯一的可能是动机与效果相结合。

我们不难看出在定义善恶时发生的困难,因为世上不存在仅有善而没有可能成为恶的事, 而且也不存在仅有恶而不存在其善的一面的事。世界上的事是复杂的,互相联系的。一种行为的善恶与其所处的环境有密切关系,坏事在特定环境之下变成了好事,反之也是可能的。因此,我们无法为好坏善恶下一个科学的确切的定义。然而如果因为无法精确界定好坏善恶而完全混淆这一切,将造成社会更大的混乱。所以我们需要对这些复杂的世界作出简单的判断, 这就是诺贝尔经济学奖获得者 D. 诺斯对“意识形态”所下的定义。举例说,什么样的社会制度是一种理想的社会制度?这原本是一个复杂得无以复加的难题。但我们对这个复杂问题作出的简单回答是:共产主义社会是人类的理想社会。这就成了意识形态。可以说,道德规范也属于意识形态。譬如说,诚实是道德的,虽然我们可以举出许多例子,证明说谎也可以成为道德行为(如对病人隐瞒病情以安抚他;在敌人面前撒谎),但我们仍承认“诚实是符合道德的”的判断。

什么道德规范可以成为意识形态?或者问:什么样的道德口号可以将复杂的善恶判断简单化,从而可以让群众广泛接受?上面我们提到了诚实,还有诸如博爱、守信、负责、慷慨等。它们的共同点是必须简单明了,让人一看就明白,而且马上可以实行。

"精神文明建设"是当前人们经常用的一个口号。它提醒人们除了物质文明,还有精神文明也应该建设,但什么是精神文明,则仍让人不甚了了。其实,孔子有一句话可最恰当地用作道德规范,即**"己所不欲,勿施于人"**。这个道理浅显明了,小学生也容易懂得。

它的逆命题"己所欲,施于人"听起来是很正确的。《圣经》里就有类似的这么一句话,仔细推敲一番可以发现它并不能成立。自己喜欢吃肥肉而硬叫别人也吃;自己喜欢抽烟而硬叫别人也抽,显然都不能成立。甚至明显的好事,强施于人也是行不通的。

1994年索马里打内战,死了许多人。美国出兵强行干涉,要他们停止打仗,坐下来谈判,可是得不到当地百姓的欢迎,被赶了出来。因为不论是好事还是坏事,**强行干涉别人首先就犯了不尊重别人的毛病,所以"勿施于人"包含了尊重别人的深刻含义**。一个人或一个国家到处强行推广自己认为善的事,不论他的动机多么善良,首先就犯了霸道的毛病。尤其是外交场合,被尊重、平等对待是十分敏感的原则。当然,我们也不能说,"己所欲,施于人"就完全错了。如果一切善行统统都"不施于人",岂非人与人老死不相往来,任何同情的行为都被否定了吗?所以更恰当的提法是**"己所欲,慎施于人"**。

上面我们谈到了把伦理学推进成为一门科学所遇到的困难。但对伦理学的研究古已有之,几千年来众多思想家的努力也不是白费的。哪些是可以做的,哪些是不可以做的,现在问题就变得更清楚了。**这本书希望从人类利益的角度,从经济学的角度,对道德的是非问题再作一些可以引起人们思考的探讨。**

3. "善行"与"德行"的区别

善行即是德行,很少有人对善和道德加以区别。但仔细想来,这两个概念并非完全重合。善使人感到美的享受,是一种自然的赞同。道德则除了对善的赞同之外还有一种自觉的约束。我们可以通过一个例子来说明它们之间的区别。

母爱，它给人以美的感觉。母亲给怀里的孩子哺乳，端详着柔软稚嫩的小生命，她的乳汁一点一滴被吸进鼓动着的小嘴里，她会感到满足和幸福。那个小生命此刻没有任何惊恐，他或者捏着小拳头，蹬着双腿来表示他的得意，或者甜甜地入睡，因为他是安全地躺在母亲的怀里。这样的图画给人以安详、快乐的感觉，因为它符合善。但是我们却没有理由说母爱是合于道德的，因为动物也有母爱，我们不能说动物也具有道德。道德是人类社会特有的，是调剂人与人的社会关系的准则。人懂得约束自己，所以人类社会才有道德。

在大多数情况下，善的内涵比道德更广，但也有些例子不符合善却合于道德，例如对罪大恶极的人量刑。

讨论善和道德的关系牵涉到道德是否可以教育的问题。如前所述，我们不能认为善恶的概念是天生的，甚至不能认为仅仅是从上辈的教育得来的，因为这将引导出善恶是动物的天性的荒谬结论。我们必须承认，善的概念形成与人们的社会实践有关，道德观念也是这样。

恩格斯在《反杜林论》中彻底地批判了关于道德有所谓终极真理的看法。[①] 杜林认为真正的真理通常是不变的，道德有其永恒的原则和单纯的元素，它超越了历史和民族特性的差别，甚至能像数学的真理和数学的运用那样有效。恩格斯指出，对道德的是非判断人而异。近代资产阶级的道德不同于将来无产阶级的道德，它们之间即使有某些共同的成分，这些共同的道德观念也随时间而变。譬如“勿偷盗”即是随私有制而存在的，在私有制出现之前或将来偷盗动机被消除之后，它就不再是道德箴言，正因如此，本书才提出道德的重整问题。这里并不是说私有制不好，以后我们还要证明对私有财产的保护制度是道德之神。

但也应该承认善与恶的准则是比较稳定的，虽然有变化但变化极慢。它绝不可能像上物理课那样，通过几小时的讲解，加上一些实验和习题就可以改变一个人是非善恶的标准。这是逻辑判断与价值判断的根本

① 恩格斯：《反杜林论》，人民出版社 1962 年版，第 86~121 页。

区别。同样的道理，讲物理学也不能用“动之以情，晓之以理”的办法，而必须用严密的科学实验和一贯的逻辑推理。**可是我们常常企图用单纯的逻辑推理来灌输道德教育。这样做的意图是好的，但并不见效。况且有许多说教式的道德教育，连逻辑的起码形式都不具备。**

价值判断和逻辑判断并非毫无关系。价值判断中必定包含着一些基本的逻辑。一个人喜怒哀乐都有其产生的原因，认为某件事是善事，值得去做，或某件事是恶事，需要抵制，都不是无缘无故的。只有精神病人的行为才完全缺乏逻辑。

然而是非善恶的判断并非仅仅是逻辑的结论，它终究不同于几何证明。换句话说，善恶判断虽然是一种理性判断，但它并不是从某一公理系统通过逻辑的环扣达到其判断结论的，除逻辑之外，还有个人经验、周围环境以及文化素养在起作用。特别是文化素养，素养高的人更多地依赖逻辑判断，能比较正确估计个人行为的社会后果，懂得社会责任的含义，而较少地受周围环境的影响。相反，文化素养低的人，其是非善恶概念更多的是从环境传递给他的信息中得来的。

道德判断和道德行为是不同的两件事。有能力作出正确道德判断的人未必愿意去实践；文化素养高的人未必是德行高的人；而凡夫俗子倒可能是忠实憨厚的。尤其重要的一个区别已如前述，道德准则是比较稳定的，一个人关于善恶的概念形成之后不大容易改变；社会的道德标准更不是短时间之内可以改变的，但人对行善行恶的决心却可能在顷刻之间作出并会付诸实践。甚至整个社会的道德水平也可能在一夜之间获得提高(见第六章第二节“道德是一种公共服务”)。因为**价值判断会受到心理暗示的影响，这种影响远远大于逻辑推论的影响。**一篇好的文艺作品、一个动人的新闻报道，会很大程度地影响人们的价值判断，尽管这种影响可能并不持久。因为当人们对这种心理暗示的印象逐渐模糊时，就会恢复到原来的心理状态。**但外界心理暗示的反复作用，可以使印象得到巩固，人们的行为规范就会渐渐跟着改变。**20世纪 60 年代初对于雷锋事迹的报道，对提高全社会的道德水平曾起过巨大的作用。他的助人为乐、勤俭克己、勇于牺牲、负责认真的高尚品质感染了我国不同年龄、不同阶层的许多人。当一些先进分子率先用自己的实际行动来学习雷锋时，他们的行为又感染了周围的人，所以学雷锋成了社会的风气。当时三年困难还没有完全过去，物质条件还很困难，但许多地方做到了路不拾遗，夜不闭户。

相反的事情也可能发生。**当社会暴露巨大的丑闻，一些伪善的把戏被戳穿，大家有一种被欺骗愚弄的感觉，这将导致社会道德水平的迅速降低。**

1971年9月，林彪事件败露后就发生过这种情况。他在帮助毛泽东发动文化大革命之后，被定为毛主席最忠实可靠的接班人，是全党全国的副统帅。他每次在公众面前出现时手中总是摇晃着一本红宝书——《毛主席语录》，以表示他忠于毛主席。但后来他竟企图谋害毛主席。他自己就对心腹人说过，不说假话办不成大事。林彪事件败露后，大家对一切漂亮的堂皇言辞都打上了问号；对许多明目张胆的谎言也习以为常。社会陷入了伦理危机，说什么话都不灵了，做什么事都没有顾虑了。当时确实有一批人沉沦和堕落，走向歧途。

在美国发生过尼克松的水门事件。身为总统的尼克松竟说谎掩盖自己在竞选活动中参与的犯罪事实，最后在独立的司法部门的追究之下，不得不辞去总统职务，从此退出美国的政治舞台。尼克松一案情节虽然没有林彪一案严重，但是事涉党政首脑，其影响非同小可。

1988年，在奥林匹克运动会上，加拿大百米短跑选手约翰逊被查出服用了兴奋剂，奖牌和世界纪录被取消。这件丑闻虽然比之尼克松和林彪事件的影响小，但也引起巨大震动，因为这涉及过去许多成绩和纪录是否有假的问题，涉及运动会的声誉。全世界几亿热心于体育运动的人所关心的是优胜者真的具备强健的体格和卓越的技巧，还是这只不过是一场骗局？

在我国也有某些评选出来的劳动模范、先进党员、优秀企业家，最后被发现存在弄虚作假行为。[①]

这些事例说明,**在大范围内进行欺骗活动是极其危险的事,是极严重的犯罪**。它的损失虽然未必计算得出来,但使社会道德水平降低,后果无法估量。[②]

有趣的是无论个人、团体或政府,如果经常说谎,最后都会受到谎言的报复。当有人造谣中伤他们时,他们如何申辩也无济于事,因为假作真时真亦假。他们的申辩仍被人当作假话。说惯了假话的人还以为别人也说假话,于是对外面传来的一切信息都打一个问号,结果是把自己孤立起来,他只相信他自以为是的东西。

在社会中不同地位不同阶层的人的行为,对群众心理的影响是不同的。地位越高,影响越大,他们行为的感染作用也越强。所以有"上行下效"的说法,而从来没有"下行上效"之说。这里的"上",在家庭中是家长,在学校里是老师,在机关里是上级,在整个社会中则是党政高级官员和各种团体的负责人,他们的道德面貌对整个社会的道德水平有着决定性的影响。

北京故宫太和殿皇帝宝座的上面悬着一块大匾,上面写着"光明正

① 其中一个例子是英文报纸(*China Daily*)1990年12月11日第3版报道广州一邮差历年被评为劳动模范,后来发现他三年内从邮件中偷了近万美元、5万余港元及上千封信,结果被判死刑缓刑两年。另一个例子是1993年12月14日《人民日报》第9版报道安徽省公证处发布公证书,盖了公证处大印,证明三种香烟"黄山"、"中华"、"红塔山"中"黄山"牌最好,事后发现是骗人的。1992年2月21日《人民日报》第3版报道云南英杰电子工程应用研究所在"WP宽谱治疗仪系列产品"科技鉴定会上弄虚作假,骗取名誉和钱财。本来公证和科技鉴定活动的最终目的是信誉担保,而今这些活动也可以用钱来买,天下还有什么可信赖的事?

② 1992年9月22日《人民日报》第8版刊载张文祥的《欣闻报出42度》,说的是过去重庆天气预报不论有多热也只报37摄氏度(大概因气温高于37摄氏度工厂要停工),今夏开始报出了42摄氏度。天气预报都可以造假,实为奇闻,可是这在中国已经见惯不怪。另一个例子是《北京晚报》1995年7月5日第7版引《新民晚报》报道《淮北成人高考舞弊多》,据估计淮北参加成人高考的2 000人中有近一半是在校高中生替考。考试原是鉴别良莠的一种手段,舞弊却使考试完全失去了意义。1995年还发生一位知名歌星在舞台上表演时播放事先录好的录音带,欺骗广大听众的事件。《人民日报》1993年9月28日刊登了董天成写的《耍魔术》,并附有两张照片,说的是成都人民北路侧巨大的"万宝路"香烟广告。每当听说"创卫"检查团或其他类似的检查团要来检查时,这广告一夜之间竟变成了"净化环境,美化市容"的标语牌。原来有人在香烟广告上套了一幅罩布,在近一年的时间里他们就这样变来变去。这些都是大范围内的欺骗行为。

大”，目的是宣传皇权代表着真理。然而事实上**中国几千年的皇权统治成为上层社会腐败的温床。所以贪赃枉法、假公济私、以权营私、贿赂逢迎、双重人格等成为中国封建官僚的通病。相反，一个有民主监督的权力就不大可能堕落，因为它没有足够的时间和影响来营造一个彼此勾结的私利集团。**

4. 法律的道德基础

商品经济的发展要依靠法律，这一点已普遍地为人们所接受，但要不要依靠道德却有不少人持怀疑态度。因为这些人认为市场经济就是要讲究利益，讲利益就没有道德发挥作用的余地了。其实，这是极大的误解。市场经济需要法律，更需要道德，不过这种新型的市场经济的道德与传统道德有着重要的区别。当然二者在很大程度上有一致性。

市场经济需要道德约束的原因之一是，道德约束与法律约束相比较是成本非常低而效率最高的一种约束。大家都知道，打官司是很费钱的事，除个人为打官司要支付成本外，社会还要为了维持法治支付更高的成本。警察、法院、检察院、监狱等都要花钱去办，而且这些花费都不是生产性的。法律行为甚至是反生产性的，因为一个人一旦犯了法，非但社会为了处理案件要负担成本，罪犯本人还要为此支付更高的成本。他或者被罚款，或者被判刑，这都是成本极高的活动。道德是每个人发自内心的约束，它不需要人监督，没有诸如监狱一类的执行费用，更没有犯罪之后判刑对个人造成的损失。**如果一个社会的道德风尚很好，就根本用不着法律来管事。这样的社会是经济效率最高的社会。从这一点来看，法律是代价高昂的奢侈品，最好是存而不用。**

道德比法律更重要，最明显的原因是道德每时每刻都在起作用，而法律则很少介入到生活中来。一个人从早上起床到晚上就寝，除非他不与人接触，道德一直在支配他的行动，譬如和人交谈要讲礼貌，这就是道德。人与人打交道崇尚“礼尚往来”,这也是道德。孔子的弟子曾子说:“吾日三省吾身:为人谋而不忠乎?与朋友交不信乎?传不习乎?”也是道德在起作用。人们遵从道德约束,成为习俗,以至于习以为常,不觉得是约束。法律则不然,大多数人一辈子既没有学过法律,更谈不上打官司。更重要的是,我们所追求的幸福社会,不是法制严密、执法无情、动辄得咎、处处提防的社会;相反,是人人觉得被别人尊重、与人为善、安居乐业、和谐融洽的社会。这只有提倡道德才能够达到。

道德是一种鼓励人们向上的积极力量,它促使人们去关心别人;而法律则是对侵犯别人利益的行为的消极制裁。道德在一个人采取行动之前对其行为的动机发生作用;而法律只对行动的后果有效。道德每时每刻在对思想进行劝诫,而法律则绝不能对仅有犯罪动机的人处刑,否则法律就成了任意镇压别人的工具,因为动机是不需要也不可能有证据的。

然而我们不能认为法律就不能影响行为的动机。法律的真正目的是通过对犯罪人的制裁,对可能犯罪的人起到威慑作用。如果法律只能对已经成为事实的罪行起作用,而不能影响人们的行为动机,那么法律就变成了对报复的规定,变成了另一种罪行的合法化的规定。杀人要偿命,但按法律规定行刑的刽子手杀人则是合法的,被害人或其亲戚朋友为报仇而杀人却是违法的。

对人的制裁只有国家在法律规定的条件下才能进行, 也会造成问题。如果司法机关力量太薄弱,或工作疏忽,甚至缺乏公正,就会造成被害一方投诉无门,最后铤而走险,用非法的手段诉诸正义,自己却反遭法律的制裁,落入可悲的境地。

新疆建设兵团石河子 144 团蒋爱珍一案,即为此例的典型。蒋是一名青年护士,因受他人打击诬陷,却又投诉无门,最后她持枪杀死 3 名诬陷者,自己被判刑。① 新闻界对此案的经过作了详细报道,读者对蒋的遭

①《法律与生活》1991 年第 8 期《蒋爱珍步出监狱》一文,再一次对此案之缘由及过程作了介绍。此案发生于 1979 年,经白长林律师为其辩护,1984 年 9 月石河子中级法院判蒋无期徒刑,上诉后,1985 年 1 月 17 日自治区高院判其有期徒刑 15 年剥夺政治权利 5 年,经三次减刑,最后实服刑 11 年 9 个月,于 1991 年出狱。后被安排在浙江原籍工厂工作。此案恰好发生在文化大革命结束后的 1979 年,又经《人民日报》的报道唤起了广泛同情,如果发生在文化大革命时期,蒋有可能被上纲定为反革命杀人报复罪。蒋究竟是否有罪至今仍有激烈的争论。

遇无不感到同情,可是对她的结局只能发出无可奈何的叹惜。

人们的这种反应说明了法制本身不可能圆满地解决各种复杂问题。这种受害人自己保护自己或对犯法的人施以报复的行为有人称之为自行执法。自行执法不同于“正当防卫”。[①] 正当防卫是对正在进行的不法侵害采取防卫,而自行执法则是对不法侵害进行事后的报复。当今各国法律对因自行执法而犯法的行为虽然态度宽严有所不同,但基本上都持否定态度。历史上自行执法是人类社会实践中的一个既成事实。不但自行执法历来被人们认可,而且见义勇为,路见不平、拔刀相助,不但不被认为是犯法,而且被认为是美德。

《基度山恩仇记》就是一部关于自行执法的小说。

《水浒传》第三回“鲁提辖拳打镇关西”,说的就是鲁达(后来出家名为鲁智深)因镇关西欺凌弱叟孤女,失手将郑屠打死。这桩故事深入人心,成了千古美谈。

既然如此,为什么各国法律都倾向于否定自行执法呢?从法理上讲,因为现代法律不鼓励报复(这与古代法律不同),一个人无论犯了如何残暴的罪行,即使被判了死刑,也要用痛苦最少的办法将他处死。古时的腰斩、凌迟等酷刑现在都已废止,而自行执法多半出于报复心理,这与法理相悖。其次法律不但保护好人,同样也保护坏人,以体现法律的公平。

监狱中的犯人仍受到法律保护, 对他们侮辱打骂都是犯罪行为,被自行执法的人,往往会失去法律保护。如果鼓励自行执法,很容易造成一种破坏法律的风气,对社会是很危险的。此外也有技术上的困难,因为自行执法时可以选择的余地极少,除了把人打一顿,破坏别人财产,或干脆把对方杀掉,很少有更多的可行办法。而且在自行执法的过程中可能引发难以预测的后果。从法律上讲,不容易判定自行执法有没有过度,而且对自己怀疑的人施行报复,因为证据不实,很容易被弄错。

另一种反对自行执法的理由是,希望维持执法者本身的权威,将执

① 我国《刑法》第17条规定:为了使公共利益、本人或他人的人身和其他权利免受正在进行的不法侵害而采取的正当防卫行为,不负刑事责任。

法的权力垄断起来。有些执法者对侵犯人权的事麻木不仁，然而同时对在忍无可忍条件下自行执法的事却反应出奇的灵敏和严厉，为了垄断权力不惜做恶势力的包庇者。可见法律要维护社会安定，不但法律本身必须是公正的，而且法律的执行也必须公正，如果一味强调法律而不顾及作为法律基础的公正的道德，就会引起不良后果。①

在我国还发生另一种极端情况，即以私刑代替法律，甚至用举手表决的办法冤杀好人。② 在文化大革命时期，在群众专政的口号下被非法处死的人何止成千上万。可知这种中世纪的野蛮行径至今不绝。③④ **要使法律成为社会正义的力量，不但法律本身必须公正，更为重要的是它的执行必须超越种族、集团、党派的利益。虽然有许多案例曾引起过广泛的争议，说明这一点很难做到，但应尽一切可能做到。否则会给人以一种印象：法律只是某些人的掌中玩物；法律完全丧失了它的庄严。法律的权威一旦丧失，法治的基础将荡然无存，社会将陷入混乱。**

①《妇女之友》1992年第7期虞路、董服民报道了发生于云南省陆良县医院内的一件事。护士范榕峰不堪奸污她而与其成婚的"丈夫"郭黎疆的虐待，于1987年6月离婚。但郭不断对范施暴，范向各方求援无应，最后她和她的弟弟杀死了郭。虽经地方检察院抗诉，法院仍判范5年徒刑，范的弟弟无期徒刑，现云南省检察院已报请最高人民检察院提出抗诉。另一例子载于《北京晚报》1994年2月19日第12版。河南省夏邑县大平乡64岁老太黄高氏因儿子黄英民横行乡里，决定大义灭亲，纠集孙子和另外两个儿子将黄英民用板斧砍死。结果法院判黄高氏有期徒刑6年，两个儿子各5年；孙子因不满18岁，判了2年。

②《人民日报》1989年2月20日第5版《五十法盲举手，杨忠福人头落地》，报道1988年6月18日端午节，贵州遵义青年农民杨忠福好意将吃包谷的马拉走，却被马主人认定偷马。在50多名群众举手表决下杨忠福被砍头。文化大革命时广西几个县成批地处死"地"、"富"、"反"、"坏"、"右"时也曾用过让群众举手表决的办法。

③ 中世纪的欧洲普遍认为风暴、雷电等坏天气是妇女的诡计引起的；有人甚至"证明"了一位航海家从丹麦起航的航行中所遇的风暴是女巫造成的。1450年到1550年，光是在德国就有10万个女巫由于这一类原因被处死，多半是烧死的。(参见罗素：《宗教与科学》，商务印书馆1982年版，第48页)这种怪诞的观念至今并未绝迹。1992年7月31日《北京晚报》载：尼日尔南部的宗教狂将干旱怪罪于妇女的淫荡。他们袭击了酒吧、妓院和穿超短裙的妇女，在大庭广众之下把她们的衣服剥得精光。

④《参考消息》1991年4月16日报道："随着巴西最高法院作出的一项裁决，杀妻有理论终于休矣。"巴西历来对因妻子通奸而杀妻的丈夫宣判无罪，理由是"维持荣誉"。1980—1991年有722名男子以维护荣誉为由杀害了被指责犯有通奸行为的妻子。这次巴西最高法院驳回"维护荣誉"说的理由是"杀人不能被认为是对通奸作出的一种正常合法的反应。因为在这类犯罪案件中，所维护的不是荣誉，而是把妻子视为其私人财产的那种丈夫的虚荣心、自负和妄自尊大"。

此外，法律既有限制人们行动的作用，更重要的是又有保障人们自由的作用，而且限制的目的全在于保障。换言之，没有一条法律是无缘无故地去限制一些人的自由的。与此相应的法理学的原则应是无罪推定，即除非人触犯了法律而且证据确凿，人是无罪的。换言之，人可以做任何法律没有禁止的事。与此相反的是有罪推定，即人可以做法律规定允许做的事，做了其他的事情统统都是犯法。如果法律在制定和执行中在这点上有所偏颇，也会造成法律的扭曲。当法律被扭曲时，社会的正义被践踏，邪恶势力容易抬头，更谈不上发挥道德的作用。被扭曲的法律对于其基本权利要靠法律保护的普通人而言，还不如没有法律，因为又多了一个侵犯他们权利的借口。为了保护百姓不被蛮横的政府欺侮，美国宪法第一条修正案规定，国会不得立法干涉百姓的言论、信仰、集会、和平示威等的自由。这里有一个有趣的案例值得我们思考，即在美国焚烧国旗是否合法的问题。

1984 年，一位名叫约翰逊的美国先生当众焚烧国旗泄愤，被州政府以有意损坏国旗罪逮捕并起诉。5 年以后，美国最高法院以 5 票对 4 票的一票之多判定：焚烧国旗是受宪法第一条修正案“表达自由”保护的行动。在此之前，美国 48 个州和华盛顿特区都有保护国旗的地方法律，最高法院的这次判决使这些地方法律失效。护旗派不甘失败，但要使护旗成为法律，必须修改宪法，这必须有 2/3 的国会参众两院多数通过，还要有 3/4 的州批准。护旗派虽然在民众人数中占绝大多数，但在有权投票的精英分子中却占少数。此案的前途取决于对宪法的认识。

一般认为宪法是法律之法律，是制定其他法律的依据，所以被称为根本大法。从这个意义来看，政府和立法机关必须遵守宪法，换言之，他们在执行法律和制定法律时必须按宪法行事。宪法是管政府的法。为什么要管政府？因为怕政府无缘无故地侵犯百姓的权利。所以百姓虽然要守法，却并不是直接去遵守宪法。判决焚烧国旗受宪法保护，恰恰消除了焚烧国旗的动机。因为“**如果一个国家连自己的国旗都允许你烧，那么你**

还有什么理由去烧它呢？"①

因为法律的作用在于威慑而不是报复，要使法律起作用，必须广为宣传，普及法律知识。如果法律对百姓保密就完全不能起到这种作用。可是法律要不要公开，在历史上是有过争议的。

在公元前约500年时，郑国子产把原来不公布的法公开铸在刑鼎上，遭到了贵族统治者的反对。这些人认为"形(刑)不可知，则威不可测"，且"民知争端矣，将弃礼而征于书"。认为老百姓知道了法律是如何规定的，就会用法律保护自己，统治者就失去了威严，百姓就难治了。

现代的法律概念认为不公布的法是"非法之法"，或称为"恶法"。在我国过去有不少不向大家公布的内部法规，它事关每个人的切身利益，可是又不让人知道，有时称之为"土政策"。例如过去对申请出国的人员要进行"政治审查"，但什么样的人不批准出国，始终对群众保密。再比如邮政局对于邮资和寄送邮件包裹标准的规定虽不是"内部"的，但到1996年初为止，北京市内80%以上的邮局没有公布或公布不全，办事员可以趁其兴之所至提出各种要求。为了保护大额汇款的安全，邮局汇款的收款人在领取汇款时，要猜出汇款人是谁，汇了多少款，若猜不出来便不许取。这是深圳布吉邮电局的内部规定，据说这还是省局的规定。②对这些奇怪的内部法规，很少有人据"法"力争(大概争了不但无用，反而更糟)，说明大家已习惯于生活在不公布和不明确的法规之中。

道德是法律的基础。法律的规定原则上不可违反道德准则，否则这种法律就成为非正义的。尽管在人类历史上非正义的法律并不少见，但它终究不能长久。

现代社会中的法律已逐渐进步到大体上符合正义和道德。详细的法典非常浩繁，即使是法律系毕业的博士也不可能完全记住它。但普通人只要凭他的道德和良知做事，他即使不懂任何法律也不至于犯法。一个人去到外国，虽然外国的法律和本国的法律未必一样，但他只要按道德

① 东来:《在美国焚烧国旗是否合法？》，载《读书》1995年第10期，第64页；沈铮:《从国旗谈到宪法》，载《读书》1995年第12期，第80页。

② 载《深圳特区报》，2000年5月10日。

规范行事，一般也不会触犯别国的法律，这说明各国各民族的道德观念大体上也是相通的。①

浙江的张赞华曾提出“自私”与“损人”的界限不容混淆。人可以自私（当然并不鼓励这样做），但决不容许损人。如果有人使劲地反对自私，却闭口不谈不容许损人，那他的动机就值得怀疑。因为如果人人都不自私，甚至人人都无私，都把自己应得的权利和利益让出来，就正好为少数坏人的损人行为开了绿灯。不自私和不损人是道德和法律的界限。**道德的底线要求不损人，它的高标准要求人们不自私，而法律只要求不损人。**

张赞华还提出将损人的期望值作为是与非、罪与非罪的判断标准。所谓损人的期望值就是某一行动的后果会造成别人受损程度大小的一种可能性衡量。只要此期望值大于零，即有可能造成对别人的损害的行为，就应认为是非法或有罪；反之，任何表面上看来是何等的“自私自利”或不合常规的行为，只要此期望值等于零，即对别人损害的可能性为零，这种行为就是合法的，因此，没有任何理由采取法律手段加以干预。② 这也说明了为什么思想罪不能成立，一切对于意识形态的控诉都是没有法律依据的。

然而不损害别人的行为尽管不犯法，但其仍旧有是非善恶之分。每个人都有权利对别人的行为作出独立的评论。社会的道德风尚需要群众的评论来维持。张赞华还进一步提出，量刑的轻重由上述期望值的大小来决定。

2008 年四川汶川地震中有一位老师，名叫范美忠，不顾学生的安全，独自跑离危房，事后还标榜这是自由主义的应有之道。的确，他没有损害谁，但是只顾自己逃命，不顾学生的安危，是不符合道德的。看到这条消

① 曾经发生过一件例外的事，在许多西方国家个人吸毒并不犯法，只有贩毒才犯法，马来西亚法律规定出入国境携带毒品者将被处以绞刑，一名新西兰妇女和她的儿子在行李中被发现自己服用的毒品，按法律将被处死，后新西兰政府请求给予特赦。

② “文革”结束之后还一度反对妇女穿高跟鞋，留披肩发。她们这样做又碍着谁了？可是一些工厂派人在厂门口手持斧头和剪刀，剁高跟鞋，剪披肩发。

息使我想起了泰坦尼克号沉没时的情景。全船几千人在船员的组织之下登上救生艇，但只有 1/3 的人获救。船员们自己是最后逃生的人。船员本来是最有条件逃生的，但是绝大部分的船员，包括船长和该船的总设计师都遇难了。从后来获救人员的名单中还可以看出，女性逃生的比例远高于男性。这两个记录使得泰坦尼克号名垂不朽。船上头等舱里有好几位百万富翁，虽然船员邀请他们登上救生艇，但是他们断然拒绝，要把位置让给妇女和儿童。这就是英国人的绅士作风。当然，英国也有庸庸碌碌、自私自利之辈，但是那儿的社会设施、人际礼貌、工作习惯，确实和别的国家不同。英国是一个小国，但是其对人类文明的贡献远远超过其人口和国土在全世界中的比例。这绝不是偶然的。

上述这位范先生的行为并没有损害别人，也没有犯法。但如果他知道泰坦尼克号沉没的故事，应该感到惭愧。可是他居然还自我标榜。所以萧翰说，他是勇敢用错了地方。舆论界对他的责备是很正常的。但是批评的调门过高就脱离了我们社会的现实。更值得批评的是马路上的汽车互不相让，见缝就钻的行为。这里没有逃命的紧迫性，互相让一点对大家都有好处。可是有的人就是对这么一点蝇头小利也寸步不让。这是我们社会的普遍现象。这些人在紧迫逃命的时候肯定不会先照顾别人。我们与其狠狠地批评范美忠，还不如先讨论讨论马路上的礼貌。

我们的教育并不缺少舍己救人的英雄故事，如学雷锋、学黄继光，但是就缺少了绅士作风的提倡。所以一面狠批范美忠，一面在马路上寸步不让。这就是我们生活的现实。

5. 道德有没有经济价值

人的行为后果按对人对己有利有害来区分，可以有四种组合，即利人利己（状态Ⅰ）、损人利己（状态Ⅱ）、损己利人（状态Ⅲ）和损人损己（状态Ⅳ），如下图。

		对别人	
		有利	有害
对自己	有利	Ⅰ	Ⅱ
	有害	Ⅲ	Ⅳ

从道德评价来看，利人的行为都是符合道德的，尤其是为了他人的利益而牺牲自己的利益更是值得称颂的。而损人的行为都是不道德的，如果是损人利己则更为人所不齿。但从社会整体来看，损人利己未必不可取，只要损人很少而利己极大，此种行为就有利于社会。因为自己也是社会中的一员，此种行为可使社会的总利益得到增加。如果每个人都能找到一种损人极小而利己极大的方法，整个社会将因此而得益。这里举一个例子说明损人不大而利己较多的可行性。飞机上的座位都可以向后倾斜一点，这样自己可以坐得更舒服，但同时也侵犯了后排旅客的空间，但比较得失，利大于弊，而且人人可行，所以这样做并不认为是不正当的。但是从道德评价来看，任何损人利己的行为都是不应该的，在这里我们可以看到道德评价和利益评价会有背离的情况，况且评价利害的大小往往带有主观性，人们习惯上将自己的利益看得较重，将他人的利益看得较轻。所以此闸一开，可能导致严重损人轻微利己的恶行普遍泛滥。

利人利己的活动是最有益于社会的，虽然从道德评价来看它不比牺牲自己为别人的行动更高尚。人们也许会问，什么行动能做到利人利己呢？当利益总量一定时，此人多得一些，他人就必然少得一些。这在对策论中称为“零和对局”，意思是各方损益之和为零，既没有净的损失，也没有净的得益。人们要做到利人利己，就必须找到一种办法，能使社会的总利益扩大。这种活动不仅仅局限于重新分配利益，更重要的是它能创造出新的利益。以后我们将论证,商业交换以及由此而带动的一切经济活动,除掉少数情况外,都具有扩大社会利益的功能。因此,**商业活动是既符合道德,又符合利益的行为,是最值得提倡的善行。**

然而我国的传统道德观中却一贯鄙视商业,嫌弃商人,就连大多数商人自己也未必明白商业对社会的重大作用。而且确实有不少商人用欺骗的手段经商,破坏了商业的信誉,使这一大大有利于人类社会的活动,很难得到长足的发展。这种历史教训不仅在我国存在过,而且在大多数西方国家里同样也存在过。不同的只是在当今发达国家里已不再存在鄙视商业的偏见,商业活动已成为最讲究信用和道德的一种活动。不道德的人不断地被排除出商业活动的圈子,这种净化作用的结果是构成了一个方便、安全、富裕的物质环境。而在我国这种转变尚处于刚刚开始的阶段,我们更应该自觉地推进这个认识上的转变,这是我国知识界、政界和实业界的一个重大任务。

损己利人的行为是典型的道德行为,但是从社会总体来看,每个人对自己来说是"己",对他人来说又是"人"。同一件事对他本人而言是损己利人,对别人而言又变成了损人利己。由此可见损己利人在逻辑上是不能成立的。此种原则不可能成为一个社会的制度性原则。社会必须共同遵守的法律、条款、规定等不可能以此原则作为基础。本书一开头提出来的几种道德的悖论,根源就在于试图将损己利人作为一种制度来加以推广。君子国里的每个人都要损己利人,结果造成一大堆矛盾;义务为别人做好事的人却在鼓励别人做坏事;两个人分苹果,不论损人利己或损己利人都行不通,只有公平分配才行得通。这说明**在制度设计中,对等和公平不但在伦理上,而且在逻辑上是唯一可行的原则。**

制度设计的前提是所有的人都处于对称的地位,此人可以学雷锋义务为别人服务,彼人也可以学雷锋义务为别人服务。就这一点来说,此人和彼人没有任何区别,那么究竟应该谁为谁服务呢?所以损己利人在逻辑上行不通。但是当当事人处于不对称的地位时,牺牲自己帮助别人非但行得通,而且成为必要。一个不识水性的人落水遭到危险,他需要别人甘愿冒险来救助;一个路遇歹徒的少女,急盼有人仗义相助。此时的舍己利人就成为必要而且可行的道德行为。

不对称的地位并不仅仅发生在上述这些偶然的情况里,它是在日常生活中处处可见的。

青年人对于老年人或儿童,地位就是不对称的,因而前者就有照顾后者的必要,这里不会发生任何逻辑上的矛盾。男人对于女人,健康人对于有病的人,更一般的,强者对于弱者,地位都是不对称的。在公共汽车到站时,下车的人和上车的人也处于不对称的地位。因此,必须先下车后上车,上车的人要照顾下车的人。在上车的时候争先恐后也是缺乏道德的表现,因为上车的人中有男有女,有强有弱,凭自己的大力气而置弱者于不顾,这恰好是利用了各人条件的不同来达到损人利己的目的的做法。正因为在一个社会中人与人的处境、条件不对称,舍己为人,先人后己才成为一个普遍的道德要求。一个处处克己奉公,把别人的利益看得比自己的利益还重的人,是一个高尚的人,有道德的人。上面的分析,从开始否定损己利人,到最后肯定舍己为人,这一个圈子并没有白兜。我们弄清楚了**在制度设计中,处理具有平等对称地位的社会成员之间的利害关系时,公平是唯一合理可行的道德原则,损人利己和损己利人既不可取,又不可行。但在日常生活中,由于普遍存在着的人和人地位、条件和处境的不对称,舍己为人成为协调社会活动的高尚的而且是必要的道德原则。**

在这里我们还可以看到,富人帮助穷人,强者帮助弱者,都是符合道德的;但是反过来,穷人帮助富人,弱者帮助强者,就不符合道德。所以不区分情况,普遍要求毫不利己、专门利人是不对的。我们同时也看到,道德和公平是有联系的。违反公平的"善行"、让穷人去帮助富人等,并不符合道德。

我们最应该避免的是作出这样的决定:设计一个社会制度的时候,规定了一系列牺牲个人利益、照顾他人利益的法律、政策、条文等,可在日常的待人接物中却人人寸利不让,提倡无情的斗争,引起生活中的摩

擦、不愉快，造成一个冷漠、缺乏同情的社会。

回想一下新中国成立以后所强调的道德原则和体制设计，我们可以看到我国所发生的恰恰是我们最应该避免的事情。这样巨大的历史性错误，必然给经济建设、文化教育、日常生活造成一系列的重大损失。而且由于不懂得不同条件下应有不同的原则，在许多人开始意识到追求和捍卫自己的利益是正当而且合乎道德的时候，社会上还谴责他们缺乏共产主义道德，甚至认为对自己利益的关心导致了普遍的道德退化。另外，许多人又把关心自己利益的正当权利当作可以自私自利的理由，不分场合、不分条件地膨胀私欲，甚至发展到连法律都敢践踏的地步。由于混淆了正当的利益关心和损人利己的严格界限，出现了所谓的道德迷茫。如果我们不能基于理性的分析从道德的迷茫中走出来，我们就会长时期地陷入道德的混乱而不能自拔，这的确是十分危险的。

前面一再强调，在制度设计中必须承认每个人都有平等地追求自己利益的权利，而不能假定居然有那么一些超人，会把别人的利益看得比自己的利益还重。这不仅是一个道德标准的问题，而且成为制度设计的出发点。把制度设计建立在人人有权追求自身利益的基础上，意味着首先就得承认个人或集团之间的关系以及他们之间的相互作用，都受到各自追求利益的动机的驱使。因此，**任何个人或集团都要受到利益上的制约，没有人可以例外，因为不受制衡的个人或集团必将损害别人的利益。**另外，还要承认人与人之间有利益协调的必要，于是磋商、让步、折中、求同存异成为处理人际关系的根本手段，这一切都需要尊重人，需要建立信任关系。

相反，如果制度设计的基础是假定某个人或某个集团自愿地将他人的利益放在自身的利益之上，或这些人大公无私，没有自身的利益，那么人际关系的主要内容就不是调解利益冲突，而是是非之争、谁对谁错的问题了。于是正确的一方必须压倒错误的一方，对手是不需要被尊重的，需要的是被打倒，甚至还要踏上千万只脚，使其永世不得翻身。而对于某一部分人则不需要监督，因为他们没有自身的私利，而是以别人的利益

(有时称为人民的利益)为自己的利益的。

比较上面两种不同的利益关系的假设,可以导出不同的社会关系处理原则,不同的机构设置以及不同的社会演变。上面的讨论或许有助于我们理解在不同制度上有不同现象的原因。

几年前,我国曾有一位大学生为救助一位老农民而牺牲了生命。毫无疑问,这是一件具有高度德行的英雄事迹。但事后有人提出怀疑,认为用一个年轻的具有大学文化的生命去换取一个暮年老农的生命是不值得的,他们认为这样的事迹不值得推广。然而他们把问题的提法弄错了,事情的性质完全不是在两个生命中挑选一个。

如果像他们所设想的情况真的发生了,譬如说,一老一小同时受了伤,需要输血救命,现在血液只够一个人用,此时的确不能说救援老人而让青年人死去更合乎道德。现在实际的情况是青年人发现有人处于危急之中,他考虑的并不是用自己的生命去替换别人的生命,而是如果他要去救险将可能付出很高的代价,但他毅然决定支付高代价去实践自己的道德义务。(以后第六章第二节中将进一步讨论此问题)**人的道德水准正是在这一点上被度量出来——你准备用多高的代价去实践道德的呼唤。**

如果一定要问,不同人的生命是否有不同的价值?答案是明确的“否”,因为人生而平等。严格来说,价值的观念不适用于生命。因为价值观念只有在下列条件下才可应用,这个条件是人只能在有限的可能下作出选择。所谓“有限的可能”是指非此即彼而不能兼得,此时我们可以比较两个目的物的相对价值,以此作为选择的根据。

譬如我一个月收入为 1 000 元,买了衣服就不能买皮鞋,究竟买什么,要从衣服和皮鞋对我的使用价值来决定。但各人的生命并不是非此即彼的,甲的生存并不排斥乙的生存。正因为这样,生存才能成为人的基本权利。选举权利、听和说的权利都具有这种性质,所以它们也属于人权的一部分。如果人们挤在漂浮于大海里的一只小船上,生存权就不再是基本人权,此时生命是彼此排斥的,个别生命的价值比较问题才会被提出来。

人生而平等是人权理论能够得出的唯一结论。然而在现实生活中人和人却不平等，富人和达官贵人的生命就是比穷人和普通老百姓的生命更值钱更重要。[1] 而贫富等差别又是一个现实，这种差别无论什么时候也不会完全消失（不一定继续表现为贫富或官民）。所以唯一的途径只能是限制这种差别，尤其是不能人为地去制造或扩大差别。正因为人权、道德这些理想经常地与现实生活中因不平等而发生的价值观相冲突，人们才愈发珍视实现道德理想的行为。

过去的事随着时间的推移虽然会逐渐淡去，但回顾人类的文明史，我们仍可见到许多杰出的人物屹立其间，恰如黑夜星空中最灿烂的星斗。他们之所以永远留在人们的记忆中，很少是因为他们创造了巨大的财富，绝大多数是因为他们的思想和德行。所以我国有"立言立德"的古训，意思是人要想活得有意义，要想流芳后世，只有用自己创造性的思想和高尚的德行来产生影响。

岳飞、文天祥以及当代的雷锋、焦裕禄，他们都是中国历史上灿烂的星斗。俄国的彼得大帝一世（1672—1721）身为至尊无上的皇帝，竟在俄国寒冷的深秋季节，跳入冰冷的河中救援溺水的士兵，因而身染重疾，几个月后死亡。他们的事迹表现出了巨大的道德力量，所以他们永远被人怀念。由此可见人们对于道德价值的评价远远超越对于其他价值的评价。德国大诗人但丁说过：**"道德常常能填补智慧的缺陷，而智慧却永远填补不了道德的缺陷。"**明朝哲学家李贽在《初谭集》的序言中写道："有德行而后有言语，非德行则言语不成矣；有德行而后有政事、文学，非德行则政事、文学亦不成矣。"一个人即使没有钱，没有文化，但只要他道德高尚，他仍会受到别人的尊重；相反，一个人再有钱，学问再高，如果道德败坏，仍然会不齿于人。一俊可以遮百丑，一丑也可以遮百俊。这个"一"就是道德，可见道德之重要。

---

① 飞机失事对死亡者赔款额的不同，或许可以表明生命的价值，死亡的外国人获得的赔款额数倍于中国人。同为中国人，坐飞机出事比坐火车出事得到的赔款也更高。但这些规定正在改变中。

6. 损人不利己

损人不利己不但不合于道德，而且对社会非常有害。然而这又是非常普遍的现象，值得专门提出来加以讨论。首先，这种行为常发生于因情绪激动而丧失理智的情况下，例如因气愤而动手打人甚至杀人，闯入仇人家里砸坏对方的电视机等贵重物品，事后当事人必须负法律责任，他往往感到后悔不已。这种出于情绪激动而做出损人不利己的事情的人，大多是文化水平较低或较年轻的人，他们缺乏对自己行动后果的判断能力，或者没有足够的理智来控制自己的情绪。这种行为造成了大量的悲剧。

但是我们切莫以为只有情绪激动的人才会做出损人不利己的事，在我国每天都有成千上万的正常人在进行着损人不利己的活动。他们一旦发现某人找到了一个可以改进自己处境的机会，就立即予以禁止。在“文革”中“宁要社会主义的草，不要资本主义的苗”，“割资本主义尾巴”等都是损人不利己的做法。手里拿着剪子和斧子准备去剪别人的披肩发，剁别人的高跟鞋，这不就是损人不利己吗？一个农民家里养几只下蛋的母鸡，他把蛋拿到市场上去出售，对买蛋的人来讲，鸡蛋可以增加点营养，对卖蛋的人来讲，这样可以有一点买盐买火柴的零用钱，而且他们这样做并没有伤害任何人，可是这却犯了“走资本主义道路”的大忌。在“文革”的年代里，集市贸易被取缔，买卖双方企图通过交换而改进自己境况的机会被彻底取消，这种做法不是损人不利己又是什么？

“文革”结束以后，中央的政策是恢复农村集市贸易，可是这一政策不断地遭到抵制。山西运城县曾屡次发生驱赶赶集农民，没收集市商品的事。至于不许青年人读书，把大学生的人数砍掉了90%以上（1965年有67.4万大学生，1970年仅剩4.8万），也是损人不利己的又一例证。其他还有动员千百万青年上山下乡，强制学校教师、科研人员、机关干部到“五七”干校接受“再教育”等无数的例子，都曾造成对几千万人的个人前

途和家庭幸福的损害，而且没有人从中得到任何利益。这类事情都不是神经不正常或缺乏文化的人做出来的，今天回顾"文革"中发生的这一切，我们一定会感到惊讶，是什么使人鬼迷心窍，如此丧失理智？

"文革"已经过去，这类事情也不会再发生，可是我们绝没有理由认为损人不利己的蠢事已经绝迹。在我们的体制中有一大批这样的干部，他们的工作就是专门对别人管、卡、压。有时似乎是为了大多数人的利益，可是究竟是为了谁的利益？他们的利益是不是真的受到了损害？有没有其他的办法能保证各方的利益都不受损？对这些问题那些干部们可能连想都没有想过。经过 30 年的改革开放，中国人民受到市场经济的熏陶，越来越懂得合作的好处和不合作的坏处，损人不利己的事情大大地减少了。这是我们取得的重大进步。但是这类事情远远没有绝迹。不信的话，你可以试办一家民营企业，看看会有多大的麻烦。

一些专门人才在原单位不能施展才能，可是当他们申请要求调出时却遇到种种阻力；某人要申请出国探亲，他的情况也符合中国出入境法准予出境的规定，可是审批时却被驳回；山东某地有四个剧团，因供过于求，改革中拟合并，各方均已同意，唯市里负责人不批准；[①]上海一家公司向广东订购一批电冰箱，双方均已商定价格，忽然物价检查部门从中阻拦，说是违反物价政策，不准成交，于是对双方都有利的交易做不成了；沈阳两家企业为了合理利用资源自愿合并，却受到上级主管部门的阻拦。类似的事还发生在上海、武汉等地。有人呼吁："婆婆"要允许"媳妇"自主结"良缘"。[②]

为什么好事如此多磨？这里有许多原因，现择其要者略加探讨如下。

第一，出于妒忌心理。俗语说"见人发迹自怕穷"，当见到别人有好事可以成就，便妒火中烧，必欲破坏而后已。农村中一些专业承包户由于经营得法，连年得利，原来支持承包的政府主管部门就一反初衷，处处设置障碍。有些村民出于妒忌心理，甚至毒死别人承包的池鱼，挖毁承包户的果树。这种行为对破坏者自己并无任何利益，但其做起来却劲头十足。所谓绝对平均主义，实际上也是妒忌心理的一种理论伪装。这种思想貌似有理，其实非但不合于道德的起码标准，而且极有害于社会发展。**一个不能摆脱绝对平均主义的民族，其经济绝无发展的可能。**

第二，出于过度的防范心理，最后发展成为教训甚至报复别人。任何一类好事情都可能被少数心机不良的人钻空子，为了防范这少数坏人，干脆来个一律不准，结果是好事都办不成，没有任何人从中得利。某中等城市的百货商店里出售100多元一只的高级打火机，当地某施工单位拟

① 《人民日报》1988年7月11日第3版。

② 陈丹江、欧阳智撰文，刊于《人民日报》1992年7月10日第2版。

用公款购买，被售货员拒绝。某家大报纸发表评论，说拒绝得对，拒绝得好。

但人们也许没有想到，如果商店和其他公共服务单位有权随便拒绝服务，这个社会就无法运转。邮政局怀疑寄信人要里通外国就有权拒绝收寄；出租汽车司机怀疑乘客用车去做坏事，也可以拒绝出车，这样下去社会就会混乱。当然，违反财经纪律，里通外国等都应该被制止。但财经纪律应由单位和上级的审计部门来监督；里通外国的特务案件应由公安机关来处理。有关部门只能将疑点报告给负责审计和侦查的单位，而不能随便拒绝服务。

至今我们仍然可以看到许多因过度防范而造成损人不利己的事情。某宿舍区因曾发生偷窃案件，决定将大门用砖堵住，只许走小门。飞机因发生过劫机事件、火车软卧车厢内曾发生过谋财害命事件，便要求旅客凭证明购票。铁路还因少数人用月台票进站无票乘车，决定停售月台票。最近又有人提出来，因为有人在名片上假造职务、单位、地址，要政府出来管一管。但是，因不能走大门给小偷带来的不便远不足以阻止其偷窃动机的产生，倒是每天要进出的居民则大大不便。劫机分子和谋财害命的人要弄一张买票的证明简直易如反掌，而千百万普通旅客为了开买票的证明又多出了许多麻烦。无票乘火车的人除了买月台票进站外还有几十种别的进站办法，可是普通守法的公民，特别是上了年纪上下火车需要亲属接送的老人却深受其苦。最近报道北京某单位因订票员倒卖火车票被铁路部门取消了订票资格，而不是处分订票员，结果是该单位要出差的人都倒了霉。少数老干部退休后靠过去的老关系经商，钻体制的空子，牟得不义之财。针对这一情况理应纠正体制中的漏洞，或对具体案件加以查处。但我们的简单做法是一律禁止老干部经商，结果把守法经商的老干部也打击了。

广东电白和湖南嘉禾在2000年高考中发生大面积集体作弊。有关部门作出严肃处理，其中包括取消考点资格。就是说从2001年起这两地的考生将不得不去外地参加考试。成百上千的考生去外地考试，增加考生的负担将达近百万元之多。错误是2000年的考生和老师犯的，惩罚却落在以后的学生和家长身上。

银行放贷追不回来，成了呆账死账，板子应该打在欠账不还者身上。可是我们却规定银行的放款人要背一辈子黑锅。板子打偏了。结果是银行贷款员不敢放贷，存款在银行里沉淀下来，该投资的项目得不到钱。

有的人印名片，在名片上印着显赫的头衔，但都是假的，用来招摇撞骗，造成了不少问题。对于这些骗子应根据情节轻重，给予制裁和处罚。但是因为找不到人，板子就打在印名片的商号上。

一些外地人来到本地犯科作案，他们租的房子就是作案的场所。警察跑来抓人，可是人已经跑掉了。但跑得了和尚跑不了庙，于是警察把房东抓来是问，对房东加以惩处。

和过度防范有关的是报复和教训别人造成的损人不利己。上面提到的取消单位订票权就带有教训的味道，其他报复和教训造成的纠纷可说是司空见惯。公共汽车售票员嫌乘客上车动作太慢，故意用车门夹他(其实售票员并不能从中得到任何利益)；[①] 上次求人帮忙没有得到同意，这次他来求我，就给他点颜色看看。马路上骑车的人互相碰了一下，如果双方都说一声对不起，就不会引起报复和教训人的心理。但如果双方相持不下，就可能听见这样的话："老子今天非教训你不可。"大打出手的结果就是损人不利己。个人之间的小纠纷是这样，国家之间的大纠纷何尝不是如此。不过要使老百姓明白国家之间的所谓大事也可以用百姓之间解决小事的原则来处理，绝非易事。

当然，人是应该受教训的，但在日常生活中说一声"对不起"所起到的教育作用，远大于拳脚交加的教育作用。在相互交往中，人的行为强烈地受到对方行为的暗示。一方出口伤人，招来的往往是对方的反目以待；一方以礼相遇，得来的就会是对方的投桃报李。只有具有很高修养的人，例如有经验的政治家，才能摆脱对方行为的暗示作用。

① 参见《民主与法制》1992年第7期：电车售票员关门夹乘客致人死亡案审判记。该案系因乘客与售票员发生口角，售票员在该乘客下车时关门将他夹住，并按铃启动，结果该乘客(系一军人)在妻子的眼前被车轮碾死。

第三,理论上的模糊和误导。人们往往以为某种对当事人有利的行为必将损害公众的利益,因而出面禁止。但事实上这种行为并不会给任何人造成损害,禁止此种行为的结果就是损人不利己。"文革"时禁止集市贸易,禁止"走资本主义道路",反对学生读书等就属于这种情况。禁止这一切的理由是"将使红色政权改变颜色,千百万人头落地"等十分恐怖的吓人前景。可是没有任何一个人能够真正证明,参与了市场交易、养鸡生蛋卖钱、学生读书就会损害公众的利益。这里强调的所要捍卫的"公众利益",究竟是谁的利益?也许什么人的利益都不是。所以说这是理论上的模糊和误导。

但确实也有一些事例,从其直接效果来看只对当事人双方有利,但其间接效果会对第三者造成损害。对这种事情加以适当的限制是必要的,不能称为损人不利己。究竟哪类事情具有此种特点呢?我们需稍加详细的讨论。

工厂生产产品出售给消费者,这是对双方都有利的事。某人出来阻止这种交易就是损人不利己。但如果工厂在生产过程中排放污染物,破坏了环境,造成了对第三者的损害,那么阻止这种交易就不属于损人不利己了。因为这种交易的背后有损人利己的行为,而且阻止损人利己的行为是维护公共利益所必需的。

类似的例子还有用户购买汽车,将汽车开上公路,增加了公路的拥挤程度,使全部使用公路的人增加了在道路上的时间。这种损失是买卖汽车之外的第三者的损失,它没有反映在买卖双方的利害关系上,这一类现象在经济学中称为外部效应。处理这一类问题的方法也不是简单生硬地予以一律禁止,而是将外部效应"内化",即政府对于产生污染的企业和导致公路拥挤的汽车用户课税,将他们对第三者造成的损害转为他们本身的经济负担,再用这笔税金去补偿受到损失的人或减少环境污染和道路拥挤。如果买卖双方认为在课税的情况下仍旧有必要做成交易,他们就有权利这样做。用内化的方法处理外部效应在理论上是一种最合理的解决办法,但在实行时要确定税率以及测定外部效应的程度有一系列困难。附带提一句，避免汽车开上公路增加公路拥挤程度而课的税，不应只对新购的汽车，而应对所有在公路上行驶的汽车，因为它们对造成公路拥挤负有同样的责任，任何一辆汽车因不愿负担税金而退出公路，都具有同样的减轻公路拥挤的效果。

甲、乙两人达成交易，因而排除了丙进入交易的机会，这是不是外部效应呢？不是的，这正是商品经济竞争中优胜劣汰机制的体现。[①] 在一个没有外界干预而能够实现公平且充分竞争的市场中，这种优胜劣汰的机制可以提高整个社会各种资源的利用效率，从而避免浪费。从发展中看，竞争是保持一个社会有充分的活力不断向前发展、避免停滞所必要的。

在经济准则中对什么是有损于第三者的外部效应比较容易区分，但在其他准则中这种区分的根据有时是模糊的，例如对于黄色淫秽商品的看法即是一例。如果我们把世界各国对此类商品的处置方法作一横向比较，就可以发现，各个国家的标准差别很大。如果有什么规律的话，这个规律一般是，强调个人自由的、市场发达而且比较开放的、经济上比较富裕的国家设立的标准比较宽。但即使在标准最宽的国家，也都限制青少年接近这类商品。因为青少年缺乏自制能力，生理发育还没有成熟，这些考虑都超过了经济范围。从道德上看，目前普遍都认为这类商品的制作和传播不是道德高尚的业务，政府都设有很高的税率或行政条例来限制它的发展。

关于娼妓是否可以合法存在的问题，各国处理的方式也很不相同，因为两方面都有充足的理由。持反对意见的一方认为娼妓传播性病，损害人格，危害家庭的稳定。持肯定意见的一方认为事实上很难禁止，法律上禁止的结果是娼妓转入地下，性病更难控制，妓女还要多一层被剥削的机会（警察常常敲诈她们，她们往往是处于社会最底层、值得同情的人）。也有一种意见认为只要双方出于自愿，就没有加以干涉的理由。还有人认为娼妓合法存在可以减少社会上的强奸案。

对于吸毒的处置又是一个例子。有些国家将吸毒视为非法；另一些

① 但有的学者将外部效应定义为一切没有得到当事人同意的利害效果。

国家没有规定吸毒为犯法,只规定贩毒犯法。而且在后一类国家里也有一批学者认为使贩毒合法化以后,贩毒者就不可能得到超额利润了。从事此项交易的吸引力减少后,它的传播反而会缩小。

归纳上面这些讨论,可以得到两点看法。一是有些事的直接效果对某些人有利而没有对任何人不利,但其间接效果却可能损害一些人的利益,或者对某些人短期内有利,长期则不利。对这些事情加以干预和限制不能认为是损人不利己。二是对于这些有各种不利外部效应的活动是否应加以干涉,用什么方式干涉,以及干涉到什么程度都是值得仔细研究、深入分析的问题,绝非简单而容易解决的事。在一个过分强调集体利益而忽视个人利益的社会里,很容易产生一种偏见,在照顾集体利益的借口下对个人利益的发展多方指责。如果这又是一个迷信权力的国家,那么就会出现大量损人不利己的专横行为,其后果不但是使经济发展受损,而且将严重地降低人民的生活质量。

当甲、乙两人(或许多人)不能直接协商,各自选择对自己有利的决策时,有可能导致对双方(或多方)利益的损害,这就是著名的"囚犯难题"模型。这个模型极典型地说明了何以社会需要道德,何以表面上并不损害别人的抉择到头来使所有的人都倒了霉。这个模型在第六章第一节中还要详细讨论。

人可能会感觉饥饿,或身上某处发痒,而集体或国家则不可能有这种感觉。至于利益,不论是个人的或集体的,最后必须像饥饿或发痒那样,落实到个人,为个人所感觉到。换句话说,不存在不能落实为个人利益的国家利益或社会集体利益。国家或社会利益与个人利益所不同的只是体现的渠道不同,在利益这两个字上是相同的,而且利益必须被具体的人所得到。当然,集体利益会和个人利益,特别是局部人的或短期的利益相冲突,但是它最终必定使全部或某部分人真正受益。国家的安全、社会的安定、经济的繁荣都是集体利益,失去了这些,个人利益将极大地受损。为了这些集体利益,合乎条件的公民要服兵役,公民有纳税的义务,要遵守法律和公共秩序,但不需要斗私批修,不需要动员这部分人去斗那部分人，不需要公开个人的隐私，不需要放弃言论自由、人身自由、信仰自由、学术自由、通信自由、婚姻自由和在市场上的选择自由。**虽然这些自由有时候会导致不良的后果，但取消这些自由的后果将更为悲惨。**

按照我国改革开放以前所提倡的道德观念，追求个人利益是不道德的，“在集体利益与个人利益发生矛盾的情况下，只要集体利益是正当的，个人利益就应当服从集体利益，在必要时直至放弃或牺牲个人利益，这是崇高的道德行为”①。这是一种相当片面的道德观。因为正如本书一开头就分析的那样，将集体或他人置于个人或自己之上在逻辑上是行不通的。社会中的每一个人既是他人又是自己；既是集体中的一员（从别人来看），又是与集体对立的个人（从自己来看）。如果存在一种“集体主义”对一切人都不利，或者只对一两个人有利，这种集体主义还有什么道德价值？

改革开放以后道德观念需要调整的重要方面，就是将集体至上还原为个人利益。在什么情况下集体利益要求牺牲个人利益？仅仅是因为有更多的个人利益需要这样做，或者从个人的长期利益来看需要这样做？其实这也就是道德的内容，边沁就说过，道德的原则就是最大多数人的最大幸福。**如果我们发现某种集体主义原则和道德原则相悖，我们要警惕地问一句，这种集体利益究竟对谁有利。如果某种集体主义原则是以损害集体以外的人的利益为代价去维护集体内部个人的利益，那就违背了最大多数人的利益原则。**

7. 什么样的不公平是不能容忍的

“公平”是一个很含混的词。由于含混，各人有自己的不同理解。最直

① 见《人民日报》1991年7月15日《改革开放与社会道德价值导向学术研讨会简介》。该次研讨会由华东师范大学哲学系发起。据报道，与会代表认为改革开放以来人们在价值观问题上产生了激烈的争论，核心是“道德价值导向争论，是社会主义、集体主义与资本主义、个人主义之间的斗争”。而且“与会者一致认为，在改革开放的今天，必须坚持集体主义的道德价值导向，反对形形色色的个人主义”。

观的公平就是大家都差不多，特别是大家的消费差不多，没有太大的贫富差距。这就是公平的最直观的理解。当我们看到当今的社会贫富不均，消费水平相差十倍甚至百倍时，不平之心油然而起，就想到要解决这个问题。这时候才发现解决公平的问题远没那么简单。

用强制的手段剥夺富人，把他们的财产分给穷人，这是最直截了当的消除不公平的办法。这个办法我们国家曾在一段历史时期试过，打倒富人，把他们的财产分给穷人或收归国有的政策，这结果并不好。社会上的富人都被剥夺成为穷人，而且再也没有人敢当富人。结果是全社会的人都变成了穷人。公平倒是公平了，但不是我们所希望的那种公平。本来大家追求公平是想摆脱贫困，没想到剥夺富人的结果是使大家都变成了穷人。现在的年轻人都很难理解这一段历史。剥夺富人是令人触目惊心的激烈的生命的搏斗，是以挑动人民之间的仇恨心理为动力的，它是以牺牲另外一种公平为代价的公平。从那以后，人民被分成了被专政的和专政别人的人。被专政的“地”、“富”、“反”、“坏”、“右”（实际上还有“资产阶级”、“走资本主义道路的当权派”、“叛徒”、“特务”等种种称谓）无权享受基本人权，他们的生命财产是没有保障的。

现在有许多人埋怨邓小平让一部分人先富起来，造成贫富差距扩大。要知道，邓小平说这话的时候，全国没有人敢致富赚钱。因为那是资本主义，是要挨批挨斗的，谁敢冒这个险？小平的这句话解放了全国人民走向富裕的愿望，造就了现在几千万的富人，还有更多的人正在奔向富裕。贫富差距确实是大家致富的愿望被解放之后才发生的，但差距的扩大不应该归罪于邓小平。他的贡献在于打破了大家一块儿受穷，谁也不敢去追求财富的僵局。现在看来这种僵局实在可笑，但是“文革”是全国疯狂的时代，更可笑的事还有的是。

财富的不公可分成两种情况，一是由市场造成的，一是由非市场的原因造成的。后者又可分为合法的和非法的。合法的非市场致富的例子如买彩票得头奖，或继承了一笔巨额遗产。对这种暴富，虽然也是财富的不公,很少人会反对它,或要求取消它,顶多只是收缴所得税。非法的致富,如贪污、走私、贩毒、贩卖人口等,无疑都是大家反对,必须取缔的。话是这样说,做起来可不容易。差不多世界各国都有这种非法致富的活动,各国政府尽了很大努力,也未能完全消除。我国是一个发展中国家,政府管理水平还有待提高,更不容易消除。

还有就是市场所造成的贫富差距,这是最有争议的问题。在没有外界干预的条件下,市场是一个自发的、平等参与的交换场所。但事实上的市场往往不那么自由平等,即使法律所赋予的每个人的自由平等也难以兑现。在许多国家里真正实行的是特权,官阶愈高,特权愈多。因而造成司法执法中偏向权势者的现象。愈是欠发达国家,这样的问题愈严重,并造成收入的不平等。这也是穷国的百姓希望移民到富国去的一个原因。在那里特权的干预比较少,自由平等造成的机会比较多,凭自己的勤奋,比较容易致富。

即使我们假定的最初的参与平等性能够存在,在长时间的交换演化之后也会造成收入的不平等。所以我们可以说,市场是会造成收入不平等的。要彻底消灭不平等,就得取消市场。这条路世界上许多国家都试验过,包括中国。但是试验的结果是普遍的贫困。经过艰难的改革,大多数国家都放弃了计划经济,走上了市场经济,而且取得了效果。所以市场是致富之路,但又是分配不平等的一个原因。

仔细分析造成不平等的原因,无非包括四方面的内容。一是起点的不平等。有的人出生于富裕家庭,得到父母的关爱,受到良好的教育;有的人则相反,家里穷,上不起学,或者家庭生变,父母离异。二是天生的条件不同,有的人长得漂亮,有的人长得难看;有的人聪明,有的人笨;有的人健康,有的人天生就有病。三是个人的决策不同,导致后果不同。有的人选择学文,有的人选择学工;有的人选择艰苦努力,有的人选择清闲安逸等。四是个人的机遇与运气不同。有的人运气好,处处顺利;有的人运气差,到处碰壁。让我们看看,上面这些导致财富不公的原因中哪些是可以消除的？

首先，出生时的家庭条件不同。这种不平等，主要是原有的社会的不平等造成的。出生的家庭有穷有富，上一代的不平等传给了下一代。这是造成一个人一生命运不同的最主要的原因。虽然社会有一些安排，试图减少这种不平等，比如义务教育制度、社会救济制度，但作用远远不够。更激烈的措施如把孩子集中起来统一教养，未必是良策，更未必能被疼爱孩子的父母所接受。穷妈妈也未必同意把孩子送给富人家。所以纠正这一类的不公平，比较稳妥的办法只有改善现代社会的收入不公，从根本上逐步消除贫富差距的过分扩大。

其次，本人出生时的条件不同。这些天生的条件差别显然是无法避免的。有些家族天分特别高，辈辈出人才，对人类作出杰出的贡献。我们没有理由为了公平去压抑他们，叫他们作的贡献和普通人一样。有些人有商业头脑，善于经商，同样为人类作出贡献，他们自己发了财，同时也为社会创造了财富。我们同样也不应该限制他们。可见这一类天生的不公平，也是无法改变的。一个人的相貌也与其成功与否有关。有些女孩子长得特别漂亮，她们赚的钱就多得多。汽车展览都要请漂亮女孩做模特，空姐也要讲究相貌。难道我们能够改变这种现实吗？不管是天分也好，长相也好，这些天生的区别所造成的收入差别确实很难消除。

再次，个人的选择，只能由个人自己负责。绝没有个人的决策叫别人承担责任的道理。一个人决定去偷盗抢劫，总不能让别人替他去坐牢。一个人努力学习，勤奋工作，他的成果也不可以让别人去享受。过去我们批评吃大锅饭，就是因为干好干坏一个样，弄得大家都没有积极性，对发展生产很不利，才决定引进市场经济，让每个人都有机会发挥自己的才能，得到自己的劳动果实。可见由于决策不同所造成的贫富不均也是很难避免的。

最后，个人机遇与运气的不同。运气有个人的，还有大环境的。个人的运气包括一生中所碰到的人，这些人所作的决策，偶然性的因素非常多,而且都不是个人所能控制的,所以称之为运气。我们无法用任何手段改变这些偶然因素。大环境的变化包括国际石油价格的升降,碰上国家宏观调控等,都会影响一大片人。我们无法将一个人挑出来免除环境对他的影响,更无法改变整个的环境形势,结果是听从命运的安排。

说到这儿,结论是没有办法改变人与人之间的收入差距,或者说这些不公平是我们不得不接受的。但是它的结果,过大的贫富差距又是我们所不能接受的。所以最终的办法只能是在最后的收入分配上采取温和的手段,从富人那里征收较高的个人所得税。这就是世界各国所通行的处理收入分配过于悬殊的政策。简单地说,我们不得不接受市场所造成的收入差距,矫正的办法是在已经形成的收入分配上多征富人的税。恰好在这一点上我国的税制不能有针对性地对富人征税。我们的累进所得税只适用于工资部分,而大部分的富人不是靠工资来致富的。他们变富的主要原因是财产性收入高。这部分收入税务部门缺乏信息,无法对他们征税。即使他们老实地申报了,也没有累进的税制,只是按照20%的统一税率。更何况目前个人所得税只占总税收的7%,其他的93%直接或间接都和消费者的购买有关,而和家庭的储蓄无关。你的钱放在柜子里,或者存入银行,政府是不会对这部分钱征税的。但是你一旦消费,买了东西,政府就会对此征税。打电话、付电费、在超市买东西,国家都在征税。富人的消费虽然高,但是从比例而言他们的储蓄比例高,相对的消费少。而穷人的所得几乎都消费掉了,这部分钱都要交税。所以从比例上看富人收入中纳税的比例比穷人的低。结果我们的税制成了按收入征税的累退税。**改革税制,按总收入征税,并且采用累进税制是缩小收入差距的重要措施。**

此外,消除经济活动中对不同社会阶层的人的不同限制,取消特权,是缩小贫富差距的更为彻底的方案。应该说我国的改革开放在这方面是有成绩的。每个人公平致富的机会比过去大大地增加了。但是随着经济活动规模的扩大,人们利用权力获取巨额收入的机会在增加。它不同于贪污腐化,但跟垄断和禁止公平竞争有关。大多数的发展中国家,如印尼、菲律宾、南美诸国、非洲国家等,都或多或少地有着这一类的问题。它和文化传统、社会结构有关,是比贪污腐化更难纠正的一个问题。但如果我们能够守住最后一道防线,对最终收入公平地征收累进所得税,这个问题的危害性就不足为惧了。

8. 对公平的进一步思考

对公平的认识关系到社会的稳定和繁荣。事实上我们还没有办法消除一切不公平,换句话讲我们不得不接受一定程度的不公平。比如讲,高级宾馆里有住套房的,也有扫厕所的。这当然是不公平。但是这样的不公平在可见的将来还无法消除。各人的收入有高有低,也暂时无法消除。对这一类现象,我们能够做些什么呢?如果比较现在扫厕所的人和几百年前侍候人的人,应该看到社会的进步。几百年前在皇宫里侍候人的人称为太监或宫女。他们是终身的奴隶,永无出头之日。现在扫厕所的人是自由人,是平等人。扫厕所只是分工的不同。清扫员和大富豪在马路上走的时候,他们具有平等的先后顺序。但要真正做到这一点,说老实话,我们还差得远。这是中国几千年传统造成的,绝不是一朝一夕可以改变的。

这种人和人不平等的思想根深蒂固地存在于老百姓的头脑中,而且不仅仅是封闭保守的农民有这种思想,连知识分子也一样有。甚至最高级的知识分子也难免有这种思想。2008 年四川省汶川县地震后某省文联负责人填了一首词,写道:

天灾难避死何诉,
主席唤,总理呼,
党疼国爱,声声入废墟。
十三亿人共一哭,

纵做鬼，也幸福。

银鹰战车救雏犊，
左军叔，右警姑，
民族大爱，亲历死也足。
只盼坟前有屏幕，
看奥运，同欢呼。

这首词的意思是，只要主席、总理关心，解放军、警察关心，死了也情愿，也幸福。主席、总理以及解放军、人民警察在汶川地震救灾中的表现确实令人感动，但是，从另一个角度说，一个人的生命因为有了领导的关心，就死都不在乎，实在把个人生命价值看得太渺小了。无独有偶，2003年“非典”流行的时候，当年的5月10日，在《北京晚报》第30版上有某大学生写的一首诗，现抄录如下：

初夏艳阳和风吹，
瘟神突降九州悲，
黎民不知何处去，
百姓无计可问谁。

欣闻总理到民间，
嘘病问疾义可垂，
小民冒死不畏死，
众志成城华夏巍。

这首诗和上一首词有异曲同工之妙，都是把自己看成是无足轻重的小小老百姓。这是一位大学生写的，而且被《北京晚报》的编辑看中了，认为可以代表大家的想法,所以才刊登出来。足见这种观念目前有很大的市场。

把自己看得比领导低一等的观念,广泛地存在于中国社会之中。在中国某些人的观念中,服务员就比客人低一等;当了官就高人一等,官越大,地位越高;而且认为领导都是掌握真理的人,领导讲话叫训话、指示,即使是专家,到了领导面前也得学习领导讲话。每一级的官都比下级的官掌握的真理多一些。甚至有些从北京出来的人都认为自己有较高的地位,有点趾高气扬的味道。

和美国人比较,他们则没有这种想法。在美国,对服务员的每一项服务,客人都会道谢。服务员和客人聊天是很经常的事,双方都觉得很自然。客人绝不会摆架子,训斥别人。在中国,一个县委领导出门碰到下雨,会有好几位随从人员帮他打伞。美国总统布什碰到刮风下雨,伞被吹翻了,也没人帮忙。几年前中国政府的几个不大的官员去法国公干,为了争行李柜的空间,在飞机上摆架子,和空姐吵起来。他们把国内的架子搬到了国外。没想到人家不吃这一套,最后空姐请来了警察,才让摆架子的人恢复理智。这种等级观念有几千年的儒教根基,再加上新中国成立后不断地深化,形成了中国特色。反观台湾的情况就跟大陆有所不同。那儿也是儒家文化,但是对总统可随便批评,甚至可画漫画讽刺他。同样是中国文化,1949 年后的发展不同,不平等观起了很大的作用。

总的来看,在发达国家里收入不同依然存在,但是地位的不平等已经消除。**可见收入的不同不容易纠正,而地位的不平等是可以纠正的。所以我们应该对收入差距保持宽容,对地位的不平等要努力消除。**可惜的是,我们似乎正在走一条相反的路,对收入差距相当敏感,而对地位不平等保持宽容。这将是我们前进道路上的一个重大障碍。

第三章　道德是自发和演化形成的

1. 合作比不合作好：道德观的萌芽

道德观的来源，已如前述，是一个十分复杂的问题，它既非完全来自人的天性，也非完全来自社会实践。弗洛伊德甚至断言，道德的基础来自性欲。[1] 至今还没有任何一派学说，能被公认为已经完全答复了道德观来源的问题。尽管如此，有一点是可以肯定的，即道德观在客观上要经受社会的不断选择。或者说，一种道德观如果有助于社会的发展，它就会随着信奉这种道德观的人组成的社会的发展，而被越来越多的人所接受。相反，一种道德观如果不利于社会的发展，[2] 那么持这种观点的社会将很难发展，这种道德观本身也难以为继。

如果一个民族将生下来的女婴统统杀死，并认为这是一种"合理"的道德的话，那么很明显，持有这种道德观的民族必将自行绝灭，此种道德观也必将随之消失。这种道德观之所以消失，并非因为它是恶的，而是因为信仰它的人消失了。我们甚至有理由猜测，善和恶的区分反而是因此

① 参见石毓彬、杨远：《二十世纪西方伦理学》，湖北人民出版社 1986 年版，第 274~317 页。

② 古代墨西哥的阿兹台克人恪守一种严厉的道德准则，以此取悦于他们的嗜血之神。他们认为，人首要的义务就是敬仰众神，并用人血和心脏来奉养他们。阿兹台克民族的兴衰与他们的信仰有关。

而确立的,即有利于人类生存和发展的行为,具有善的特点。实践证明,互相帮助有助于人类社会的发展,而互相残杀则不利于人类社会的发展。因此,在社会选择的淘汰机制之下,互相帮助的观点会得到保留和发展。这并非因为它符合善的标准,而是客观选择的结果。

根据这样的解释,在社会某个特定的发展阶段就会有特定的道德观,或者说,道德标准和人类赖以生存的组织原则有关系。从较长的历史过程来看,由于社会的选择机制,二者必然是互相促进和加强的。所以探讨道德标准,可以从解剖某个特定时期的社会组织原则入手。

从猿进化成人经历了几百万年之久,在这一非常漫长的过程中究竟发生了什么?是什么因素使人最终脱离了动物而具备了人的特点?

从考古学的发现我们知道人的生理解剖的演变,进而我们知道人的直立行走使脑容量有可能增大,两只手腾出来可以使用工具等。但人类之异于动物的根本点,并不仅仅在于使用工具——因为现代的研究肯定了某些高级发展阶段的动物也会使用工具——而在于人有选择地组织了社会。蚂蚁和蜜蜂也有它们的社会,但此种社会是先天决定而并非理智选择的。为什么动物不能选择组织社会,而人却能够?为什么动物虽有群体而无社会组织,而人却通过自己组织起社会而得到发展?

美国学者 L.S.Stavrianos 在他的《远古以来的人类生命线》一书中提出,**人类组成了血族社会才是脱离动物界的标志。在血族社会中人与人的关系已经由合作代替了搏斗和竞争,在获得食物和性伴侣中出现了不同于动物的规律,这种规律实际上便是道德的最初形态**。他在书中引用了 M.D.萨林斯《社会的起源》中的一段话:

在有选择地适应石器时代的种种危险的过程中,人类社会克服或贬抑了灵长目动物的种种习性,如自私自利、杂乱的性交、争雄称霸、野蛮地竞争等。人类社会用血族关系和合作代替了冲突,将团结置于性欲之上,人类社会在其最早的时期中完成了历史上最伟大的改革,克服人类所具有的灵长目动物的天性,从而确保了人类的不断进化的特点……由自然进化产生的人类这种灵长目动物,当时正处于同大自然的生死攸关的经济斗争中，所以负担不起社会斗争这种奢侈品。合作而非竞争是必不可少的。[①]

血族社会中合作是主要的人际关系，即人必须牺牲一时的利益使得社会能具有安定性，从而得到发展。但合作随时可能遭到坏人的破坏，坏人利用别人的合作姿态而获得私利，从而使好人吃亏，结果好人无法坚持做好人，逐渐也变成了坏人。这个过程被重复了无数次，最终使人们懂得合作比不合作好。这就是血族社会的建立要花几百万年的时间的原因。有的科学家试图通过计算机模拟，探讨通过几万次的选择淘汰，是否会将具有合作遗传因子的群体发展成为优势群体。[②]如果这一假设成立，就可回答道德的根源问题，回答善恶的根源问题。这一思路的基础就是前面提到的，**持有"恶"的道德观的种群自己被淘汰了，剩下的是持有"善"的道德观的群体。**

由于缺乏人类社会关系的文字记载，远古时期的社会组织只能通过实物考古来推测。由于文字还没有出现，人与人的思想交流只能靠简单的语言，因而较远距离的人的交流机会极少。而且文字是与思想互相促进的，只有文字成为思想载体的时候，才能对思想进行精确深入的推敲，才能引起不同时代、不同地点的人的批评讨论，形成共同的概念。因而文字出现之前，人类群落只能处于动物群体和人类社会的过渡阶段，尽管这个过渡阶段非常之长。特别是正如前面分析的，道德观是人与人之间关系的价值判断，它主要由人类活动中互相加强的心理作用逐渐形成。当人与人的关系只是零星地发生，只能靠简单的语言来表达时，示范作用的心理影响是很微弱的。所以我们有理由猜测，那时候的道德观念只可能处于最原始的萌芽状态。

从对西安近郊6 000年前半坡村的人类遗址发掘的实物来看，陶器

①M.D.萨林斯：《社会的起源》，载《科学的美国人》，1960年第3期，第80~86页。

② 参见《科学的美国人》，1995年10月中文版第16页"互助的算术"。Nowak等人得到的初步结论是，由大量善人和少量恶人组成的社会可能长期存在下去。但如果恶人获得的利益太高，则有全部人都变为恶人的危险。

上的粗糙画面大多数以自然景物为主,如日月星辰、鸟兽虫鱼、几何图案等,而以人物为对象的则非常之少。[1] 这说明当时人类生存的主要依靠对象是自然界,人和自然界关系的重要性超过了人和人关系的重要性。在这样的生存条件下,作为人与人关系准则的道德规范的形成当然是非常缓慢的。拿半坡遗址中发掘出来的丧葬遗物和有了文字记载以后的丧葬文物作比较,就可以看到在文字出现之前,墓葬布置顺从人与自然的关系;而文字出现之后,墓葬布置则屈从于人的社会关系。半坡村中儿童葬在父母住处的近旁,而且陶土棺穴一端还开有小孔,以便幼小的灵魂可以返回父母的身边。而有了文字记载以后,世界各地的早期墓葬几乎都发现过殉葬的人畜。而且在靠口述留传下来的古代文化中,神话无一例外地占有重要的位置; 在原始社会中宗教活动可以说是最早的文明活动。因为人的生存能力相对于巨大的自然力而言显得非常渺小,人类要绵延其种族不得不乞灵于自然,因而作为人与人社会关系准则的道德概念必然处于较为次要的地位。

2. 生存的艺术:自然经济下道德观的发展

随着人类征服和驾驭自然的力量的加强,人类生产力得到发展。人们在与自然界作斗争中需要彼此的合作。因此,语言作为沟通意见的工具必然相应地发展起来。借助于语言,人和人的关系发展到较深的层次。语言不仅限于生产活动的需要,并且推进到感情的交流和发展。

当生产力发展到出现剩余价值时(指从总体上看,产品除了维持最低生活水平之外还能有所剩余),人类社会出现了特定的组织形式,它的主要特点是由剩余价值的分配原则决定的。与此同时出现了财产私有的观念,这种观念一方面为分配剩余价值所要求,另一方面也为防止已经占有的财产被剥夺所要求。财产私有的观念,与家庭作为生产和消费的

① 见陕西名胜半坡博物馆说明书。

基本单位的方式，起着相互促进的作用。

这些人类赖以生存的社会组织方面的变化，在道德观念的选择中发挥着作用。不能适应这种组织演变的道德观念，由于其阻碍了人类本身的发展而被淘汰。待到文字被发明以后，社会组织更加制度化，人与人关系的处理对人类生存的影响逐渐超过了自然力的影响，道德观念的发展也就相应地更显得迫切了。

在我国存在着一种普遍的误解，即认为财产私有制是人类社会的万恶之源。实际上，私有制并不特别有利于任何一方，它对一切人都是一视同仁的。反过来我们要问，是什么人反对私有制？是那些觊觎别人的财产，进而想据为己有的人才会反对财产的私有制。所以说财产的私有制是道德之神，它防止了对别人财产的非分之想。有了私有制才产生出交换，才有商业社会，才有今日的丰富物质生活。私有制推动了人类社会的发展，从这个意义上说私有制是合乎道德的。人们无法设想一旦取消了财产私有制会出现什么样的混乱。任何别人的东西我都可以据为己有。更确切地说，没有任何一样东西是别人的，正如没有任何一样东西是属于我的一样。为了生活，食物、防寒物资仍需要被创造出来，但谁愿意去从事生产呢？如果没有可靠的财产保障，生产出来的东西可以随便被别人占有，那么人人都会去从事掠夺，就没有人从事生产了。此时强盗和贼消失了，因为人人都按盗贼的规则行事。交换已经没有必要，更谈不上分工。如果人类仍有生存的欲望，就必须倒退到没有工具的野兽群体，因为即使在原始公社，个人也有他自己用熟了的专用工具。

幸亏人类确立了财产的所有权，掠夺他人财产的代价越来越高，而保护财产的成本则越来越低，在这种条件下，人类社会的生产力才能逐渐得到发展。所以有人说：**私有制是道德之神**。我国几千年的皇权统治经常破坏财产的所有权，所以中国的资本主义没有得到发展。

保护私有财产并不特别有利于富人。一般以为保护私有财产这个口号一定是富人提出来的，因为只有富人才有财产需要保护。这种想法是只知其一，不知其二。请问，谁的财产最缺乏保护？是富人的财产最缺乏保护吗？富人是因为财产得到保护才变富的吗？显然不是。是穷人的财产最缺乏保护，他们无钱无势，经常被有特权的人所欺侮，所以成了穷人。由此看来，**保护私有财产同样有利于富人和穷人，而对穷人更有利，对社会上的弱势群体最有利。**

私有制发展了经济，提高了人类整体的生活水平，但也发展了人与人的不平等。贫富差距的日益扩大是生产资料的私有制的一个直接结果，因此产生了公有制社会的理想。然而凡事有利必有弊，公有制虽然大大地缩小了各人收入水平的差距，但企业的经营效率普遍地不如私有制的企业，企业内外面临着较多的官僚主义问题。[①]

我国在20世纪50年代末刮了一阵共产风，把城乡的生产资料搞一平二调，大大挫伤了劳动者的积极性。在现代经济理论的发展中，有大量研究比较公营和私营企业的相对利弊。研究发现在多数情况下，在服务行业和在竞争条件下生产的商品中，私营优于公营；在提供公共服务的行业中（如公路、市政污水处理、国防），公营有可能优于私营；在垄断性行业中（如电力、铁道），公营和私营差不多。所以**一个比较好的所有制结构不是清一色的公有或私有，而是一个经常处于调整中的不断优化的结构。**

这个观念正在被越来越多的人所接受。但达到这一认识我们是付了高昂的学费的，何况即使是最彻底的公有制主张者，也只能谈生产资料的公有化，而无法涉及生活资料的公有化。我国在刮共产风和“文革”抄家时，曾出现过生活资料公有化的企图，其后果是大家都知道的，缺乏财产保护导致了社会大混乱。

① 作者在1993年12月论证了全面公有制必然导致经济效率的降低。因为全面公有制使生产者同时又是消费者，他们的利益一致，没有讨价还价，不可能形成市场价格。根据微观经济学，市场价格是唯一能引导资源合理配置的信息。

3. 家庭:道德的起源

在中国,从文字出现以来的历史就是一部“合久必分,分久必合”的历史。自春秋战国至今的2 700多年中,经历了无数的战乱,数不清的改朝换代。在这一幅混乱的图景中我们可以看到最稳定的社会细胞——家庭,却始终没有改变。它在拥有无穷威力的战争的狂潮怒浪中颠簸着;它在征兵、杀戮、掠夺的暴行下显得毫无抵抗之力。家庭的成员被摧残,家庭的结构被破坏,然而它却具有永恒的韧性:只要周围环境具备最起码的条件,家庭就会重建起来,恰如凤凰从废墟中再生。家庭的这种顽强的再生力量来源于它提供了人类生存和繁殖这两个基本职能。

在生产力很低的自然经济时代，人的基本生存条件无非是衣、食、住三种要素。衣的原料无论是麻、棉还是丝，都得依靠种植才能获得；食物同样来源于土地；而住房的材料不管是土石还是竹木也都取自土地。人的生存严重地依赖着土地，人将大地视为母亲，所以在自然经济时代，除非发生战乱或大的灾荒，人们很少会自动离开他们已经熟悉了的大地母亲。人们依附于土地的结果是使家庭更具有稳定性，因为他们自己不流动，又没有别的家庭迁到自己周围，他们很少遇到陌生人。

家庭作为一个生产单位从土地取得其生活资料时，要不断地计划播种、耕作、收获，或采集、防御和攻击，还要准备工具、种子、原料和场地。在这些活动中，两个人真诚合作而形成的生产能力显然大于一个人的两倍；失去一只手的残疾人所能做的事远不到正常人的一半，这也证明了合作产生的力量远大于单个力量之和。家庭作为一个消费单位时要不断计划储备和消费。两个人的共同消费又比单人消费有更大的调剂余缺的余地，因而有较高的安全性和较强的应变能力。若拿家庭与个人相比，前者有远为有利的生存条件。至于人类繁殖，虽然家庭的固定组织形式容易形成对性欲的压抑，但家庭提供了用最低成本（指时间、精力、物质）满足性欲的组织形式，又同时提供了哺育后代的条件。当家庭是一个最有利的生产单位和消费单位时，道德准则就应当是维持家庭关系而不是破坏这种关系。所以在自然经济时代，道德的基本内容是尊老爱幼，顶多再增加一条睦邻。亲戚和邻居就是可能与一个家庭发生关系的全部范围。在这种经济关系下的人们所能想象得出的理想世界，我们可以从《礼记·礼运》“大道之行也，天下为公”的描述中看到。在这个社会中：

> 选贤与能，讲信修睦。故人不独亲其亲，不独子其子，使老有所终，壮有所用，幼有所长，鳏寡孤独废疾者皆有所养。男有分，女有归。货恶其弃于地也，不必藏于己；力恶其不出于身也，不必为己。是故谋闭不兴，窃乱盗贼而不作，故外户而不闭，是谓大同。

今天看来，这种理想和人类社会后来毫无例外地向商品社会过渡，交换主宰了人与人的关系，出现了“认钱不认人”的交换准则的现实，相去何止十万八千里。

要使家庭内部稳定，强化伦理约束是唯一的办法，因为法律对处理家庭内的纠纷并非十分有效。如今我国刑法中仍然规定，对于虐待家庭成员的行为不告诉的不处理。[①] 何况在自然经济时代人们的法律观念十分淡薄，实际上是家规重于国法。当然，矛盾激化到要动用家规的仍然是个别现象，大量的小纠纷都通过伦理的约束来化解。

旨在稳定家庭关系，从而稳定社会生产和消费的道德规范，是我国几千年来君主专制社会的无形支柱。由此不难想象，我国传统道德何以至今仍有深厚的影响力。

《礼记》中关于“大同世界”的描述，包含着一些可称为永恒的理想，那就是“仁”。仁的确切含义据孔子自己的解释是：恭、宽、信、敏、惠（《论语·阳货》）。它包含爱、同情、宽恕、勤敏、推己及人、反求诸己、牺牲自我，以及由这些出发的全部原则。《论语·卫灵公》的开头就是：“志士仁人，无求生以害仁，有杀身以成仁。”孔子把成仁和生命看得同样重要。子贡问孔夫子：“有一言可以终身行之者乎？”答：“其恕乎。己所不欲，勿施于人。”这也是对仁的注解。一直到两千年后孙中山提倡博爱，还是以仁为出发点。

仁的理想不但在中国古已有之，在其他民族里，也以略为不同的形式提出来过。基督教精神要求爱你的仇敌，这里就有恕和爱，是符合仁的精神的。展望未来，仁将是不可替代的。大同世界里幻想的社会组织虽然不切实际，但“老吾老以及人之老，幼吾幼以及人之幼”以及“鳏寡孤独废疾者皆有所养”则是任何一个社会都应当为之奋斗的。**在今天需要我们用批判的精神来反思中国传统道德观的时候，我认为仁的基本精神是万万不能抛弃的。**

显然，一个“仁”字虽然概括了中国传统道德的基本精神，但远不是

①《中华人民共和国刑法》第 182 条。

中国传统道德的全部。仁是代表道德的柔的一方，道德还有其刚的一面。孔子说："三军可夺帅也，匹夫不可夺志也。"(《论语·子罕》)他强调即使一个寻常的百姓，也有其不可动摇的道德原则。孟子又说："富贵不能淫，贫贱不能移，威武不能屈。"(《孟子·滕文公下》)这个不可动摇的东西也正是指道德原则。然而这个刚韧不屈的道德原则是为了达到仁的目的。如果我们回到"无求生以害仁，有杀生以成仁"这段话，就不难理解"不可夺志"的"志"是什么内容。人要有不渝的矢志，但此志不是去杀戮，去复仇，去争夺，而是"己所不欲，勿施于人"。

用仁的精神处理家庭关系，应该贯穿互爱的原则。尽管长辈爱晚辈和晚辈爱长辈的具体方式不同，但那是年龄的差别所致，而不是因为地位的不平等。可是在中国的专制主义道德中所提倡的三纲五常却规定了君为臣纲，父为子纲，夫为妻纲。于是维持这种不平等的关系成为道德规范的基本功能，人间的悲剧由此而生。无论君王如何昏庸，臣子只有服从的份儿，君臣间的矛盾激化时，唯一合于三纲五常的解决办法就是臣民的自尽，而不可以造反叛逆。子女孝顺父母用后来二十四孝的标准，必须做到自侮、自戕、违反人性的程度。妻子服从丈夫也是无条件的，甚至要求"嫁鸡随鸡，嫁狗随狗"，非但没有独立的人格，连做人的起码权利都丧失了。

孔子一方面强调仁，另一方面又强调礼。颜渊问仁于孔子，孔子曰："克己复礼为仁。一日克己复礼，天下归仁焉。为仁由己，而由人乎哉？"颜渊进一步问如何去实行，孔子曰："非礼勿视，非礼勿听，非礼勿言，非礼勿动。"在《论语》的第十二篇中，孔子对于"仁"有较完整的解释。[①] 从上面这一段话来看，"礼"无非是仁所要求的对自己的约束而已。但是后人把"礼"夸大为维持皇权的纲领，它不但贯彻到君臣，而且发展到父子、夫妇等一切方面，成为中国所特有的礼教。它取消个人的自由，要求其逆来顺受，扭曲人性，成为鲁迅所说的"吃人的礼教"。人一生下来就被固定在某一个社会地位上，一辈子就在这个位置上扮演自己的角色。于是，有野

①《论语》第十二篇《颜渊》。

心的人便奋斗终生,用阴谋诡计来改变自己的地位。这种道德关系不但是个人悲剧的根源,而且也是社会动荡的基础。

这种道德要求并非孔孟的本意,孟子就说过:“民为贵,社稷次之,君为轻。”(《尽心》)孔子所说的君君、臣臣、父父、子子的确切含义是君主必须按君王的规范来对待臣下,因而臣下也必须以相应的规范来对待君王。否则君若不君,则臣可以不臣;父若不父,则子可以不子。所以君臣、父子,他们虽然地位不对称,但权利和义务是对称的,这里暗含着平等的原则。孔子说“己所不欲,勿施于人”,这是充分平等的概念,他从来没有说帝王和老子可以例外。将儒家的平等仁爱改造成三纲五常的是西汉时的董仲舒,从此儒学就变成了儒教,它不再是一种学说,而成为一种强加于百姓头上而且不容怀疑的信仰。

在自然经济中发展起来的道德观的一个重要因素是清心寡欲,乐天安命。孔子说:“君子食无求饱,居无求安。”(《论语·学而》)他又称赞颜回在艰苦的环境中“回也不改其乐”。在《论语·述而》中又说:“饭疏食饮水,曲肱而枕之,乐亦在其中矣。”老子认为“不贵难得之货,使民不为盗。不见可欲,使民心不乱”(《道德经·三章》),还说“我无欲而民自朴”(《道德经·五十七章》)。韩非子认为“人有欲,则计会乱;计会乱,而有欲甚;有欲甚,则邪心胜;邪心胜,则事经绝;事经绝,则祸难生”(《韩非子·解老》)。他推断人间祸难皆因人有欲而产生。到宋朝哲学家朱熹提出“存天理,灭人欲”,不要追求物质享受的规劝一直延续了几千年。

“文革”时化妆近于犯罪,香水是属于资产阶级的。在“五七”干校里个人自己花钱买肉吃被叫做偷吃,要挨批。这一观点的根源在于社会生产力的发展非常缓慢,任何较高的物质欲望一般来说都是不可能满足的,徒然招致失望的痛苦。个别的人则受物质欲望的驱使,走上侵犯别人利益的非道德道路。非但中国如此,西欧也流行过这一观点。赫胥黎在他讨论《舒服》那篇文章里就讲到,因为普遍认为舒服即罪恶,耽于舒服即趋于失敬,所以西方的封建社会阻止了躺椅的发明。[1]

① 林语堂:《生活的艺术》,中国戏剧出版社 1991 年版,第 195 页。

在中国过去几千年中生活过的百多亿人口过的是什么生活呢？除掉文景之治、贞观之治有限的几十年的太平盛世，基本上不是兵荒马乱就是饥荒疠疫。小孩子生下来就在死亡线上挣扎，相当一部分人活不到成人的年龄，活到70岁算是古稀，大部分人糊口是最大的困难，食肉衣锦是非分之想。他们的一生不是享受生活，而是痛苦煎熬。只要看中国人口的变迁就足以证明这一推测。

西汉时全国人口为6 000万人，到1 000年后的宋朝，人口反而降为2 000万人。[①] 这中间不是人口没有增加，而是一次混战就消灭人口的一半，甚至3/4以上。最近一次的人口灾难发生在100多年前的太平天国。从1850年到1863年的13年内人口从4.3亿降到2.3亿。史书上说杀人的血流成了河，可能不假。[②] 这是从统计数字来看，如果从每个家庭的经验看，则是一幕幕活生生的悲剧。

我们今天要看彩电，要用空调，还要出门旅游。对我们这代人来讲，活在世上一生可以恰当地称为享年若干，我认为这是今人生活与古人生活最大的不同。此种不同产生的道德观的变化就是，现代人认为享受是正当的生活追求，而不再是不道德的，更不是犯罪。近百年来现代物质文明的飞速发展，实有赖于人们坚毅地追求物质享受的推动。

一个人沉湎于物质享受成为庸俗的人，或享受物质生活而仍是高尚的人，其主要的区分点在于他是否关心别人的物质生活，承认别人的物质享受和自己的享受具有同样的重要性。其次，也在于他是否懂得精神享受，追求友爱、艺术的欣赏、知识的学习、健康等。

物质享受的特点是很容易达到饱和，过度的物质享受反而造成痛苦。而精神享受的特点是永远不会饱和；相反，更多精神享受的追求，会引导人达到更高的欣赏境界，从而得到更大的满足。近一两百年以来，由于物质享受在更大程度上得到满足，人们有条件追求更多的精神享受。

① 梁方仲：《历代户口、田地、田赋统计》，第4~8页。

② 范文澜：《中国近代史》(上册)，1961年版，第173页。

现在的问题是在总的物质生产越来越丰富的过程中有一部分人变得更贫困;在商业化渗透到一切领域中的时候,精神享受同样离不开钱。

4. 儒教道德之缺陷

学说以是非为其能否成立的根据,所以学说崇尚辩论;宗教则以信仰为根据,容不得别的理论的挑战。将儒学变成儒教,并罢黜百家,独尊儒学的是汉武帝时的董仲舒。幸亏儒学提倡中庸之道,否则中国人还要遭受更多的不幸。董仲舒思想的核心是将神权、君权、父权、夫权贯穿在一起,形成专制神学体系。他提出的“天人感应学”认为君权是天授的,因而不容怀疑。这样的论点当然受到统治者的欢迎,所以西汉以后儒教伦理统治了中国人1 800多年。

有人说,在儒教三纲五常的伦理结构中,父子关系居于核心地位,其他如夫妇关系、君臣关系等都是父子关系的推演。这个说法是有道理的,“百善孝为先”正好说明了这一点。父子、夫妇、君臣关系无非是顺从的不同表现方式,忠、孝、随,都是不同场合下的顺从。**君主专制社会的秩序就是建立在不问是非,甚至违反人性的顺从上。这种“道德”所酿成的悲剧绝大多数是盲目顺从造成的。**敢于反抗君威父命的人,不论有多么充足的理由,都不会得到社会的许可,更不用说赞同。

在40年前,巴金的著名小说《家》、《春》、《秋》以爱情悲剧尖锐地控诉了专制主义道德对人性的违背。后来的许多青年读者无法理解何以传统力量有如此巨大的威力,当一个人的生命受到威胁时,他只能选择自杀而不能反抗。有了文化大革命的经验,人们可以从自身的体会中作出回答了。不容分析和怀疑,把某种论调看成是神圣不可侵犯的,这种思想方法在一切迷信盛行、经济落后的民族里至今还有广大的市场,敢于向神圣理论挑战的人都要冒极大的风险,不论这个理论是儒家伦理,还是圣经、古兰经或别的什么“科学学说”。

因为顺从是专制主义道德的主轴,因此一个人如何对待别人,首先取决于这个别人是谁。如果此人是他的长辈,即使年龄比他小,阅历比他浅,知识比他少,也必须敬畏此人三分。如果此人是一位女性,本人又是男性,男尊女卑的准则就会立刻起作用,这种现象非但普遍存在于乡村里,甚至还存在于具有相当高文化程度的家庭里。如果比较一下中国家庭和外国家庭中人和人的关系,可以特别鲜明地感觉到这个区别。

笔者有一次访问一个美国家庭,家长是一位大学教授,他的女儿只有4岁,他们的客厅里放着两把椅子,他的女儿正坐在其中的一把上。教授为了便于和我谈话,对他的女儿说:“多丽,我和你商量一件事,你可不可以把座位让给我们远道而来的中国客人坐?”4岁的女儿欣然起立让座,教授还谢谢她。用平等、礼貌的态度对待4岁的女儿,在中国家庭里几乎是不可想象的。

中国家庭里更能表现两代人(或三代人)之间关系的是看电视时发生的冲突。老一代要看的节目不同于小一代想看的,于是发生两代人之间的冲突。大多数情况是小一代服从老一代,个别也有老一代服从小一代的。但是很少有两代人之间订立一个规则,大家共同遵守的。这说明中国人的家庭成员之间缺乏平等处事的习惯。

在中国我们可以经常看到的是这样一种情况:对家庭以外的人员,用一种轻蔑的称呼相称,以表示亲昵。这说明,不平等是家庭成员关系的特征。例如,以前在国民党的部队里长官称呼勤务兵常常用“小鬼”,这是通常用来称呼自己的子女的称谓。用小鬼称呼勤务兵暗含着两重意思,一是勤务兵和长官地位的不平等,新中国成立前勤务兵和丫鬟的地位差不多,不但要为长官端屎端尿,有时还要受体罚。新中国成立以后受体罚的事较少见,但勤务兵仍然是被长官呼来喝去的没有工资报酬的“佣人”。早上首长洗脸,勤务兵不但要准备好热水,还要把牙膏挤在牙刷上。二是表示亲切,被称作小鬼的勤务兵,至少在心理上有一种安全感,即他不会受到体罚,从这个意义上小鬼的称呼已经进了一步。

根据对象的相对地位来决定拿什么态度相处,而没有一个普遍适用的原则，这只有在一个封闭的社会里才有可能。在一个封闭的有限的圈子里，每个人都认识其他的人，没有什么陌生人闯进来，所以按彼此的相对地位来相处的原则实行起来并没有什么困难。但如果周围有许多陌生人，按这种原则处世的人便会不知所措。当接到一个号码陌生的电话时，一时弄不清对方的真实身份，自己的态度就失去了参考坐标。有时先用傲慢的语气对答，稍后发现对方是自己的首长，立刻前倨而后恭。所以在一个向外界开放的社会里，因人而异的处世原则就不再普遍可行。

从表面上看，在现代最开放、与外界联系最多的社会里，因人而异的处世态度在企业和团体内仍起主导作用。那里下级必须服从上级。而且由于工业生产的要求，这种概念和自然经济社会相比，甚至强化到了一种不近情理的程度。然而在工业社会里服从是一种组织原则而不是伦理规范。下级必须服从上级，工人必须服从工艺要求，否则就会招致经济上的损失。由此可见工业组织中的服从，其最终考虑的是经济利益，而不是维持社会秩序。

在商品经济发达的社会中，维持社会秩序的恰好是协商而不是顺从。不过，无论是在自然经济还是商品经济中，服从只有在一个互相熟悉的小圈子里才行得通，这一点是没有区别的。在一个互相熟悉的小范围内生活，对人的态度依对方的相对地位而定，这造成了人们一种讲面子的社会心理。人要在一个小的社团里受人尊敬，首先要建立一个体面的形象，这种心理部分地解释了何以在我国比较封闭的边远地区，群众习惯于大操大办婚丧喜事，因为这是难得的挣得体面的机会。

由于在自然经济中人的生活来源很少依赖交换，人们生活在一个互相熟悉的圈子里，所以顺从作为一种道德规范才可能行得通，而且能一代一代相传下去，成为一种传统观念。正如鲁迅所说：他们以为父对于子，有绝对的权力和威严；若是老子说话，当然无所不可，儿子有话，却在未说之前早已错了。[1]

前面已经提到,顺从观念的前提是态度因人而变,问题本身的是非曲直退居到次要地位。当此种道德规范演变成为传统观念时,它逐渐影响到人们的思想方法,即是非曲直不是主要的,而相对地位才是主要的。因为如果这不能成为一种思想方法,那么传统道德就要经常受到挑战。如果传统在挑战中失败,它就不能继续成为传统。或者说,如果传统继续存在下去的话,这种思想方法必然占有统治地位。

无视是非曲直的思想方法,我们经常可以在日常纠纷中看到。两个家庭之间的争吵,两个村落之间的械斗,以至于两个国家之间的战争,两个党派之间的竞争,一个党内两种派别的路线之争,往往与此有关。当我们被牵涉到一场是非之争的时候,往往首先考虑哪一方是我们自己的,我们必须作出有利于自己的"是非"判断。我们经常说的爱国主义教育,多少含有强化这种思想方法的意思。如果有谁依据真正客观的是非判断来表示态度,或者仅仅是试图客观地分析一下是非曲直,他就很可能被指责为大逆不道。[2]许多人不明白文化大革命时最经常的一个口号"毛主席的革命路线"究竟指什么,其实就是不问是非地站在毛主席一边,跟革命不革命毫无关系。

当然,生活中大量的纠纷是利益矛盾而不是是非之争,用什么思想方法在这里似乎不起作用。但即使是利益矛盾引起的纠纷,当舆论工具被动员起来时,必然有一批理论被制造出来。这些理论要想站住脚,就必须依靠上面所说的思想方法,我们只要比较一下交战中的两国各自坚持的理由,都认为自己站在正义的一方,就不难悟出宣传者是如何巧妙地利用这种特定的思想方法了。日本军队侵略中国,中国人民奋起抵抗,这

① 《鲁迅全集》(第一卷),人民文学出版社 1987 年版,第 129 页。

② 长达八年的两伊(伊朗和伊拉克)之战,耗资上千亿美元,死亡逾百万,双方互为不共戴天的仇敌,但当宣布停战时处于火线上的两侧士兵互相亲吻拥抱。这里看到被双方强化的"爱国主义"如何违背了人民的真正利益。

当然是正义之战。而日本军队将武士道、忠于天皇解释为正义，愿意为正义而牺牲。平型关战役我方大胜，毙伤日军数千。一位八路军战士本着优待俘虏、救死扶伤的政策，将一个受伤的日本兵背着送去救治。可是这个日本兵竟然把八路军战士的耳朵咬下来。这种死不投降的精神绝不是强盗兵所能做到的。从这个例子我们可以看到为正义而战的可悲结局。

中国共产党在阐述马克思的只有解放全人类，无产者才能最后解放自己的理论，以及讲述共产国际的理论时曾遇到过巨大的困难，因为中国共产党的绝大部分党员来自农村，他们早已习惯了传统道德观以及与此相适应的思想方法，他们对于要接受一个外国人的理论，遵从外国党组织的政策感到无法理解。刘少奇在20世纪40年代曾为此写过一本小册子——《共产主义和国际主义》，使已经接受了传统观念的党员能够接受一些与以前不同的理论。

不过中国百姓轻是非重关系的思想方法在以后的40年中并没有得到扭转；相反，在一再强调的路线斗争中变本加厉。那时候的所谓路线斗争就是强调是非以线划界，或者干脆以某个司令部划界。凡是这个司令部的人，其做的事，说的话都是对的；否则就都是错的。如果某人曾经被公认过做了某件有益于人民的事，现在又发现他不是这个司令部的人，是非又如何判断呢？于是解释说这件事虽然客观上对人民有利，但此人当初就怀有不良动机，假装积极，骗取党的信任，图谋日后的野心等。

"文革"结束多年后的今天，重关系而轻是非的陋习，虽然由于商业关系的大规模渗透而减弱，但传统观点仍有其牢固的阵地，尤其在比较闭塞的地域。当某人违反法纪，上级派人下来调查时，几乎没有例外地都会遇到"关系网"的阻力，说情者有之，代作解释者有之。这些说客未必都得到当事人的好处，只是因为他们和当事人相识。

四川省的一个杀人犯祝纪海逃避追捕，先后转移隐匿七处，每到一处，都首先声明自己杀了人。这七家户主居然不但为他隐瞒而且还送饭送钱。[1] 据统计在法院向有关证人索取证词时，提供伪证的竟数倍于提供实证的。[2] 这说明人情关系非但重于是非，而且重于法律；这种行为不但没有受到社会舆论的谴责，反而被誉为有义气、有道德。

我国学者金观涛在研究中国君主专制社会的超稳定性中曾提出了一个重要的命题，即原王朝被农民暴动推翻之后，新的王朝按原来的模版重新建立。其原因在于旧王朝虽然被消灭了，但其组织信息却被保存下来，新王朝仍然参照原来的组织信息组建自己的系统，所以新王朝酷似旧王朝，这使中国的专制体系可以维持几千年而不变。[3] 这个过程类似于生物繁殖中原来的遗传密码由生殖细胞传给新的一代，新一代的机体就按遗传密码交给的信息来建构。

现在我们需要指出的是，**以君臣关系（忠）、父子关系（孝）为核心的儒教恰是新旧王朝之间传递遗传信息的"密码"**。专制制度的结构需要一个理论指导以维持其内在关系的一致性，这个理论指导就是儒教。**专制制度之所以能够在旧王朝覆灭之后重建起来，主要靠的就是儒教的伦理**。王朝一个个逝去，但忠君孝父的道理代代相传。儒教伦理虽然是无形的，其生命力却异常强大。

末代王朝清朝政府之后，经过了辛亥革命、五四运动，新中国成立之后又经过了急风暴雨式和和风细雨式的马列主义教育和思想改造运动，还经过了触及灵魂和脱胎换骨的社会主义教育，可是到了文化大革命时期儒教理论又死灰复燃。人们佩忠字徽章、跳忠字舞、搞三忠于活动、开忠于什么的誓师大会等。**除了忠于的对象有可能改变之外，要求人们**

① 刘荣金：《麻木的神经》，载《人民日报》1988年10月5日第4版。

② 另一个例子是北京司机赵荣峰下车打电话时，非司机的金长林擅自开车撞死一男孩。事后赵某帮助金某隐瞒罪责，破案后双双被捕。（《北京日报》1988年8月12日）《人民日报》1989年1月14日报道：解放军一个团队10个月内竟有400余封从战士家中拍来的假电函，其中一例谎称战士父亡，造成该战士精神失常，被火车轧断右腿。5年之后，1994年1月22日《人民日报》在《呼吁》栏内刊出唐国和的文章，题为"别用假病危电报、电话催战士回家"。文中说1月6日以来该部每天接到战士家长要求子女回家过春节的电话、电报和信件100多件次，其中有许多谎称家长病危。

③ 金观涛、刘青峰：《兴盛与危机——论中国封建社会的超稳定结构》，湖南人民出版社1984年版，第133页。

“忠、孝”的实质并未改变。电台里、报纸上、讲话中，忠字频频出现，说明这种伦理思想确实是根深蒂固的。

5. “为体”、“为用”之争

回顾清末的洋务运动之所以未能改变中国的命运，追溯其原因，伦理思想起到了社会结构中“遗传密码”的作用，或许能给出一点解释。清政府在甲午战争中吃了亏，明白了洋枪火炮的厉害。某些人得出的机械性的结论是只要把洋人的技术学到手，中国就可以变得像洋人一样富强了。同时他们又生怕把中国几千年的传统文化，特别是皇权专制丢掉了，于是提出了“中学为体，西学为用”的口号，而不把哪些是糟粕哪些是精华区分一下。这种以“体”“用”作为接受不接受的标准，而不以精华糟粕为标准的态度来接受西方文化是不会成功的。①

让我们通过一段真实的历史来回顾一下，以这种态度吸收西方文化的结果是什么。

清政府为了向英美学技术，曾于1872年到1875年的三年中先后派遣120名11~15岁的幼童去美国留学，计划15年后学成归国，可是没想到首先在招生中就遇到了困难。因为清政府长期闭关锁国，总是宣传外国是蛮夷之邦，唯有中国才是至圣之地，所以百姓多以为美国是极其荒凉野蛮的地方。甚至人们传说中国小孩到了那里，会被剥皮，再把狗皮接种到他们身上，当怪物展览赚钱。所以原拟在上海招的30名学生，无法招满，不得不到香港从英政府所办的学校中凑足其数。

幼童到美国之后，清政府要求他们遵守政府规定的各种封建礼制，要按时遥向清朝皇帝叩首，定期读“孝经”、“五经”，留长辫，着长袍。由于幼童们刻苦学习，几年后便有人考入耶鲁大学和哥伦比亚大学。同时，他们也逐渐适应了西方的生活和文化，有的剪了辫子，有的换上了西装，他

① 参见李喜所:《清政府派幼童留美始末》，载《神州学人》1988年第1期，第51、52页。

们不再坚持“中学为体”了。对于这种现象，当时担任留学生正副监督的陈兰彬和容闳看法极不相同。陈兰彬认为是大逆不道，而容闳则比较容忍，因为他自己就是耶鲁大学的毕业生。陈兰彬还不让学生参加体育活动，认为跑跳争赛，不成体统。可是十几岁的孩子，正值活泼而且追求新鲜事物的年龄，对于陈的严教难免有失尊重。种种看法上的差异，造成陈、容之间的巨大矛盾。陈屡次向清政府告发容闳。1876 年陈调任驻美公使，由吴子登继任学监。他一到美国就召集学生训话，当看到学生不作揖叩首时，气急败坏地欲举棒呵斥。他身为留学生监督，却到处宣称：“各生适异忘本，目无师长，固无论其学难期成，即成亦不能为中国用。”他和陈兰彬屡屡上奏朝廷，攻击留学政策，终于 1881 年恭亲王奕昕以“外洋风俗，流弊多端，各学生腹少儒书，德性未坚，尚未究彼技能，先已沾其恶习，即使竭力整顿，亦觉防范难周，亟应将该局撤销”为由，将留学生分三批全部调回。

至此，原定 15 年的学习计划，实际上最长的才学了 9 年，其中大学毕业的只有 2 人。虽然学生总数不多，除去中途辍学和去世的才 94 人，但其中确实出了不少杰出的人才，包括著名铁道工程师詹天佑、交通部副部长朱宝奎、国务总理唐绍仪以及矿业工程师邝荣光和电信工程师程大学等。

现在看来，要求留学生梳长辫，着长袍，每天遥跪天朝，确实近乎荒谬，但当时却认为这是不容怀疑的天规。今天同样的事情当然不会再发生了，但还有没有目前不容怀疑而在 100 年后将被视为愚蠢和荒谬的事呢，这却是值得我们思考的。

从表面上看，洋枪利炮和封建道德并没有什么相干，也正因为如此，人们才会认为“中学为体，西学为用”可以行得通。可是我们仔细分析一下就会发现，洋枪利炮绝不可能在缺乏商业联系的社会秩序下顺利地制造出来。

首先，制造先进的设备要有技术工人。暂且不去追究技术工人能否在旧体制下培养出来，即使有了技术工人，如何能将他们招募来，来了之后又如何能使他们在一个生产作业线上互相配合？不要说在专制社会，就是在今天，要调动一名职工手续也很烦，困难非常大，户口、住房、双方领导批准，每一步都要耗费巨大精力。要调动几十名职工，组建一个班子，难度就更大，往往是碰得焦头烂额，最后只好知难而退。而忠君、孝悌、睦邻的人际关系却无助于解决这类问题。

其次，制造设备的工厂先要有资金来兴建。资金从何而来，如何筹集？集资建立在信用基础上，人家把钱借给你，你要在未来的若干年内连本带利还给人家。如果不是信用和法律高于一切，而是君皇高于一切，这种信用关系就完全没保障。最困难的是制造设备要用上百种不同的原料和工具，少了任何一样枪炮都造不出来。而且每一种原料和工具本身又需要若干种原料和工具才造得出来。这样一种复杂的生产组织的形成和运转，如果靠官僚体系是完全不可能实现的。

总之，现代化技术需要一套与之相适应的社会结构和伦理观念，而这一套东西绝不可能自然地在原来的专制制度中生长出来。

现在“中学为体”的口号已经没有人喊了，但是我国文化和传统的伦理观念中对于需不需要吸收外国相关的成分，却始终是不明确的。相反，过去我们一直曲解资本主义社会的人生哲学是“人不为己，天诛地灭”，人际关系是单纯的金钱关系，似乎这方面对我们是一无可取的。现在仍有不少人对于外来的东西样样看不惯。在清理精神污染运动中就有人拿着剪子和斧子要剪喇叭裤、长头发，要砍高跟皮鞋。有一阵人们在公园里跳舞要被驱赶，用的音响设备要没收。总之，对于一切表现个性自由和思想解放的行为嗤之以鼻，因为这些观点和儒教所要求的，将个人的存在从属于君权、父权、夫权的教导，完全相对立。

“反对全盘西化”这个口号似乎并不错，然而我们不得不说，它是含混的、片面的。它们的确切意思可能是：我们应当学习西方对我们有益的东西，而不应把有害的东西也吸收进来。所以首先应该肯定学习西方文化，然后才谈得上不要全盘西化。可是这个口号却忽略了主要的前提，而将在西化中要注意的一点当成主题突出。而且西方社会同时有其优点和缺点，它们是同一个体制下的两个侧面。对制度的选择并不是在超级市场上买东西，可以只挑选对我们有用的来买，或者说，这些优点和缺点是互相联系着的。现今世界上凡是富裕的社会都有民主政治和市场经济为其特征，但也都同时存在着吸毒、犯罪、娼妓、贫民窟等丑恶的现象。

我想正确的态度，应该是**在接受外来文化的同时，对这些必然出现的坏现象有所准备，使它们的影响减到极小，而不是惧怕它们因而拒绝制度的变革和创新。**

儒教伦理在维持专制制度方面所起的作用，就是不论有多大的社会变动、多彻底的旧王朝的摧毁，一旦秩序恢复，人们所能想象得出的仍旧是原来的体制，因此历史是不断循环的，谈不上有什么真正的进步。要想摆脱这一困境，唯一的办法就是借助于外来文化，整合成新的文化，用以取代儒教中阻碍社会进步的成分，特别是它强调的君权神授理论，以及由此衍化出来的泯灭个性和人与人因地位不同而产生的不平等。

“五四”运动提倡科学和民主，这是中国传统文化中所没有的新事件。“五四”运动对儒教(过去曾不恰当地说成是孔家店)产生了重大的冲击,但远远不足以在全民的广度上彻底铲除儒教中反人性的部分。

全国解放，作为西方哲学的马克思主义被大规模地介绍到中国来，这本来是一个极好的清算专制思想的机会。可是我国几十年来一直讳言对专制思想的批判,甚至还有意无意地强化这种思想。因此,深埋于中国文化里层的腐朽东西从来没有被触动,结果才有文化大革命中所谓“三忠于”活动的闹剧:“人人挂忠字牌子,个个戴表忠像章,家家立像,户户供佛,条条街道漆成‘四个伟大’的红海洋,个个机关树起新式门神或照壁。那个‘最高指示’一下达举国若狂,涕泪横流,半夜三更起来敲锣打鼓,游行庆祝,比对待皇帝圣旨还要疯魔万倍。”[1]

把外来文化的新因素注入中国传统文化,以改变用来建立社会秩序的伦理基础,从这一点看,对外开放政策对中国社会的进步具有重大意义。虽然中国接受西方文化在百年以前就已开始,但较少发生争论的只限于西方的自然科学。现在中国大专院校中所用的理工科教科书,就其内容而言90%以上都是舶来品,这部分知识在培养中国现代工业能力中起了关键的作用。且不说属于尖端技术的人造卫星或计算机,就是普通螺丝钉的制造,也是以来自西方的数学、力学、物理学以及机械设计、金属加工等理论为基础的。

在社会科学及艺术方面吸收西方文化,可以说引起的争论是比较大的,虽然事实上音乐、美术的大学教育已吸收了大量西方成就,但是吸收到什么程度,以及吸收的后果是好是坏却一直存在着反复的争议。以被誉为社会科学皇冠的经济学来说,虽然居主导地位的马克思主义经济学和现在逐渐受到重视的西方主流学派经济学都是来自西方,但那并不等于承认这些科学可以用来解决中国的经济问题,只是因为中国实在没有自己的经济学可以代替。中国只有经济史而从未发展出经济学来。特别是现代主流经济学的教学,经过了近30年的争论,才在大学经济系的教学中争得一席之地，而在高中及非经济专业的大学教学中至今还是

① 孙越生:《蚯蚓现象》,载《人民日报》1988年9月1日第8版。

处于陪衬的地位。

社会科学接受西方文化已经引起争论,价值观和伦理观则更难以吸收外来因素。然而价值观却是人们行动和决策的依据。例如公平和效率两者往往互相矛盾,大锅饭多一些,有利于公平,但有损于效率。一个社会究竟需要更多的公平还是更多的效率,永远不可能用推理的方法来证明,这完全取决于人的价值观。又如对自由的要求也是一种价值观,有的人把它看得很重,认为"不自由,毋宁死";有的人则不太在乎,只要吃好喝好,少一点自由也是可以接受的。由于对自由的价值判断不同,所以对民主政治的要求也就不同。具有不同倾向的人待人接物的原则有异,是非观也有差别。西方工业化国家的社会运转机制植根于人们的价值观念,不改变价值观念而欲改变社会运转机制,势必闹出一系列矛盾,最后还是格格不入,只得放弃一头。

价值观与现代化的冲突,在历史越是悠久、古代文化越是发达的民族,表现得越明显。中国如此,印度如此,许多伊斯兰教的国家也如此。而历史短的国家如美国,就没有这种包袱。博大精深的古文化成了现代化进程中的沉重负担。心理学家葛登纳(John W.Gardner)曾说:

那些企图逃避转变之潮流的人有一个诡计,即立足于高高在上的道德基地,他们断言固有的一切紧紧系于道德和精神之上,改变它们将威胁到这些道德和精神。当18和19世纪的俄国不得不面对西欧优势的工艺发展时,亲斯拉夫的人被迫绝口不提物质之落后,而大谈其俄罗斯的精神是如何高贵。这正像今天在印度有些作家断言,以印度在精神性灵方面的博大精深来抵补西方工艺学的优势绰绰有余。新的东西和固有的比较起来,往往被认为是野蛮的。新生的纪元在精神的价值上,往往比即将逝去的纪元似乎显得逊色。①

① 转引自韦政通:《伦理思想的突破》,四川人民出版社1988年版,第156页。

上面这段引文说明了传统道德和新价值观之间的激烈冲突,如何妨碍了一个古老社会的现代化。然而价值观念和社会发展之间的关系是十分间接的,接受某一种伦理观究竟有益于社会还是有害于社会,在人们之间永远不会有一致的看法。

在西方,个人主义是普遍被承认的价值观,其内涵是要求尊重个人的基本权利,又同样尊重别人的基本权利。而在我国,个人主义几乎成了自私自利的代名词。

1979 年以后,我国的改革逐渐倾向于改变社会的运转机制,相应的,人的价值判断系统也同时在发生着根本性的变化。"毫不利己,专门利人"的原则和一切向钱看的哲学发生了激烈的冲突,甚至表现为两代人之间的鸿沟。延续了几千年的传统伦理原则也受到了巨大的冲击,明末以来流传极广的"朱柏庐治家格言"(又称朱子家训)现已近乎失传……有人把这些现象看成是道德的退化。虽然我们现在还没有充足的理由说这一切都是朝着好的方向变化,但至少有一点我们是可以确信无疑的,那就是社会的现代化过程如果没有价值观念特别是伦理观念的重组,这个过程是绝不可能完成的。

获得诺贝尔经济学奖的库兹涅茨曾研究过许多国家经济高速增长的共同规律,他发现:**经济增长的同时必定伴随着流行价值观念的迅速变化。这种变化既是经济增长的结果,又是推动经济进一步增长的原因。**[①]

6. 公德和私德

道德本是处理人与人之间关系的准则,对于一个人的"社会"而言本

① 西蒙·库兹涅茨:《现代经济的增长:发现和反映》,载《现代国外经济论文选》(第二辑),商务印书馆1981 年版,第 23 页。

无所谓道德。那么又何以出现"私德"一说呢？私德原是指个人修养，但个人修养却又是每个人处理人际关系的出发点。没听说过一个人私德恶劣而公德高尚的。而且个人修养从更根本的方面看，乃出自一个人的世界观。他为什么而活着，决定了他对自身的看法和要求，这构成了私德的基础，并且也是他处理人与人、人与物的关系的基础。正因为如此，世界上各个不同文化渊源的民族都无一例外地重视私德的培养。

下面将公德和私德的内涵分别开列，让我们认真地区别一下它们的异同。

属于公德的：

孝悌、仁爱、守信、谦虚、忍让、宽恕、耿直、诚实、慷慨、负责。

属于私德的：

坚毅、乐天、知足、勤学、从善、慎独、勇敢、细致、勤俭。

鲁滨孙漂流到荒岛上，他要在那里生存下来，就必须勤俭、坚毅、勇敢……这些属于私德，但是在那时他却无法去实践孝悌、仁爱、慷慨……

一般而言，私德方面的个人修养有助于公德的提高。因为他们来自共同的出发点，即人的世界观。一个贪婪纵欲的人很难做到爱人，而一个有慎独反思精神的人却很容易做到诚实。

从表现上看，勤俭（私德）似乎和乐善好施（公德）相互矛盾，然而从世界观的深度来分析，勤俭来自有效地利用有限的资源。当一个人知道别人利用这份资源比他自己利用能产生更大价值的时候，他会毫不犹豫地贡献出来。所以我们经常可以看到一些真正高尚的人，他们对自己是克制的，对他人的迫切需要却是慷慨的。他们这样做丝毫也不悖于内心逻辑上的一致性。一些人甘冒生命的危险去拯救处于危急之中的受难者，这是节俭和慷慨高度统一的范例。没有任何人不知道自己生命的可贵，任何物质的节俭也不可能比生命的节俭更重要。但他同样知道别人生命的可贵，所以才有舍己救人的义举。这些都可以说明私德与公德有着深层的一致性。附带说一句，**一个舍己救人的义士也并不是"专门利人，毫不利己"，而是利人和利己在深层次的统一。**

既然如此，我们有没有理由说一切公认为私德的准则，必然和公德准则一致呢？这是一个十分复杂的问题，它并没有一个简单的答案——是或者非。前面曾提到，道德的是非从根本上看是一种价值判断，它渊源于对“善”的认识。公德和私德又以一个人的世界观作为它们的共同基础。如果所有的人都具有同样的善恶价值观，又有同样的世界观，那么在由这些人组成的社会中，公认的私德准则和公德准则必然是一致的。或者说，按照他们对于世间事物发展的认识，私德中某一准则会导致有害于他们公认为善的结果，那么这项私德准则必然被放弃或被修改。可是事实上并不存在如此均一的社会。社会中各人的善恶判断并非永远相同，对事物发展规律（世界观的组成部分）的认识又各持己见，一些人认为有利于公德的私德必然为另一些人所不齿。但是在一个具有同样文化传统的民族内，由于内部信息沟通和相互影响的结果，易于形成比较一致的公德和私德准则。在不同文化传统的民族之间，公德私德准则的分歧不仅可能存在，甚至会十分明显。

拿中国和西方国家作比较，中国人在私德方面比较推崇知足寡欲，乐天安命；而西方人则崇尚进取和成就。而且总的来说，中国人对私德的强调可能超过西方人。中国的哲学带有深刻的反省精神，在处理人和自然的关系中倾向于人对自然的适应与和谐相处；[①] 在处理个人和他人的关系中倾向于个人的自制。而西方的哲学不需要那么多的反省精神，在人和自然的关系中人始终居于主导地位，他要主动地去认识自然，而不是消极地处于自然之中，甚至听候自然的摆布；在处理个人和他人的关系中着重于协商而不是自制。形成此种差别的原因非常复杂，近年来出了不少探讨这类问题的书。其中有一个原因显然是不容忽视的，即中国

① 在中国历代著名的绘画艺术中，山水画在数量上的比例远大于人物画，而且在山水画中，如果同时有人物出现，往往画得非常渺小，从而衬托出自然的伟大（例如元朝王蒙的“葛洪移居图”，盛懋的“秋江待渡图”，明朝沈硕的“携琴观瀑图”）。相反，西洋绘画艺术中人物画的比例高得多。而且人物和风景同时出现时风景多半起陪衬作用。绘画艺术是人对主客观世界认识的反映。上述区别或者可以说明东西方文化在人与自然关系上认识的不同。

是一个大陆国家，国民生计严重地依赖于附着在土地上的农业，而西欧的国民生计自古以来就更多地依赖于畜牧、航海和商业。结果西方人比较喜欢英武和勇敢，中国人则赞颂文质和谦让。农业经济基本是一种自给自足经济，所以依靠农业为生的人不需要处理复杂的人际关系，由此才发展出着重内省精神的私德。

第四章 金钱、权力——商品经济中的两大支配力量

前面我们作了一个假设，即由于选择和淘汰的机制，能够存留下来的道德观必定是有利于人类生存与发展的。又因个人的生存和发展取决于社会利益分配的制度，所以道德观会随着人们生存所必要的物质资料的分配制度的变化而变化。人类社会在利益分配制度上最大的变化就是由自给自足演变为商品经济，因此，这个演变也必然成为道德观演变的分界线。

1. 交换，它改变了人类的历史

商品经济是相对于自给自足的经济或自然经济而言的。在前者，人们的生产消费都要通过交换，而后者这些都由自己解决，是一个不求人的经济。

当然，世界上不存在绝对纯粹的自然经济或商品经济。即使在远古人类群落中，我们也没有理由判断个人之间的交换绝对不会发生；即使在今天商品经济最发达的国家，绝大多数家庭的日常饮食也仍是由家庭主妇准备的，并不是完全购自熟食商店。这说明完全没有交换的纯粹的自然经济，和完全没有自给自足的纯粹的商品经济都是不存在的。

此外，从自然经济演变到商品经济是一个渐变过程，它并非在一昼夜内完成。因此，我们很难说哪一个经济系统是在哪一个点上完成了从自然经济向商品经济的过渡。为了方便讨论问题，我们把问题提得极端些，即以比较纯粹的自然经济和比较纯粹的商品经济为前提。我们只要心中有数，知道事实中的经济总是介乎两者之间的（因此关于这两种经济特点和规律的描述也并不是完全切合某一实际经济的），就不致造成误会了。

在自然经济中，家庭既是社会的生产单位，又是消费单位。每个家庭生产的是它所要消费的东西，同时它所消费的又都是它自己生产出来的。而且我们知道，在生产力极其低下、生产出来的东西仅够勉强维持人的生存时，人们所要求的物质资料相差是不大的。所以从需要的方面看，每个家庭所消费的数量、品种并无很大区别。同时人与人之间体力智力的差别也是有限的，当他们从事同样的生产活动时，其产品的产量和质量不会相差很大。所以从生产的可能性来看，家庭与家庭之间产量、数量和品种的差别也很有限。

根据这样的分析，得到的结论是在自然经济下，每个家庭几乎都从事同样的生产和消费活动。社会由清一色的经济细胞组成。

但是交换一旦发生，事情就起了变化。当交换是在平等自愿的条件下发生时，交换一定能同时满足双方的需要。交换不是小孩子玩过家家模仿大人做买卖，而是出于双方的实际需要，否则有理智的人就不会不怕麻烦，甘愿冒风险去从事交换了。交换能满足需要，这里的“需要”是指下列两种情况中的任一种。

第一种情况是换出去的东西所需要的生产时间，比换进来的东西所需要的生产时间少，[①] 而且这一条件必须同时为参与交换的双方所满足。举例说，甲用一只羊与乙的一把斧交换，这次交换对甲而言生产一头

① 我们此处暂且假定只要有劳动时间就可以生产出产品来，在更深入的讨论中，这个假定要作很大的修正。此外还注意到了生产过程不仅要有劳动的投入，还要有相应的自然资源和劳动工具。例如甲靠近草场，乙守着铁矿。否则甲、乙二人可以直接生产他们更需要的产品，不必通过交换来得到。

羊所需的劳动时间比生产一把斧的劳动时间少；对乙而言则生产一把斧的劳动时间比生产一头羊的劳动时间少。换言之，甲擅长生产羊，乙擅长生产斧。通过交换，双方同时发挥了各自的生产优势，避免了自己的生产劣势。对于由甲、乙二人组成的小社会而言，通过交换节约了劳动，而且并没有减少产品，或者在同样数量的劳动消耗下，交换后社会的生产总量比没有交换时所能生产的总量为多，因为社会内部的交换增加了社会的财富，或者说，交换可以“创造”出财富。这里我们把“创造”加了引号，它是指交换与不交换相比较，社会能得到新增加的财富，正是在这个意义上，财富是通过交换被“创造”出来的。

归根结底，羊和斧都是劳动作用于劳动对象（幼羊、草地或铁矿），并通过劳动工具（喂养或放羊的工具、锻冶工具）的帮助而创造出来的。生产的分工直接导致了财富的增加，这里并不需要任何新发明或新技术。如果没有交换，甲需要用斧，就不得不从事他所生疏的生产斧的操作。有了交换，他就可以用他所熟悉的生产羊的操作来得到斧了。

需要交换的第二种情况是，虽然甲和乙生产羊和生产斧所需的劳动时间完全相同，可是当时甲更需要斧（和他需要羊相比较），而乙则更需要羊（与他需要斧相比较）。在这种情况下，虽然甲、乙二人所花的劳动时间未改变，但通过交换，双方不需要调整自己的生产，立刻就得到了更多的使用价值。这种情况说明社会内部的交换可以增加社会所拥有的使用价值，可以使社会内的每个成员生活得更方便、更舒适，得到更大的满足，而用不着付出额外的劳动。

不论交换出自哪一种情况的需要，有一点是相同的，即**交换时支出的价值小于交换所得的价值，而且双方都认为所得大于所失，或者说，交换使双方都得利。所谓“等价交换”是缺乏事实根据而且不符合逻辑的臆断**。如果出入的价值相等，又何必去参与交换？正因为交换给双方带来利益，双方才都会有参与交换的积极性。这种由实际利益引导的参与交换的积极性，不仅存在于最原始的诸如羊和斧的交换之中，而且存在于最现代、最发达、最复杂的交换之中。

等价交换的观念来自从表面看交换。斧和羊交换,交换之前和交换之后商品没有任何变化,所变的仅仅是所有权。东西仍然是原来的东西,怎么可能价值不同呢?要知道,同样的东西,在不同的所有者手中价值是不同的。不懂得这一点,永远不会懂得贸易的必要性。从国内贸易到国际贸易,商品的物理化学特性都没有变化,但是贸易创造了巨大的价值或财富。根深蒂固的等价交换的观念极大地妨碍了我们对发展商品经济必要性的认识,妨碍了我们对经济学基本知识的理解,妨碍了我们对在市场行为中作出是非判断的能力的培养,最终不利于建立商品经济中新的道德观念。

交换之所以能给双方带来利益,是因为人与人之间有着差别。有人善于养羊,有人善于打铁。交换为各人发挥自己的长处,或者说,让别人利用自己的长处,同时自己又利用别人的长处创造了条件。交换之所以能带来利益,还因为各人所处的自然环境不同,有的地方的土壤、气候适宜于种麦,有的地方则适宜于种甘蔗,于是前者可以专事种粮,后者可以专事种甘蔗和制糖。这就是发挥了地区的特点。

有人以为交换只能起互通有无的作用,其实,交换的作用远不止于此,它更主要的作用在于发挥各自的优势,在经济学上这叫做发挥比较优势或比较利益。比较利益的概念来自对国际贸易的研究,事实上,**任何一种交换都基于比较利益**。在关税设计上可以看出两种不同的贸易观。如果贸易是为了互通有无, 那么一国不能生产的产品进口应该低税,等到自己能够生产时,不必再进口,关税应该提高。但是按照比较优势的贸易理论,关税设计正好相反。在一国不能生产时可以提高关税,以保护本国的幼稚工业,等到自己能够生产时,关税应该降低,以促进竞争。这正是世界贸易组织对关税设计所允许的原则。

交换出现之后,事情并没有到此结束。由于参与交换并从交换中受益,人们开始意识到自己具备的优势可以转化为利益,逐渐地,人们越来越主动地培养这种优势,以使自己能获得更多的利益。

举例说,住房是人的基本生活需要,因而每个人都不得不为自己盖房。可是一栋房可以住很多年，一个人一生中也不需要盖许多次房,因此,他盖房的技术没有机会得到提高。但当出现交换之后,有一些人专门从事盖房,成了盖房专业户。他们的经验可以积累,工具得以改进,甚至发展出盖房的专门学问,房子越盖越好。

尤其重要的是,盖房专业户盖的房子是让别人住的,并非自己住,因而他盖的房子成了一种社会产品。盖房专业户又不止一家,于是同一种社会产品之间出现了竞争。竞争的好处不仅在于给落后的一方施加压力,更重要的还在于使一个盖房专业户弄清楚自己是否确实在盖房方面具有相对优势。因为比较利益只有通过比较才能显露出来,市场在竞争过程中起到了裁判员的作用。如果一个盖房专业户在竞争中屡屡失败,他会最终领悟到,盖房并不是他的专长,他应该寻求他真正具备优势的行业来谋生。

由此可见,通过竞争机制,社会中的每一个人都可以充分发挥他的专长,人才可以得到最充分的利用。我们知道,人和人在才智上有极大的差别,一个有音乐天赋的人如果硬叫他去教数学,不但对他本人是一种痛苦,而且事情还一定办不好。“文革”时叫所有的知识分子都下乡去种地,叫工人进驻大学去管理大学,让军队进驻工厂去管理生产。这好像用窗帘作地毯,把地毯作床单,又把床单拿来作窗帘。

交换带来的另一个好处是可以进行大规模的生产。在自给自足的经济中不可能有大规模的生产,只有为了别人而生产,生产的数量才能扩大。大规模生产可以节省投资,节省土地,可以发明各种专用生产工具,可以使产品的质量整齐划一,从而降低交易中检测的费用等。大规模生产得到的利益十分相似于个人培养自己的专长而得到的利益,它们同样都是基于交换而渐渐培养出来的，它们都不可能存在于交换发生之前。附带提一句,**生产规模绝不是越大越好,而是有一个最适当的经济规模**。

上面谈的是交换给生产带来的好处。交换对于消费来说,同样产生巨大的影响。在自然经济时代,人们只可能享有最简单的生活方式,任何超出起码生存条件的消费,即使不是不可能,至少也是一种奢侈享受。但**当出现了交换之后,人们就可以想出各式各样的消费要求了,只要有要求,就会有专门满足此种要求的生产**。过去有坐汽车兜风的消费,于是更多的汽车被生产出来;将来会有乘人造卫星的旅游,卫星发射将更为频繁。人们的生活用品有成千上万种,人可以参加音乐、体育、旅游以及集邮、养花等各种消遣。这种种不同的消费固然和人类嗜好的发展有关,但最终要通过交换才能实现。

就拿人类的发明来说,它的产生主要也是由交换利益来推动的,它是被选择还是被淘汰完全由市场来决定,它的大规模推广更离不开交换。在没有交换的情况下,人类的发明只能在黑暗中摸索,它根本不可能给人类带来任何利益。现在普遍存在着一种误解,即认为科学技术可以等同于生产力。其实在科学技术给我们提供的许多新的机会中,只有极少数的一部分能够转变为生产力,即能够改善资源的利用或满足人们新的需求的那一部分。换句话说,不能取得经济效益,不能商品化的新发明成千上万,但其中没有任何一件能成为生产力。我们可以想象,如果人类忽然忘记了他们的全部科学技术,回到了茹毛饮血的时代,但只要保留着交换,一切新技术就会重新被发现。相反,如果禁止一切交换的进行,现有的全部科学技术就会立刻变为一堆死东西,根本不可能造福于人类,更谈不上再去发明什么新技术。

在我国一直存在一种误解,以为单凭科学技术人类的物质生存条件就可以不断地改善。用经济学的术语说,科学技术可以克服稀缺性。然而什么是稀缺的,只有通过交换,形成了价格,才能精确地度量,因为稀缺性完全是一个相对概念。在价格无扭曲的情况下,钱就是度量稀缺程度的指标,节约钱就是节约了稀缺性。一种新发明是节约了稀缺性还是浪费了稀缺性,要看它是否能赚钱。所以科学技术只有在一个价格系统的引导下才能丰富社会的物资供应。以为依靠不断发达的科学技术必定能满足人类不断扩大的物质需求,正是忽略了科学技术必须在一个具有正确价格系统的市场经济内发生和运行。**如果说科学技术万岁,我们更有**

理由说，市场经济万岁，价格万岁。这个结论可以用微观经济学加以严密论证。

交换能为双方带来利益，那么囤积居奇，哄抬物价，贱买贵卖，这一类投机行为难道也会给参与交换的人带来利益吗?是的，在一个公平竞争的市场内这种交换也能带来利益。这个答案也许出人意料，尤其是果真如此的话，这一类投机行为就不能算是不道德的了，因为它给别人带来了利益。相反，制止这类行为反倒成为不道德的了。现在让我们来论证，何以这类行为会给社会带来利益。

我们首先定义投机者是自己既不生产也不消费某种商品的人，他们买进的目的就是为了卖出，从事买卖的唯一动机就是从价格波动中赚钱。其次，我们将投机分子从整体上作为一个集团加以考察，研究他们的存在对经济产生什么影响，而不去研究个别投机者的行为后果。我们假设全部市场由两部分人组成，即投机集团和正常的生产者、消费者集团。

如果原来价格没有波动，波动是投机集团哄抬制造出来的，那么投机集团内不仅有人赚钱还会有人赔钱，整个集团的盈亏值为零。因为假定价格原是平稳的，所以每一时刻正常集团的供应量等于需求量，或者在正常集团内采购此商品的开支等于销售此商品的收入。我们知道，以全部市场来看，采购开支必定等于销售收入。由于等量之差其量相等，所以投机集团的采购开支必定也等于销售收入，即其内部的盈亏相抵。由此可以得知，投机集团并不能从制造价格波动中得利，只有原来就存在着价格波动时他们才能赚钱。

假定在不存在投机集团时价格本来就有波动，投机集团何以能从中赚钱呢?已如前述，投机集团自己既不生产又不消费，因此，他们的购入量必定等于售出量。购销的数量既然相等，要赚钱就只能在价格低时购进，价格高时售出。从整个市场来看，商品价格低时投机集团将它购进，等于多了一个投机需求，防止了价格的进一步下跌;价格高时投机集团将它抛出，又等于多了一个投机供应，防止了价格的进一步上升。由此我们得到的结论是:投机集团如果能赚钱，必定对抑制价格的波动作出了贡献。

以粮食为例，秋收时粮食供应充足，但粮食的消费一年四季变化不大，所以秋季粮价低，有损于生产者；春季则粮价高，有损于消费者。有了投机集团，他们在秋季购进，春季抛出，稳定了粮价，对生产和消费都有好处。

也许有人以为只要政府规定一个一年四季的固定价格，价格波动就可以避免，用不着投机集团来帮忙。让我们以蔬菜为例，来看看这种想法是否行得通。在中国北方，冬季生产蔬菜的成本很高，夏季则成本很低。如果政府规定了一个一年四季不变的平均价格，农民必定在冬季少生产甚至不生产蔬菜，而在夏季则大量生产。事实上这样的事也确实在北京发生过，结果是冬季蔬菜奇缺，夏季则有大批蔬菜吃不完，只好把烂菜运回农村去作肥料。而依靠投机集团的作用就不会发生类似的浪费，同时还可以减少价格的波动。

有人认为根据市场规律进行有计划的贮藏是有益于社会的，但盲目猜测，甚至故意起哄，浑水摸鱼则不利于社会。这种看法的缺陷在于以为投机商人的计划都是盲目的，而政府的计划则是正确的；以为政府官员的智商比投机商人的智商高；以为为了私利而做的计划都会犯错误，只有为公而做的计划才符合真理。事实上往往相反，政府官员缺乏责任心或唯上是从，做的计划大大脱离实际。而商人的计划如果出错自己要负经济责任(赚钱或赔钱)，所以投机商的计划往往更符合实际。这种看法的缺陷还在于将动机代替了效果。以为只要动机是错的(为个人赚钱)，效果必定是坏的。其实从效果看，只要投机赚钱，就有利于社会，因此，以赚钱为动机并没有错；相反，如果投机亏本则必定不利于社会，因为他们必定在涨价时购进，落价时卖出，因而加大了价格的波动，这不利于社会。

至此，我们有必要回答这样的问题：投机集团既不生产又不消费，却从价格波动中获利。如果这笔利润不是从别人的亏损中得来的，他们的利润又从何而来呢？

要回答这个问题,让我们先看一看长途贩运是如何为社会创造财富的。如前所述,长途商贩也是自己既不生产又不消费的商人,他们的贡献是调剂余缺,使各个地区发挥其生产的优势。而囤积居奇也起到类似的作用,只不过前者是在空间上调剂了余缺,后者是在时间上调剂了余缺。如果将丰盛宴会上剩余的食物调剂到三年灾荒挨饿时来消费,大概没有人会反对,而这就是投机行为创造利润的来源。

或许有人会争辩说,调剂时间不同产生的余缺是仓储人员的贡献,不是投机者的贡献。然而我们必须看到,在一个分工发达的社会内,调剂时间上的余缺离不开这两部分人的合作,因为他们的职业不同,他们的专业知识也不同。仓储专家懂得如何最佳地保存商品,减少各种商品质量上和数量上的损失,保证储存的安全,正确计量出入库存数量,最合理地利用仓库的容积等,但他们对于各种商品的供需变化却知之甚少。投机者则相反,他们熟悉市场的变化,却不懂得如何管理仓库。

在一个缺乏市场规则,不是公平竞争的环境内,依靠投机取巧常能获得暴利,但这一类暴利的取得不是依靠投机行为本身而是利用了手中的特权。在公平竞争的市场上取得暴利的机会即使有的话也是难得的,而且它常与蚀大本的风险相伴,只有靠特权投机才能稳操胜券。所以**我们应该区别以权牟利和投机牟利之间的不同。前者是不公平竞争,后者却是公平竞争;前者不利于社会,后者则有利于社会。**

投机活动对社会有利是在假定投机者赚钱的条件下得出的。然而投机者完全可能赔钱,此时他们的活动不是平缓了价格的波动,而是加剧了价格波动,扰乱了市场。所以各国政府都要限制盲目投机,避免价格的大起大落。然而困难在于我们(包括政府)无法判断一种价格波动是由于正常供需不平衡造成的,还是由于盲目投机造成的。特别危险的是一个国家内大量百姓的储蓄不是拿去投资兴办企业,而是拿去投机,造成虚假的表面繁荣。各种证券和房地产价格上扬,人们都以为自己赚了钱,这就是"泡沫经济",由于没有生产的支持,泡沫经济最终必定会垮下来,百姓和国家都会受到重大打击,若干年内也恢复不起来。

还有一个普遍存在于人们头脑中的误解，即以为从事投机的人都是一些不守信用的坏人。实际上，恰恰相反，投机活动最需要信用的保证，因为投机买卖往往是买空卖空，投机者涉及的净收支只是买卖的差额，所以在投机市场上买进一批货不需交足全部货款，一般只交30%，故而交易所规定有过不良信用记录的人不得进入投机事业，且参与期货交易要缴纳巨额保证金，万一投机者无法兑现，损失由交易所承担，使参与投机的每个人都有百分之百的安全感。非但赚钱的商品投机交易能够帮助社会增加财富，其他如资金、外汇、股票、债券、土地、黄金等的投机买卖，只要能赚钱，同样有利于增加社会财富。这里唯一的要求就是在公开竞争的市场上平等自愿地达成交易。

但也有极个别的例外，如贩毒。因为吸毒虽然有害，上了瘾的人却身不由己，无力抵制，所以要由法律禁止。从严格意义上讲，香烟交易也属此例，因为吸烟会上瘾，而且害多利少，甚至无利。但当今世界各国还只有对香烟课重税而没有禁止香烟买卖的。倒是在我国，却有一些人主张限制居民用电、吃肉、喝啤酒的……因为根据他们的判断，这些消费都是不合理的。也许他们自己家里确实不用冰箱、彩电，少吃肉也不喝啤酒，可是对于别人来说，**什么消费是合理的，只有本人最清楚。限制别人在市场上的选择是损人不利己的行为，是不道德的，甚至是侵犯人权的。**

2. 义利之争

交换彻底改变了人类社会的面貌。自然经济是由均一的生产单位和消费单位所组成的，家庭和家庭之间只可能存在很微小的经济差别。但由于交换的推动，各个家庭从事的工作千差万别，这才出现“职业”的概念。社会上出现了百行百业，出现了极其复杂而又互相依赖的经济结构，清一色的自然经济转变成了万花世界。由于各人天生才智的差别以及运用自己才智是否得法，再加上各人在市场上的运气不同，产生了贫富悬殊的现象。从微观上看，有些现象令人十分不安；但从宏观上看，结果是社会财富大量增加,人力物力资源得到合理利用。

有人说,人类社会发展的历史是人类良知战胜邪恶的历史;也有人持相反的观点,认为古代社会是圣贤的时代,现在世风日下,整个社会成了盗贼、欺诈和强权的社会。有人说,人类社会的演变是不断走向民主的过程,但也有人认为极权主义靠着现代科技和严密的社会组织才能施虐于今。可是,不管学者之间对历史发展方向的看法有多么大的分歧,有一点却是绝对一致的。那就是人类社会从总量上看,是从贫穷演变到富足的。更多的人享受到了更精美的食物,更舒适的住宅,更多彩的服装,有机会到远处去观光,结识不同的人群,减少了疾病,延长了寿命。我们现在还要加上一句:这一切之所以能够出现,全部有赖于交换。是**交换促进了社会的分工,造成了大生产的利益,给各个地域都提供了发挥比较利益的机会**。

尤其令人惊讶的是,**参与交换的动机是追求个人利益,而不是"为人民服务";交换所做到的这一切是个人分散活动的结果,而不是统一计划的结果**。

前面我们提到过一个重要概念,即个人的优势、地区的优势是在交换的竞争中体现出来的。南方有种甘蔗的优势,是从和北方的交换中发现的。究竟什么地方算南方,它可以向北推移到何种程度,这也是从交换的竞争中发现的。而且随着人们吃糖习惯的改变、人口的增长、国际贸易的需要等,适宜于种甘蔗的这条分界线经常在移动。当分界线一带的农民决定自己是否应种甘蔗时,他们并不考虑国家计划部门的指示,而是取决于市场信息。他们服从市场信息指导的原因在于他们要谋求自己的利益。这个例子说明,**人类社会的分工是通过交换和竞争形成的。它们的基本推动力是个人的利益,其结果是全社会得益**。

这样一种利益关系的变革,不能不对道德观念产生重大影响。在自然经济下,个人要帮助别人必须自己有所牺牲;个人要得到利益必然损害别人的利益。这是一种"零和对局"。但是交换却可以使各方同时得益,而且参与交换的动机是追求个人的利益,因此追求个人利益就不是非道德的了。这里有一个非常重要的前提,即个人追求利益符合全社会的利益是有条件的,这个条件就是社会有一个均衡的价格系统。经济学家称之为一般均衡条件,即所有商品的价格统统都达到了供需均衡。因为人们追求利益是以价格或者金钱来衡量的。如果价格扭曲,人们依据价格所作的选择就会有所不同。此时个人追求利益将和社会目标相左。在一般均衡条件下个人的选择符合社会目标,因此才有经济自由主义。它认为个人的选择不应该受到干扰。这和计划经济的观念截然相反。也许有人会问,这个一般均衡条件如何才能实现?答复也还是在公平竞争的条件下的个人自由选择。在一般均衡条件实现之前有些个人利用扭曲的价格获利(例如我国在双轨制价格下出现的官倒,将计划轨中的物资卖到市场轨经济),这将有损于社会。但是经过一番调整,一般均衡条件能够逐渐被建立起来。我国改革中实行双轨制就是经历了这样的过程。当时有不少人发了不义之财,但是扭曲的价格最终被调整过来。现在我们的价格除了少数垄断性商品和服务之外基本上处于一般均衡条件。

我国传统的道德观念渊源于古代的自然经济,这种道德观念认为对利益的追求是不道德的。孔子说过:君子喻于义,小人喻于利。当时季孙氏发了财,孔子的弟子冉求依附于季氏,帮他去经营。孔子知道了大为光火,说:“非吾徒也!小子鸣鼓而攻之可也!”《礼记》也说,“临难毋苟免,临财毋苟得”。在西方尚处于自然经济的时代里,同样产生过对利益追求的鄙视。《圣经》里就说,富人进天堂比骆驼穿过针孔更难。

自然经济下的道德观念既否定了对利益的追求,其对应的人生观就必然是乐天安命。孔子最喜欢的弟子是颜回,他称赞颜回说:“有颜回者好学,不迁怒,不二过。不幸短命死矣。今则亡,未闻好学者也。”孔子特别喜欢颜回的乐天安命,他说:“贤哉回也,一箪食,一瓢饮,在陋巷,人不堪其忧,回也不改其乐。贤哉回也。”孔子自己奉行的生活标准是“饭疏食,饮水,曲肱而枕之,乐亦在其中矣。不义而富且贵,于我如浮云”。后人又将乐天安命的思想推到极点,认为人间一切恶的根源在于人的欲望,所以天理与人欲是绝对对立的。

宋代朱熹提出："天理存则人欲亡，人欲存则天理灭。"既然欲望的罪恶如此之深重，人就必须禁欲才能有德行。可是人的基本欲望来自食和色，所以对于大多数普通人来说，这种非人性的道德观是根本不可能实行的。但是对于少数早已横下一条心，准备用一切手段去追求肉欲的人，这种非理的道德说教却成了他们手中的一根无情的棍子。他们自己纵欲无度，却道貌岸然地要求别人亡欲。**历史上一幕幕无耻的丑剧和一出出人间悲剧，就是在"存天理灭人欲"的道德幌子下上演的。直到今天，人的欲望仍不能顺乎自然地被公开承认。**

在上面我们分析了鄙视利益，乐天安命，以至于灭绝人欲，这一串逻辑演变的基础是建立在自然经济的零和对局特点之上的。交换出现以后，这一切统统站不住脚了，因为交换打破了零和对局的限制，它可以使所有参与交换的人都得利，而又不损害其他的人。因而追求利益成为合乎道德的事，清心寡欲也被开拓进取所取代。我们知道，**观念的改变往往落后于社会结构的变迁**，当社会从自然经济向商品经济过渡时，道德观念很难一下子适应过来，由此而发生了空前的混乱。

如果在今天，我们仍然鄙视物质利益，认为追求利益的都是不义小人，那么交换将严重受阻，社会分工不可能发达，社会的物质条件也不可能改进，这是不符合历史发展潮流的事情。我们肯定追求物质利益是人的正当权利，并不等于肯定一切对物质利益的追求都是正当的，否则岂不成了肉欲横流，寡廉鲜耻，人间没有什么道德的禁忌了？所以弄清追求物质利益正当和非正当的界限，是一个社会从自然经济向商品经济过渡中最重要，又是最困难的一点。

在我国经济改革中出现的是非观念的冲突，已经表现在人们对各种事物的评论上和两代人的思想代沟上，甚至表现在党的纪律检查委员会的办案以及法院的判决上。有些人不明不白地当了囚犯，又糊里糊涂地平了反；也有的人从不认为自己犯了党纪国法，却被作了处理，可又投诉无门。有关这方面的政策也充满了含糊的说法：既要保护改革家，又要严厉打击经济犯罪；既要搞活市场，又要打击投机倒把。究竟合法非法的界限何在？双方往往各执一词。至于道德的是非就更含糊了。直到20世纪末，全社会不断地强调法治，法律在群众中日益普及，这一情况才正在改变。

由于基本概念的混乱，在实际工作中，最容易的判定是非的办法就是看赚钱的多少。赚的钱多，即使不能肯定犯了法，至少也可以肯定是“剥削”了众人；而且对赚大钱的人作处置，多半能得到社会舆论的赞同。于是“高价倒卖”就成了犯法的依据，买卖本身合法不合法反而不是问题了。可是赚钱与犯法终究是两个完全不同的概念。不许赚大钱，结果是堵塞了创新，不利于社会的发展，经济运转只能在低水平上重复，到头来还是大家一起受穷。

社会的进步，物质的丰富，离不开人们对物质享受的追求，所以我们不能认为追求个人利益是不合乎道德的。当然，这里的前提是不损害他人对利益追求的权利。但是从个人修养来说，淡漠的物质欲望仍是值得推崇的。一个脱离了庸俗趣味的人，有崇高理想和高雅志趣的人，对物质享受都看得很淡。有人说，一个人的主观幸福是一个分数，分子是他拥有的各种资源（金钱、学识、人际关系），分母是对幸福的期望，或者说，是实际的享受与期望的享受之比。所以欲望越大的人，越是得不到满足，越是感到不幸福。**孔子对追求利益的鄙视固然不对，但执著地追求仁，强调个人的修养则无疑是正确的，所以他认为“君子坦荡荡，小人常戚戚”，**戚戚的原因之一是欲壑难填。只有对学识的追求，对德行的追求，才应该是永无止境的，而且在这方面的任何一点进步，都会使人感到高兴和满足，这才是永不枯竭的幸福源泉。

既要追求自己的利益，又要对物质享受抱超然的态度，这似乎是矛盾的，但无数事实可以说明对于有高尚志趣的人来说，这两种态度是极其自然地浑然一体的。发明家爱迪生由于拥有发明专利而成为百万富翁，但他对物质享受始终非常淡漠。美国在19世纪末生产力飞速发展，社会财富迅速积累，出现了许多富豪，可那时也是私人举办慈善事业最兴旺的年代。我国近年来由于经济发展，人民收入增加，各种社会公益和慈善事业也如雨后春笋，几乎每天报上都有报道。这可以说是一种规律：无论是个人还是社会，物质越丰富，志趣和风尚就越有可能转向更高的层次。这种志趣的提升是人和动物区别的一个重要标志。

物质享受和精神享受的根本不同是任何物质享受都有一个饱和点，超过了这一点非但不是享受反而成了累赘；精神享受却不存在饱和点；相反，你越是追求它，它越会引你进入更高的层次，获得过去没有体会过的满足。对道德、友谊、健康的追求都是一种精神享受；对音乐和艺术的欣赏也是精神享受。在这些方面每个人达到的欣赏和满足的层次不同，处于低层次的人无法体会处于高层次的人的境界。但**处于一切精神享受最高层的，我认为是对真理的发现。**当你面对着一个前人所未能解决的科学问题，翻阅并消化了前人在这一问题上的全部成果，又经过自己长时期的钻研苦思，忽然似乎找到了解决问题的钥匙，再顺着自己的思路往前探索，而且越走越见到光明时，你会感到无穷美妙的景色在向你召唤。到那时，你会变得废寝忘食，整个身心被一个目标所吸引，变得身不由己，无法摆脱。你还可能几次误入歧途，成天成夜地思索着，是哪个逻

辑环扣出了问题。这样经过几天、几周的折磨,忽然一切矛盾全部解开了,你终于从黑暗中走出来,发现了桃花源。实际上那是比桃花源更美妙的地方,这是前人从来没有到过的地方,你觉得你变成了仙人,变成了世界上最幸福的人。你恨不得大声告诉世界上每一个人:我发现了!我解决这个难题了!当然,这个快乐的仙境并不是每一个人都能经历的,只有少数幸运的科学家和思想家会有这样的体会。

物质享受和精神享受的另一面,即物质痛苦和精神痛苦也有类似的区别。物质痛苦是一时的,容易医治,至少是有办法医治的。饥饿是物质痛苦,进食就可以将它解除,人睡着了也会忘记它。然而精神痛苦却是长期的,很难找到医治的办法。当一个人做了亏心事,他将永远受到良心的折磨,即使睡着了也会被噩梦所惊醒。

3. 商业的道德观

商业是专门从事交换的行业,它的主要业务就是买进卖出。但是交换却不限于商业,事实上现代社会里的一切人一天也离不开交换,他要赚钱以维持生计,不论他赚钱的方式如何,本质上总是一种交换;他要消费以满足身体的需要,他大部分的消费也都要通过交换才能实现。不过现代人的交换不同于古代人的以货易货,而是以货币为媒介。但不论是哪一种交换,它最本质的特点没有变,即平等自愿的交换必然给双方带来利益。既然一切交换都有这个共同特点,我们不妨重点分析一下最典型的交换——商业。

商业交换可以给各方带来利益, 参与商业活动以牟利是合乎道德的。相反,禁止商业交换就是不道德的,是一种损人不利己的行为。可是在我国几千年的历史上,商业从来是一种不齿于人的行业。做官发财(往往靠贪赃枉法)算是正道,做生意发财就变成了邪道。民国以后,西方资本主义通过通商口岸渗入到我国广大城乡,西方的伦理思想也逐渐为中国知识分子所了解,但商业的地位仍旧很低下。新中国成立以后商业战线的职工被认为是不创造价值的，他们的工资比其他行业职工的工资低一等。

经济体制改革以后，商业流通仍然受到种种刁难。有的以保护本地消费者的利益为理由禁止商品流出（北京某大报曾在头版刊出“坚决制止本市西瓜外流”的消息）；也有的以保护本地生产者的利益为理由禁止商品流入。这些有碍于经济发展的事都是理直气壮地干出来的。至于公路上的关卡林立，集市上工商管理人员的敲诈勒索，申请一张营业执照要花上几千元钱，在某些地方已经不是个别现象。

由于经济法则的作用，每次物价水平上升时，商人总要加倍地成为埋怨和打击的对象。**我们都知道，用砸烂体温计的办法是医不了发烧的，可是我们却常常用“整顿市场秩序，坚决取缔和打击哄抬物价、囤积居奇、投机倒把、中间盘剥等行为”的办法来对付物价水平的上升。**[①] **商业流通遭受打击的结果反而导致物价更加上涨。**[②]

鄙视商业，将商人视为剥削者，不仅在我国如此，在其他处于向商品经济转变中的国家也如此。华侨在东南亚各国经商都很成功，可是他们往往受到当地政府和百姓的敌视。印尼、越南、泰国等地都发生过捣毁华侨商店，驱赶华侨的事件，有的事态还非常严重。可是这类行为的最后结果，无一例外的是两败俱伤。当地经济缺少了组织良好的商业，人民买不到价廉物美的商品，企业的产品找不到销售渠道，只得减产。物价随之上涨，失业人员增加，当地的经济好几年也恢复不过来。

相比之下，经济发达的国家很少歧视商人。在欧美国家，最豪华的住宅都为企业家所有；而过去在中国、苏联、东欧等地，最好的住宅都是政府官员占用。这说明在不同的经济环境中，企业经理人员地位的根本不同。

① 《人民日报》1988年8月31日，国务院通过《关于做好当前物价工作和稳定市场的若干重要决定》。

② 1992年伊拉克由于受到国际禁运，物资奇缺，价格飞涨，这种畸形的市场使商人发了财。但如果缺乏商人活动的话，物资将更缺，物价将更高。1992年7月萨达姆政权将经济形势恶劣归咎于投机商人，处决了42名老一辈地位巩固的商人。结果不但没有控制住物价，反而使商人们提心吊胆，物资进一步消耗殆尽，1992年9月实行了食品的定量分配。这是路透社1992年9月16日从安曼报道的。

对于社会大大有利的商业何以受到如此不公平的待遇呢?这是因为商业要生存,必须贱买贵卖;同样一件商品,买价和卖价不同,商人就蒙上了欺诈的嫌疑。再加上确实有不少商人经常欺骗老实顾客,于是商人就被认为是靠欺骗谋生的一群人。其实,生产厂家也要靠贱买贵卖,所不同的只是他们改变了原料的物理化学性状,使人们觉得他们创造了价值,赚钱是理所当然的。这种肤浅的分析广泛地流行于从自然经济向商品经济过渡的社会中,格外地增加了经济体制过渡的困难。

大家经常挂在口头上的一句话"创造物质财富",包含着十分深刻的误解。学过物理化学的人都知道,除了原子核反应,一般过程中物质既不能被创造,也不能被消灭,所以我们不能创造物质,只能创造财富,因为经济学上的价值,特别是使用价值,是可以被创造的。生产是价值的创造过程,消费则是价值的消灭过程。江河中的水并无任何价值,但当它被吸取、过滤、消毒、泵送到水龙头后就逐步增加了价值,因为它越来越接近于可供使用。水被人饮用,变成了尿排出,它不再有使用价值,价值就被消耗掉了。

商人和从事任何生产活动的人一样,其工作都是使商品越来越接近于可供使用,他们都同样地创造价值。所以以为商人贱买贵卖就是欺骗或剥削是没有根据的。消费者之所以通过零售商购买他们所需的消费品,而不直接到生产企业去买,显然是因为零售商为其提供了方便,例如较近的距离,使用方便的包装,质量的精细分类(尤其对农产品),灵活的营业时间等。零售商提供的这些方便,就是他们创造的价值。再说,如果消费者直接到生产企业去购买,企业为了改小包装,个别称量,质量分类,就要增加成本,出厂价格就会相应提高,消费者最后仍是捡不到便宜。

中间批发商还能改变资源的配置,提高其利用效率。例如旅行社可以帮助旅客制订旅行计划,利用航班的空闲座位,避免大家都去挤乘同一架飞机。蔬菜批发中转站可以均匀分配蔬菜供应,和个体农民进城相比,可以减少某地供不应求,另一地供过于求的现象,避免烂菜损失。所以顾客从旅行社买机票反而比从航空公司买机票更便宜;农民将菜卖给

批发站比自己挑担进城卖菜更合算，而消费者并不因此加重了负担。这些都是中间商人创造的价值。

当然，对从事商业的绝大多数人来说，经商的目的就是赚钱，一般不会想到什么社会的发展，人民的福利。因此，他们在正常的商业交换中往往夹杂着欺诈，尤其是在一个社会开始从自然经济向商品经济过渡的阶段，假冒商标、以次充好、缺斤短两、欺骗毁约的事情往往大量出现。**当社会上普遍地流行欺诈行为时，信誉成了稀缺的东西。根据经济学的一般规律，越是稀缺的东西越值钱，所以讲究商业信誉的商号此时反而能赚更多的钱**。因为消费者害怕上当受骗，宁可价钱高一点，也要和信用可靠的商号打交道，长此以往，商业的信誉就能逐渐代替欺骗行为。在当今讲究商业信誉的资本主义社会，当初也都有过一段商人靠浑水摸鱼赚钱的历史，而今讲信誉是普遍现象，欺诈反倒成了个别现象。

上面所谈的欺诈被淘汰，诚实占优势，是一个漫长的竞争过程，在这

个净化过程中社会上存在着某种程度的混乱，人们忍受着不公平的待遇。要想缩短这个过程,强化净化的作用,必须靠政府的立法和司法工作,靠舆论监督,靠消费者的积极参与。发达国家的银行、保险公司和公安部门,为大多数公民建立起信用电脑档案,任何经过核实的欺诈行为都将录入电脑,一辈子跟随着他。一个人求职,银行立户,抵押购房,借贷经营,无不先要核验电脑档案,这样就使每个人都不敢轻易冒险。

也许有人说,社会主义的商业不应该为了赚钱,而应该为人民服务,为人民群众提供方便。可是如果这一活动确实是有利于人民而且有利于国家(全体人民)的话,那么它就应该能赚钱。也许它的赔钱经营确实方便了一部分群众,但从总体上看,它不利于全体人民,利弊相抵之后它的总效果是好是坏就很难说。正像本书一开始所说的学雷锋活动中义务修理锅碗瓢盆不值得提倡的道理一样，赔钱去为人民服务可能是得不偿失的。

但是如果将义务修理改成义修,即仍旧照规矩收费,而将收入捐献,就可避免浪费资源的现象发生。这里包含着深刻的道理，即**真正有益于双方并无损于第三方的商业活动，必须是双方都能赚钱的。赚钱非但为道德所允许，而且成为某一个活动有益于社会的必要条件。资本主义经济能够发展的根本原因，就在于在绝大多数商业活动中大家都能赚钱。**

施舍是符合道德的行为，虽然单纯从社会的总财富来看，它只是财富的转移，而不是财富的创造，因而以社会为单位来看，它并不能使整个社会的经济得到发展。但我们绝没有理由否认施舍是善行，因为人活着还不仅是为了物质的丰裕，人还追求精神的满足。乐善好施的人虽然在物质上有所失，但他会感到精神上的愉快，而且他还会得到社会的肯定，这又增加了他精神上的满足。但是施舍成为德行必须有两个条件：

第一，施主必须是完全出于自愿的。如果出于勉强，他非但不会感到精神上的满足，反而会感到精神上的痛苦，社会舆论对于勉强参与的施舍也不会加以肯定。而且强迫某人解囊相助实际上是对个人权利的侵犯；从社会整体来看则助长了绝对平均主义的倾向，不利于奖勤罚懒，对社会进步起的是反作用。第二，接受施舍的一方必须是确实需要帮助、处于不利境况的人，否则就会给一些投机分子以可乘之机。我们经常看到这一类的报道。在北京火车站附近，有人佯装丢失车票求人施舍，如果这时周围的群众再胁迫路人解囊，试想这种施舍还能成为什么德行？可见施舍这一类的好事绝不可以当作一种社会义务来加以推广，它只有在正规的社会制度之外，作为一种补充而存在时，才有它的价值。所以我们说，就算社会主义商业的目的是为人民服务，它也必须能够赚钱，它不应该是尽义务，它不是施舍。

4. 析“金钱万能”

金钱是随着商品经济的发展而产生的，因为它为人们提供了交换的方便而为社会所接受。但在商品经济发展的同时，社会上又出现了自然经济中未曾有过的丑恶现象,带贬义的“金钱万能”一词成为人们对这种现象的一种指责。本节将分析这种指责在多大程度上是成立的,我们还将分析金钱所带来的制度变化的利弊以及对社会道德观念的影响。

在商品经济中没有人能够离开货币而生活,货币虽然已经被人们司空见惯,但它最主要的特性却未见得被每个人仔细思考过。除了它在经济学意义上的特性之外,货币和本书所要讲的社会问题及道德问题最有关的特性有两点。第一,它是不记名的,因此,持有者的身份和货币的价值无关。第二,它具有极大的流通性,在一切交换过程中没有人会拒绝它。也许某人不喜欢货币本身,但他可以立刻将货币换成任何一种他所喜欢的商品,所以他也不会拒绝货币。这两个特性不仅仅是使商品经济比自然经济多了交换和分工,最为重要的还在于它彻底改变了人与人的关系,改变了社会的结构。

由于第一个特性,货币的价值与持有者的身份无关,使得每个人在金钱面前都是平等的,或者说“认钱不认人”。钱从谁手中掏出来,就足以说明这钱属于谁, 于是这钱的主人就有权出入最豪华的旅馆和俱乐部,别人不得拦阻(但不能闯入民宅)。在等级社会内,消费权利与特定的“此人是谁”有关,很多东西并不是付钱就可以享受的,老百姓非但不能进入紫禁城,甚至不得进入王家狩猎的围苑。

由于货币认钱不认人的特点,平民百姓企图利用这一特点扩大他们的消费范围,进入到原来被拒之门外的地方。特权阶层一方面喜爱货币,因为货币可以帮助他们得到想要的东西,所以加紧对百姓的剥削,增设税目,利用特权经商,甚至敲诈勒索;另一方面又害怕货币,因为货币不记名的特点冲击着他们的消费特权。由于货币的出现引起了深刻的观念变化,平民百姓要求在商业竞争中,排除任何特权的介入;消费领域内手中有钱的人要求金钱面前人人平等。**所以从历史进步的角度看,扩大货币的流通产生了对民主和平等的要求。**

上面说的情况不但发生在商业最早发达起来的欧洲,也发生在过去的中国。新中国成立后，我国实行了计划经济，对农产品实行统购统销，买粮要粮票，买布要布票，票券最多时达40多种，此时有了钱未必就能买到东西。但这种限制并不起因于消费特权；相反，倒是为了保证平民生活必需品的低价供应，但是农民却不能享受到票证供应。社会分层为有消费特权的城市居民和无消费特权的普通农民。另外由社会地位决定的消费品供应也个别地存在过。例如三年灾荒时对不同级别的干部有不同的供应照顾，因而有糖豆干部和肉蛋干部之分，[1] 其中对高级干部的特供到1988年前后才取消。直到现在，也有些专卖商店只供应政协委员和人大代表，那里出售折扣商品或新品种商品。长期以来，我国还规定，必须在某一级别之上的人才有权购买机票和软卧火车票，因此，才发生了"五个老农买机票的奇遇"[2]。按级别购票的规定曾废除过一段时间，于是许多发了财的倒爷(跑单帮做生意的)大量拥进软卧车厢和候机楼，"打乱"了那里的秩序，于是此项规定重新被强调执行。凭级别证明买软卧的规定到1995年秋才废止。

改革开放初期，有一些高级宾馆和商店只准外国人进入。使人想起了新中国成立前上海外滩公园的那块牌子"华人与狗不得入内"。有的地方洋人的狗都可以进去，于是变成"华人与华狗不得入内"。现在牌子虽然没有挂出来，却有内部规定，甚至宾馆的服务员也觉得自己比外面不许进入的普通华人高了一等。有些外籍华人邀请自己的父兄去旅馆，竟被拒之门外。这种金钱面前不平等的规定引起了中外人士的不满甚至义愤。

货币造成的金钱面前人人平等的功能，最典型地体现在自动售货机和超级市场。试比较一下，到经常光顾的商店买东西往往可以赊账；到熟

① 在1960年至1962年饥饿期内，月工资为100元至133.5元的为糖豆干部，每月配给糖豆数斤；月工资在154元以上的为肉蛋干部，肉蛋干部又分为三级，每月配给不同数量的肉和鸡蛋。

②《北京晚报》1991年11月30日刊文《五个老农买机票的奇遇》，说浙江永嘉县五个老农搭伴出门旅游。到南京买去北京的机票，并出示了签有县长大名的介绍信。但因他们缺了"三证"中的一证——工作证，遭到拒绝。他们告状到市政府，虽然得到市政府干部的同情，但民航局的工作人员坚持按章办事不予通融。最后惊动了民航局领导，才购票成行。可是这花费了他们三天的时间。

悉的饭店吃饭可能得到一碗免费高汤，买卖往往因人而异。但在自动售货机前，即使是总统或银行总裁，没有钱也休想买到东西。超级商店里的商品一律明码标价，质量划一，真正做到童叟无欺。这一特点减少了交易中的讨价还价和争吵，降低了交易的附加费用。

试比较超级市场和农贸市场，可以看到交换文明的两个极端，前者效率高成本低，后者则相反。农贸市场中为了缺斤短两或质量低劣的争吵是看得见的，还有大量纠纷表现在书信中、办公室里、宴会上和法庭上，则不大看得见，但它们同样消耗着大量人力物力，阻碍着商业的发展。

在以货易货时，一个人手中持有的货往往被人拒绝，因为对方未必需要他的货。但货币发明之后，没有人会拒绝货币。现金成为最具有流动性、不会被拒绝的交换手段(除非伪币大量流入市场且难以鉴别时)。于是金钱近乎万能，任何人只要付钱便可买到社会所能提供的一切商品和服务。

中国有句古话："在家千日好，出门一时难。"它说明在货币不畅通的时代，人们要在一个陌生环境里生活就会处处碰到困难。而今货币已经大行其道，但在改革初期我国因为钱还没有"万能"，出门旅行为了买票、住旅馆往往还要托熟人。在一个市场发达的国家里出门有朋友固然好，没有朋友只要有钱就不必发愁。事实上我们已经习惯于金钱(尽管还不是万能)给我们带来的一切方便，从来也没有想一想，一旦废除了金钱，或者哪怕只是减少一点金钱的流通性，我们将面临一个多么尴尬的局面。其实，只要回忆一下三年灾荒和"文革"时几十种日用品要凭票供应的经验就会知道了。

金钱有这么多好处，难道就没有坏处吗？凡事有利必有弊，金钱也不例外。首先，一些**庸俗的人被金钱所奴役。他们用毁坏良心的手段去赚钱，又用毁坏健康的办法去花钱**。结果金钱把他们从灵魂到肉体彻底毁掉了。台湾学者高希均对追求金钱的现象有一段精彩分析：现代社会中的一个病态是，大家在追求利润和财富的过程中，忘却了生命的意义，也就糟蹋了自己的一生。那些势利的人对价格太计较，对价值太忽视。那些清高的人，对价格太轻视，对价值太计较。这两种极端的人，前者是庸俗，后者则痛苦。现代人应当在这两个极端中取得平衡，**不轻视价格，更重视价值**。对一般力求上进的人来说，透过书报杂志来追求知识，是一条最可靠的路，不需关照，不需求情。可惜的是，一般人在旅行、娱乐、服装等方面的花费，常常不太计较价格；但在购买知识时，从交学费到买书本、杂志，则对价格的反应特别灵敏。对不该计较的价格计较，正暴露出自己的

短视，对不该轻视的价值轻视，正显示出自己的不成熟。文明社会的病态就是短视者太多，成熟者太少。[1]

钱本来是一个人持有购买力的凭证，当一个人出售了商品，他得到一笔等价于商品价值的钱，这是他交换得到的购买力；当一个人出卖他的劳动，他得到作为工资的一笔钱，这是他出卖劳动得到的购买力。可是有了钱作为购买力的凭证，就有人设法直接去弄钱，而并不提供任何交换，印假钞票就是一个例子。因为钱是不记名的，它从谁的口袋里掏出来就证明是谁的，于是有人想方设法把别人口袋里的钱弄到自己口袋里，偷和抢是直截了当的办法，骗和赖则是隐蔽一些的办法。

但是要知道，造假、偷、抢等早在货币出现之前就已存在，有了钱之后只是多一个偷、抢的对象。即使废除了货币也未必就能消灭偷和抢；如果本来就没有偷和抢，货币本身并不会诱发出偷和抢，所以把人间一切与钱有关的罪恶都说成是金钱造成的，实在是一种肤浅的看法。

① 《读书》1995 年第 10 期，第 22 页。

许多人谴责“金钱万能”和批评“向钱看”，并不是指偷钱抢钱，因为那个错误是显而易见的，而且触犯法律；他们所指的是在合法条件下，追求钱的行为是否合乎道德，或者说是有利于他人还是有害于他人。

例如，《弄清商品经济的含义》[①]一文说“就赚钱本身来说，并没有什么错”，言外之意是赚钱的动机及与赚钱有关的其他现象很可能是错的；而且赚钱本身至多也只是没有错而已，又说“主观为赚钱，客观上作了贡献的现象是有的”，似乎通过赚钱而对社会作出贡献只是个别现象，并不是普遍规律。

持有这种观点的人真正想说的可能是：“为社会作贡献是正确的，而赚钱必须符合这个目的。”这个主张无疑是对的。问题在于，一个人如何能够知道他的行为对社会是有贡献的呢？现在最简单明了的答案就是在公平竞争的市场上赚钱（还有一个附加条件，即必须是社会上每一个人都这样做时）。如果你有两份工作可选择，一份赚钱多，一份赚钱少，那么你应选赚钱多的工作，因为这份工作对社会的贡献大。这里有一个条件，即雇用你的人也是以赚钱为目的的。

这个简单明了的答案包含了极其深刻的内容。我们暂且搁置一下它的理论根据，先从近200年资本主义国家发展的经验来看。在那里商人绝大多数是唯利是图的，老百姓主要是养家糊口，追求一个好生活，未见得都有建设祖国的远大抱负。但事实是他们比较顺利地发展了经济，形成了一个富裕社会。

为社会作贡献是一个正确的目标，但它不能成为行为的指导，赚钱反倒成为达到这个目标的指标。原因何在?因为这个社会太复杂，除了赚钱，没有别的办法可以告诉你，你是否真的为社会作出了贡献。

我们在第一章中讲的学雷锋义务为别人修器皿，其出发点无疑是希望为社会多作贡献，可是其结果却培养了一批拣便宜的庸人。

再比如能源（主要指煤炭）价格偏低，造成生产者赔钱，而且供应紧

① 《人民日报》1988年8月26日第3版。

张。表面来看,为了为社会多作贡献应该不顾赔钱努力生产以缓解供应的紧张。但事实上因为价格偏低鼓励了浪费,多生产只是为多浪费创造了条件。这也说明主观上希望为社会多作贡献,而实际上却事与愿违。正确的做法是让生产者在竞争市场上提高价格,多赚钱,这才应该多生产。

我们常说,为社会主义添砖加瓦,只要努力为国家工作,就是有益的。但是事实并非如此。如果肥皂已经生产得太多了,你再消耗人力物力去生产肥皂,结果只能是堆在仓库里,对社会不能产生丝毫的贡献,这种生产其实是浪费。类似的例子还可以举出成千上万。在一个复杂的社会里,是否对社会作出了贡献,就看是不是赚了钱。所以赚钱就是为社会作贡献,没有例外,而是普遍规律。

批评"向钱看"的人也许会提出这样的问题:"你说多赚钱就是为社会多作贡献,难道就没有例外吗?"确实有例外,但那仅仅是"例外",按绝大多数情况来看,多赚钱就是多作贡献没错。现在我们来讲什么样的情况属于例外。

最主要的例外是由于政府的干扰,价格不是由市场供需来决定,发生了价格的扭曲,用这种扭曲价格加上赚钱的盈利动机会导致个人利益与社会贡献相悖。例如粮食是社会紧缺的,可是粮价由政府规定而且太低,种粮不能赚钱,此时个人的利益导向与社会目标不一致。过去煤炭也出现过这种情况,国家不得不制定所谓政策性亏损的办法。在政府不干预价格时此种矛盾本来不会发生,然而允许政策性亏损只会把事情搞得更乱,并不能从根本上解决问题,因为赔钱生产煤去维持一个低煤价的结果是使一切用煤做原料的企业发生成本虚假的问题。比如说发电厂,它的成本中有一半是煤的价格,由于煤价偏低将使电价跟着偏低,为了盈利它必须制造虚假成本以提高电价,进一步又影响到一切用电生产企业的成本虚假,最后的结果是经济一片混乱。

一般人可能会这样想,价格混乱也没有关系,只要大家努力生产,物质丰富了,生活就可以提高,何必计较价格的盈亏呢!确实,改革前的30年就是按这条思路来计划国家经济的,但结果却是造成穷困。其根本的原因是我们所拥有的一切资源(包括劳动、土地、煤炭、木材、粮食)都是有限的,用于此处就不能再用于彼处,究竟应该用于何处必须以价格和赚钱为引导。如果拿黄金去盖厕所而不是做首饰,把地毯当窗帘用,用大卡车去载客,在铁路运输价格更低的情况下却改用公路运输,应该进口的商品却在出口,如此等等,这个社会怎么可能成为富裕社会?

改革前一只手表价值100元,一个馒头价值5分钱。这样的比价告诉消费者,你要少吃2 000个馒头才可以换得一块手表。但事实上根据改革的经验,手表和馒头的比价大约是200:1,换句话说,生产200个馒头消耗的劳动等资源就可生产出一只手表。原先由于价格错误,大家不愿多买手表,手表也就生产得少;如果大家早知道比价应是200:1,大家会更多地购买手表。这个例子说明了价格歪曲如何引导资源使用的选择错误和经济结构的比例失调。手表的价格现在已经得到纠正,这种损失已经避免,但其他商品的价格仍有歪曲的现象。

这里揭示了一个具有非凡重要性的道理:要使社会富裕(即所谓物质极大地丰富),必须对每一种资源作出最高效的利用,判断利用效率高低的唯一方法是用价格作计算。此种价格是由追求自利的生产者和追求自利的消费者在竞争性的市场上形成的。说得简单一点:**要使社会富裕,价格是必不可少的,人必须自利,并且有一个公平竞争的市场。相反,如果放弃价格这一信息,或者人们不追求自利,或者不能保证市场的公平竞争,社会必定是穷困的。结论是向钱看不但允许,而且符合道德,符合法律。**

从价格的重要性我们还可以得出一个重要的推论,即**让消费者成为生产厂家的主人,从而消灭社会不公最主要的根源,是乌托邦的想法。**因为当生产资料全部为消费者所拥有时,生产的目的是消费而不是盈利,因而价格将不起作用。**当社会失去了价格信号时,资源使用的效率将受损,结果造成一个穷困的社会。**

我们开始时说明多赚钱可以为社会多作贡献是有例外的,政策性亏损即为一例。我们又花了许多篇幅论证了允许政策性亏损并不能真正解决问题，最后证明要彻底解决如何为社会多作贡献的问题还是靠"向钱看"，因此，这不是一个真正的例外。真正的例外是有的，即发生垄断和外部效应时，这在本书第二章第六节中已作了讨论。

然而承认向钱看的正当性和必要性有其严格的范围，它是指生产者、商人都必须追求利润，消费者要使每一分钱，**都得发挥其效用。钱不可以用来买选票，行贿，买奴隶，做毒品生意，买文凭或买奖赏。**[1] **而且在市场交换中还有必须共同遵守的规则，任何欺骗、违约、贪污、降低质量、欺行霸市、滥用职权、敲诈勒索，都是不利于为社会多作贡献这一目标的，虽然从表面看来他们也是向钱看。何况为社会作贡献除了物质方面，还有精神方面的。**

一个人为了从事没有商业价值的科学研究，或参与一件公益活动而放弃高薪位置；企业家赚了钱捐给慈善事业；警察、法官为了忠于职守甚至牺牲生命。这些都不是向钱看，却是社会最需要、最可贵的行为。但是这种精神绝不可用在商业交换活动中，否则就要造成经济混乱。

市场制度中的"金钱万能"，与其他各种制度安排来比较，恐怕相对而言还是一种比较公平的制度，因为在一个纯粹的市场制度中，人们赚到的钱完全取决于他们为这个社会作了多少贡献。过去我们不甚确切地称之为"按劳分配"，在市场制度下应称之为"按生产要素的贡献分配"。一个发展的要素市场（劳动市场、资金市场和土地等自然资源市场）可以做到这一点。

所以市场制度下各人赚的钱有多有少，因为各人的天赋、努力、机遇不同。其实人与人的不平等在任何制度下都在所难免，人类还没有发明出能齐步走向富裕的社会制度。相反，在规范化了的市场制度中人与人的贫富差别可以鼓励人们努力创新，为社会多作贡献。

然而人的欲壑难填，富起来的人不但吃好穿好，还想用钱去奴役别

① 1992 年夏在北京举办名模竞赛，某富商资助 300 万元，但指定要某女士得冠军，引起观众和评判委员会的极大不满。《人民日报》1992 年 9 月 23 日《今日谈》专栏中也披露了给博览会捐赠几万块钱，就可将低劣产品评为得奖产品。行贿原是暗地里办的事，现在居然贿到了公开评奖，歪风猖獗到了什么程度！

人,获取权力,骗得名声,从而弄来更多的钱;另一部分人则因为穷而被剥夺了权利,被排除在市场之外,这种现象是“金钱万能”被人痛恨的真正原因。如果权钱交易的篱笆一开,金钱的作用超越了市场的范围,社会的安定将受到威胁,用钱买选票即是一例。

本来选举权是公平地赋予每个人的权利,这不是可交换的商品。但富人向穷人贿选,选出更有利于富人的政治家当权,穷人就进一步受穷;更多的是富人向政府官员行贿,官员以手中的权与金钱交换,牺牲了人民群众的利益让少数人去发财;更不用说政府不提供服务,就凭它的权威用各种名目向百姓收费,以中饱私囊了。

我们反对卖淫,即使这种交换建立在完全自愿的基础之上,正好像我们反对人口买卖,即使双方都是自愿的。因为人是不可以买卖的,它不在可交易的范围之内。卖淫虽然不同于人口买卖,但它不同于一般的服务,像理发、家教等。它像是出租一个人,或者至少是出租人的性器官。另外卖淫还会传播性病、破坏家庭等。世界上有些国家允许卖淫,娼妓是合法的。但是这并不是认为卖淫是正当的,而是因为卖淫现象很难取缔,法律不允许,它就会转入地下,造成更大的危害。两害相权取其轻,所以不得不允许娼妓的事实上的存在。

个别新闻界人士搞有偿新闻(不是广告),就是拿舆论与金钱交换,愚弄群众,欺骗百姓。**金钱的万能必须严格限定在商品与服务的范围内。人的生命和人格,人的基本权利,受法律保护的和政府授予的各种行政权力,关于正义和公正的观念,对道德的评价,这些都不属于可交换的商品和服务的范围;如果金钱的万能进入了这些领域,社会的公正就会出问题。所以一切政府都要限制权力的作用,尤其要限制二者互相勾结,有钱的人又有势,有势的人方便地弄钱,这才是我们真正要反对的。**

5. 个人利益和社会利益的一致性

幸亏个人自利的行为能导致经济发展和整个社会的共同富裕，这实在是人类的大幸！但自利又能导致利他，只有在市场体制下才有可能。在此之前人与人之间的关系是一个零和对局，一个人得利必以他人受损为代价。这给了我们一个重大的启示：有没有可能建立一种制度，其中一切对社会有利的事统统对个人也有利；而且对个人有利的事也有利于社会。如果能设计这样一个制度并加以实施，社会的一切罪恶就不再发生，因为自利的动机在这个制度中都化解为共同的利益。

人类虽然摸索到了市场制度，在此制度中个人利益和社会利益一致，但维持这一制度本身，或者说维持市场规则（例如守信、讲究工作质量）却需要牺牲自身的利益。因此，市场制度并未能彻底解决公私利益完全一致的问题。当然，能使公私利益完全一致的理想制度恐怕根本就不存在，但沿着这条思路可以想一想，在当今的制度中是不是存在着各种损人利己的规则和为公导致损己的规则。这些人为的规则不但造成公私利益的冲突，并降低社会的道德水平。如果没有这些规则，这种不幸的事原本是不会发生的。

下面我们将发掘一下，有些什么规则或规范，使个人为社会做了好事却不得好报，或鼓励个人去侵犯公众的利益。

我们经常可以在新闻报道中，在报告文学中，在电视节目中看到这样一类先进人物：他们为集体或社会作出了巨大贡献，但他们自己却长期生活在困难之中。[①] 有的在经济上非常拮据，有的夫妻长期分居，子女得不到适当的教育和关怀，有的因工作而使健康遭受了严重损害，还有些烈士遗属生活非常困难。他们的事业取得成功是在忍受着巨大痛苦的条件下，与各种困难作斗争并付出高昂代价的情况下取得的。

① 1989年6月某日，中央电视台报道山东省一寻找黄金的地质勘探队近年来找到许多金矿，使当地百姓致富，建造了别墅式的楼房，而勘探队员们自己仍住在草棚内。

当然，这使得他们的形象更加伟大动人，但另一方面也使人们提出这样的问题：**为什么我们的制度会如此亏待这些先进人物呢？报纸电台反复的宣传往往突出他们公而忘私的精神，有意或无意地肯定了这种不合理的做法，而没有引导人们去想一想，怎样才能建立一种机制，使一切对社会作出重大贡献的人都能得到应得的报酬。**

被新闻界注意到的先进人物还是幸运的，还有更多的人默默地在作出贡献，并忍受着各种磨难。当然也会有一部分人由于受到领导的关怀，处境比较好。然而受到关怀是个人的运气好，并没有制度上的保证。

什么样的制度能保证多劳多得呢？答案是建立一个劳动力市场，在那里有众多的雇方和众多的佣方，在透明的（消息灵通没有隐瞒）、公平自愿的（没有社会地位造成的一方控制另一方）条件下竞争。何以劳动市场能保证多劳多得？因为如果一个人能每天创造100元价值，雇方的竞争必然将他的劳动报酬提高到每天100元。设想有人只出每天90元，他雇用这个劳动力每天可以净赚100-90=10元。此时必然有人愿出91元，因为他仍可净赚9元。以此类推，劳动的价格最后必然提高到劳动的产出，而且佣方也不可能提出超过100元的报酬要求，因为以赚钱为目的的雇方不可能赔钱去雇他。所以劳动市场可以避免参与交换的任何一方被剥削。

读者也许会问，雇方用人既然不能赚钱，为什么要雇他？这是因为雇方凭他的组织才能也能创造价值，但他必须雇请帮手才能实现自己的价值，这就是雇方用人的原因。

事实上市场的功能还远不止于此，它还能起到类似计算机的作用，解出作为联立方程中未知数的劳动的价值。举例说，一位有创造性的人甲某，设计一项新产品在市场上获利1万元。但实现这项发明创造是一个集体的成果，在此集体中设有两名技术员，一名秘书，一名司机，试问他们各人应得多少？在存在市场的条件下，技术员的工资可以比照在其他场合下水平相仿的技术员所能创造的价值来决定，司机和秘书的工资更容易用同样的方法来决定，于是1万元减去这三种职务人员的工资，剩下的就是甲某所创造的价值。市场起计算机的作用并不是一句笑话，数理经济学家就是这样看问题的。在某些情况下，他们甚至可以列出市场的方程式，工资和价格就是求解的未知数。

我们常在报纸上看到以下一类的报道，当记者采访厂长承包企业成功而赚得利润，或科学家推广新工艺而取得效益时，这些厂长或科学家往往异口同声地说：我个人没有什么了不起，这主要应归功于党的改革政策。一般而论，这种谦逊的表示确实也说明了事情的一个方面，但就报酬的合理分配这个具体问题而言，这种说法模糊了合法报酬的界限，似乎利润和效益都应归“政策”所得，上缴上级，而不属于个人。事实上我们也经常是这样做的，大量由具体的劳动者（脑力或体力）创造的价值成了“公家”的财富。不是吗？许多机关、企业、社团每逢过节，甚至任何借口也没有，就发东西，吃的、用的、喝的、穿的，人人有份。

我们知道，人间一切财富都要有劳动才能创造出来，天上不会掉下馅饼。不劳动而能分东西、分奖金，如果没有那些作了贡献而把新创造的价值上交了的人，哪有这种可能！把成绩统统归之于党或政府或上级，还有一个没有想到的危险，即个人生活出了问题，社会上出现了丑恶现象都变成了党或政府的罪过，莫名其妙地感谢的另一个侧面便是莫名其妙地埋怨。现在确实出现了这种埋怨情绪，不景气的企业发不出奖金埋怨党和政府，工人找不到工作也是政府的错，甚至股市不振也怪上了政府。在一个成熟的市场经济国家，政府对哪些事有责任是有明确的界限的。

马克思花了毕生精力写了《资本论》，其目的就是唤起工人阶级的觉悟，懂得什么是自己应得的权益，不再受资本家的剥削。新中国成立后全国人民学了几十年《资本论》，却不是用把账算清楚的办法去明确各方的权利和责任。相反，却是用把账算糊涂的办法，用吃大锅饭的办法，用彻底混淆权利和义务的办法去“消灭”剥削。其结果是人群分成了两类，一类是老实人，他们响应党的号召，为党为国无私奉献；另一类是奸佞小人，他们善于把别人的无私奉献转变成自己的福利。

问题就出在这里。如果别人创造的财富，我可以想办法分得，制度上有这样的规定,我又何必去辛辛苦苦地劳动呢?如果这是普遍规律的话,大家都会对瓜分财富有兴趣,对创造财富没有兴趣,因为创造了财富,结果也被别人瓜分掉。大家都热衷于分财富,社会的道德水平降低,尤有甚者,社会的生产力不能发展,社会呈现停滞状态。事实上,人类社会生产力发展的过程,从制度演变来看,就是不断限制瓜分财富的机会,使瓜分财富要付出很大的代价,同时保证创造财富的人能得到他应有的份额。[①] 财产权、法律、政府、市场的产生和演变都有助于限制瓜分财富,保护私有财产,从而鼓励财富的创造。所以说"保护私有财产是道德之神"。

确实,我国政府颁布的各种规则并没有容许不劳而获地去瓜分财富。禁止乱发奖金和分东西曾经三令五申地加以强调,可是始终不见效。其原因正是大多数人并未想通,无偿贡献和不劳而获是同一件事的两个方面。有了无偿贡献必有不劳而获。政策上提倡无私奉献,又禁止不劳而获,实际上相互矛盾。消除不劳而获的彻底办法是消除无偿贡献,而且这一原则完全符合我们一贯强调的"按劳分配",将劳动创造出的价值返回到创造价值的人。而要做到这一点只有依靠劳动市场这唯一的途径。

"落实知识分子政策"、"纠正脑体倒挂"已经高唱了若干年。现在只有那些进入市场交换,出卖自己脑力体力的人真正做到了这一点,他们恰恰靠的是市场;那些等待政策落实的人,至今还伸长着头颈在盼望。当然,一个完善的工资政策是必不可少的,但这个工资水平只能以市场上形成的水平为参考,并通过竞争机制贯彻到政府、学校和科研机构等。

每个人在平等竞争的市场上为自己的利益力争较高的待遇是合乎道德的。然而他必须纳税,因为每一个社会中的人都享受政府提供的服务,包括道路、治安、国防、路灯、天气预报等。这看起来似乎多此一举,先把赚的钱拿回来,然后又从纳税的渠道交出去;为什么不统收统支,像过去那样,每人拿一份计划工资,也就不必纳税了?原因就在于如果不把账

① 盛洪:《生产性努力的增长——论近代经济发展的一个原因》,见茅于轼主编:《改革、开放与增长》,上海三联书店 1991 年版,第 1~22 页。

算清楚，就给了某些人以瓜分财富的机会。我国的大锅饭制度确实养懒了一批人，他们一辈子为社会创造的财富比其从社会得到的财富少，过的是半寄生的生活。

征税是人民赋予政府的权利，它以法律的形式公之于众，任何人逃税都将受到惩罚。但是政府可能滥用这种权利，这就是滥罚、滥收费和滥豁免。[①] 这是在制度上允许以各种借口瓜分别人财富的又一表现。

农民跨县跨省经销农副产品，往往要通过几十个关卡，每一道关卡都要被繁多的名目处以罚款收费，且不提供任何类型的服务。为了制止滥收费滥罚款，政府也三令五申，但只是强调关卡工作人员要按规章办事，而没有考虑设关卡是利大还是弊大。一直到 1992 年 7 月，交通部才下令撤除全国交通部所属的关卡，但到 9 月仍有许多关卡硬是不撤，或者将固定卡改成了流动卡，罚得更是无法无天，因为它是流动的，抓不住它，更不用说别的系统的关卡为数仍不在少。

据调查，撤除这些关卡的主要困难是减少了收入，有些支出没有着落。换句话说，设关卡就是为了找一个名目来瓜分别人的钱。公路设卡只是许多例子中的一个，几乎每个人都可以以自己亲身的经验说明在收税之外，政府如何不提供任何服务就收费，或向你提供你不需要又对社会无益的服务，或收费与服务的数量质量不相称；附带提一句，我国的百姓同样习惯于享受了服务而不愿付费。[②]

最近在我国几个大城市出现了一种可喜的现象，即设立“见义勇为

① 我国实施个人收入调节税，相当于外国的累进所得税，其目的是限制太大的收入差距。1992 年我国奥运会的金牌得主受到各方奖励之和据说超过了 100 万元，这种收入是光明正大的，没有任何不合理之处，但应交收入调节税，可是中国税务局却莫名其妙地宣布免征税，理由是运动员在训练中付出了巨大的努力。可是除了贪赃枉法，哪一项收入是容易的？我猜想真正的原因是法律面前不是人人平等，收入调节税只对个体户等普通老百姓开征，得了奥运会金牌就不再是普通百姓了，除此之外很难想出有什么别的原因。幸亏此项规定以后作了修改。1999 年国务院又规定院士每人每年津贴一万元，此项收入也可以不征所得税。这似乎印证了我的猜想：院士不是普通人，可以置身于法律之外。

② 《人民日报》1992 年 7 月 2 日《今日谈》专栏《如此“试行”不可取》一文中反对在列车内供应开水收费。以后我们还将用到这个例子。

基金”，专门为帮助见义勇为的义士克服有关困难而准备。多年来每年都有许多义士，有的因与坏人斗争而受伤，有的因救火而致残，有的因抢救处于危境中的同胞而牺牲，致使家属失去生活来源。过去这些困难多半靠民政部门极其有限的救济，而且时断时续，缺乏保障。他们为社会做了好事不应让他们因之而吃亏。设立了“见义勇为基金”，就可使义士们得到补偿一事制度化。社会应该为他们提供高于平均水平的生活条件，因为他们是社会的表率。最好再为他们设立专门的节日，以回忆他们的义行，教育群众。

为社会做好事的人有权得到物质上的补偿或奖励，做好事而受表扬是理所当然，不应当要求做好事的人隐姓埋名。**做了好事而不许人声张，这是一种不公平的心态。只有那些自己不做好事，而且暗中占了别人做好事的便宜的人才有这种心态。**正好像名牌产品做广告，制造劣质产品的厂家心里有气，于是提出要求不许名牌产品的厂家做广告一样。

我国多年来要求培养一种社会风气，做好事要瞒起来，如果声张出去，这件好事似乎就不值得表扬，至少也大打折扣，这几乎成了一种制度，倡导这种做法的一个似是而非的理由是：一个高尚的人不应追求名誉，人做好事不是为了受表扬。对于做好事的人来说，这样的要求尽管过于苛刻，但也不算错。而从政府和社会的角度看，则既不公平，又不利于社会。因为退一步来说，即使做好事是为了受表扬，这又有什么不好呢？又碍着谁了呢？如果因为可得表扬而大家都来做好事，岂不是大大有利于全体成员吗？

当然，出于道德觉悟做好事的人并不期望报酬，道德之所以必要就是因为并非一切善行都可以用交换来获得，否则就无须道德来帮忙了。但善行不期望报酬的原因并不是不应该得到报酬，而是因为这类事情无法事先约定报酬。事后补给报酬又有什么不妥呢？一个行将溺死的人迫切希望有人去救他，在这种情况下难道还可以先行讨价还价达成一个协议再去行动吗？更重要的是道德是一种社会风气，它要靠大家共同来维持。一个人做了好事之后，又宣传出来让大家都知道，这是他做的第二件好事,因为他帮助共同维持一个较好的道德环境。

最糟糕的情况是别人明明做了一件真正的好事,可是人们却对他的动机妄加猜测,怀疑他是为了沽名钓誉才做好事,最后否认做好事的德行。这是一种毒化社会道德风气的恶劣行径,当这种猜忌心理弥漫时,社会将处于道德的危机之中。国际关系中也有类似的情况,一国出面制止非正义战争,即使这样做确实出于私心,也没有理由否认这种行为的正义性。我国在"文革"时许多人受冤枉,说他们本质是坏的,过去的功绩只是为了骗取党的信任。这样看问题的话还有谁愿意去做好事呢?好人和坏人还有什么区别呢?原来是"文革"时坏人当道,坏人自己道德卑劣,为了把水搅浑才倡导这样做的。

我们说,做好事不需要保密,社会应该表扬做好事的人。但是这里的条件是真正的做好事,而不是为了沽名钓誉。比如讲,高收入的人做慈善事业,心里想的是帮助有困难的穷人,并不是为了在社会上得到表扬。他的心地是纯正的。不管后来他是否得到了表扬,他都会继续做慈善。甚至于他被人误解,也不为所动。这些人是值得尊敬的。但是这里提出了一个值得讨论的问题:如果一个人就是为了得到社会的表扬而去做善事,他的心地并不那么纯正,这样做的善事应不应该被社会承认?从现实的情况看,我们的社会并不拒绝这样的事。因为从后果看,穷人得到了帮助,这对社会是有好处的。如果我们顺着这样的思路再往前走一步,企业出钱做好事,并在社会上宣扬,起到广告的作用,从而取得巨大的经济回报。是不是也应该被认可呢?再进一步,企业拿1 000万元出来,其中500万元(或者更少)做慈善,另外的500万元请大媒体专门给它做"做善事"的宣传。自己宣传自己没人相信,请大媒体出面,靠它们的"公信力"就有人相信了。其广告效果肯定比自我宣传有力。于是做慈善变成了发财之道。

事实上的确有不少企业走这条路。它们很聪明,拿1 000万元做慈善的效果可能超过拿1 000万元打广告。本来做慈善是牺牲自己帮助别人,没想到现在做慈善变成了发财致富的手段。一些政府办的大媒体因有政府的巨大背景,收取广告费,为企业做慈善宣传。这看起来也不错,人家做了慈善宣传一下也应该。结果是企业发财,媒体赚钱,皆大欢喜。最后吃亏的可能是消费者,尤其是那些靠广告出卖质价不符的产品的企业,牟取暴利。更有一层危险,就是媒体出卖公信力,公信力可以买卖,它还有什么公信力可言?只要你出钱,我就为你说话,这个社会还有什么是非!媒体是社会的声音,社会不能发出正义之声,这个社会将处于危险之中。本来媒体就有“有偿新闻”造成的腐败问题。现在把广告、新闻和慈善混同起来。宣传慈善有什么错,是非就更搞不清楚了。这一切问题的根本就在于企业拿慈善作幌子,用慈善代替广告,再加上媒体的配合,来欺骗群众,出售它们的质价不符的产品。所以解决的办法是,一方面要严禁假冒伪劣产品的广告,另一方面要限制企业通过慈善活动做广告。慈善就是慈善,不容许有别的目的。不容许以赚钱为动机,拿慈善作幌子,达到广告的目的。广告本来就是一个有争议的活动,所以广告法对广告的内容有许多限制。广告是对商品的宣传。消费者是因为你的商品好才愿意拿钱来买。用做慈善掩盖商品的质次价高,让消费者上当受骗是极不道德的。企业做慈善也不必隐瞒,但是不容许借势推销伪劣产品。有些企业花钱购买慈善组织的领导头衔,更值得大家警惕。慈善组织的领导必须是社会上有高度公信力的人士,而不是谁出的钱多就让谁当。

6. 既要平等,又要公平

我们在第二章第七节中讨论了什么样的不公平是不得不接受的,什么样的不公平是不能容忍的。本节再对平等和公平作一回顾。

在金钱万能的商品社会中,有了钱就可以有一切,没有钱就寸步难行。有的人腰缠万贯,一掷千金;有的人不名一文,家无隔宿之粮。人类的不平等是历史有文字记载以来就困扰着人们的最大的社会问题。货币出现以后,这个问题发展得似乎更为严重了,因为出现了认钱不认人的现象,人情越来越淡薄,穷人也越来越困难。因此,我们有必要对商品经济中人类的平等问题作一番考察。

要想解决人类的不平等问题,首先要探讨造成不平等的根源何在。

1755年卢梭应法国第戎科学院关于“人类不平等的起源”的征文对这一问题作了研究,并写了应征论文——《论人类不平等的起源和基础》。[①]卢梭得到的结果至今仍是学者们研究平等问题的重要组成部分,尽管他在人类社会进步与不平等状态发展的关系上似乎误入了歧途。他以及后继的社会学家将不平等的原因分为两类,即人在进入社会参与竞争时各种条件的不平等,和在竞争过程中各人主客观条件的不平等。前者称为起点不平等,后者称为终点不平等。只要起点公平,各人发挥自己的聪明才智,终点就一定是不一样的;强求终点的公平实际上对优秀人物是不公平的,所以承认终点不公平是有利于社会进步的。

然而我们应该注意到,起点的不公平是一个无法改变的客观事实。一个婴儿出生时他的智力、相貌、家庭经济环境以及他将面临的社会环境都可能有巨大的不同,我们根本不可能改变这种起点不公平的情况。因此,**真正的公平既非起点的公平,也非终点的公平,而是竞争规则的公平**。不论一个人的肤色、种族、相貌、年龄如何,他都应被一视同仁地对待。遗憾的是规则面前人人平等的制度并不是很容易能建立起来的。例如,出生时就重男孩轻女孩,男女同工不同酬,招工时歧视女性,高级职务排除女性等。出身歧视在美国有对有色人种的不公平对待,在我国虽然没有种族歧视,但过去几十年中对不同出身的人是不公平的。

大约在1978年以前,对地主、富农、反革命、坏分子、右派分子等统称五类分子家庭出身的人以及资本家出身的人,在入学、参军、工作分配、晋升、出国等方面都有明文规定的歧视政策。甚至结婚也受限制,地主子女到40多岁找不到对象不能结婚的非常普遍,许多被划为右派分子的人被组织强迫离婚,没有结婚的到50岁也不能结婚。居住地也可以成为歧视的理由,直到现在,家住农村的人在招工时常常受到限制;有的找对象只限于城市户口;北京一些单位招工时明确规定没有北京户口的

① 卢梭:《论人类不平等的起源和基础》,李常山译,商务印书馆1962年版。

不得报名。

耗资上亿元建成的具有世界水平的北京图书馆，虽然大多数阅览室入座率不足一半，却只对大学生、具有中高级职称的人士开放，绝大多数居民被拒于知识的大门之外，这是有明文规定的(现此项规定已经取消)。

上述这些做法是相当普遍的，存在于我国960万平方千米的每一块土地上，存在于从1949年新中国成立一直到大约1978年为止的全部历史中，有的还一直延续至今。从“反胡风”(甚至更早)开始，“反右”、“四清”……最后招来了堪称我国历史上最黑暗的一段无产阶级文化大革命。

每一次运动都先由那些积极分子利用人类各种卑劣的心理，挑动在正常情况下最不可告人的龌龊动机，爆发出“批斗”运动，于是群众被发动起来了。接着一切邪恶的念头被诱发、被培养、被激反、被暗示、被强化，这就是所谓群众进一步发动起来了。这时不仅那些一贯的打手在忠于什么的漂亮辞藻下表现出大量的人类原始劣根性，而且一向是被整者的亲密者，甚至是夫妻、父子，也忽然反目成仇了。他们的是非观、羞辱感、恻隐之心，在不断的冲击下越来越淡薄了，代之以恶毒、残酷、狂暴和兽性。可是这时候他们却得到了认可，一时可免于运动之灾了(其实事物发展的逻辑结果是连最初布置整人的领导也逃不过挨整的可悲结局)。这时候被毒害的并不是几个人，而是广大群众，是整个世界。[①]

当然在每次运动中都有少数头脑清醒而坚持原则的人，但他们坚强不阿的品质不但未能扭转乾坤，反而使自己被“踏上了千百只脚，永世不得翻身”，成为任何一个居然敢于抵制“历史潮流”者的悲惨榜样。在这个人性被强烈扭曲的悲剧性时代，除了发出叹息，即使是最聪明最正直的人也不可能采取任何有效的行动。一切都已经太晚了。

为什么这样大范围内的错误不能被认识和被纠正？因为它是以某种更高的原则伪装起来的。在人类历史上类似的事例早已屡见不鲜。欧洲

① 舒芜在《政治运动中的群众》一文中对此有很精彩的分析，见《人民日报》1988年8月30日第8版。

在15世纪后的200多年内以女巫或男巫的罪名(即魔鬼附体)处死了几百万人。罗素在《宗教与科学》一书中写道:“神学的危害不是引起残酷的冲动,而是给这些冲动以自称是高尚的道德准则的许可,并且赋予那些从更愚昧更野蛮的时代传下来的习俗以貌似神圣的特性。”①

如果我们追溯这兽性时代的渊源,我们将发现,漠视了“人生而平等”这个最基本的人权观念,因而对不同的人有不同的规则,是一个主要的原因。少数人专多数人的政,强迫多数人处于卑下的不平等地位固然不对;**多数人专少数人的政同样是错误的,哪怕是用了任何超级民主的借口。**

一个国家如果不能保障少数人的基本权利,最后也不能保护国家的主席。民主的精神不光在于少数服从多数,更重要的还在于少数人的权利必须受到尊重。现在大家都相信文化大革命一类的历史性错误不会再发生了,可是这模糊的“相信”起不了真正的作用。能够起作用的是让“人生而平等”的原则深深植入每个人的心灵。

从这一点来看,自从改革开放以来,我们已经取得相当显著的进步。尽管现在有不少人抱怨市场的浪潮不合理地扩大了贫富差距,但比起“文革”时像老舍、邓拓、吴晗这样一些人都被压迫得活不下去,而江青、王洪文之辈却能飞黄腾达,现在人与人之间不平等的现象已经大为缓和。当然,我们还有很长的路要走,才能构建一个更合理的社会。

撇开文化大革命这种社会性的大灾难不谈,从社会性的经常性运转来看,任何对性别、出身、居住地、政治信仰的歧视,都不但有违于公平的基本道德观念,而且不利于利用社会的精英,为整个社会造福。对于个人来说,受歧视是个人的不幸,对于社会来说,歧视一部分人必然造成对整个社会的损害。

从古代的伊索到现代的邓拓、遇罗克②、王申酉③,都是被摧残的社会

① 罗素:《宗教与科学》,商务印书馆1982年版,第54页。

② 遇罗克是北京青年,在数学、政治等方面表现出非凡的才能。但因系右派分子家庭出身,在文化大革命中又反对迫害,终于被枪毙。

③ 王申酉是上海一位普通工人的儿子,华东师范大学物理系毕业。他在各方面都极具才能,由于反对文化大革命被判死刑,并于“文革”结束,“四人帮”被粉碎半年之后被杀害。

精英。天才人物出现的机遇是非常稀少的,他们往往有极强烈的社会责任感,有超脱于当时世俗观点的洞察力,因而很容易成为歧视政策集中攻击的目标。他们不但受到统治者的摧残,而且也往往得不到群众的理解。一旦群众被“发动”起来,首先被群众出卖的就是这些实际上代表群众利益的出头椽子。越稀有的天才越容易受到打击,这实在是人类历史的不幸。

“起点平等”或“人生而平等”的概念不能从字义上去理解,因为确切地说,人生出来时是不平等的。不但智力、体力、相貌是不平等的,而且出生在一个什么样的家庭环境里也是不同的。如果孩子出生在一个富裕的、受过良好教育的、充满爱的家庭里,他显然有较多的机会得到成功。甚至这个家庭是在城市还是在穷乡僻壤,是在美洲还是在非洲,都会使新生儿有不同的成功机会。可是对于这样的不平等,我们一时没有办法改变它。遗传的不平等是生物繁殖中的普遍规律,家庭的不平等是社会留给我们的遗产。

所以,**我们反复强调的人生而平等,其确切意义是说人不应由于出身、民族、居住地、信仰等任何一种原因,而在个人追求自身幸福,实现自身价值,争取为社会所承认的道路上受到任何歧视。也就是每个人在实现自身价值的过程中应遵守同样的制度规则:法律面前,人人平等;在市场竞争中用同样的打分规则;在道德判断面前任何一类人都不被歧视。**

可是规则的不平等并不能直接为我们的肉眼所见,因为那是存在于人的观念、习惯和法律之中的。能够被我们直接看见的只是结果的不平等,比如贫富的悬殊等,引起人们愤慨的也正是这些可以看得见的不平等,因此消除结果的不平等便成为人们一种普遍的要求。从中国古代的大同世界的理想,到共产主义“各尽所能,按需分配”的旗帜,目的都在于消除结果的不平等。可是要消除结果的不平等势必引起另一类的不平等,因为人的天赋不同,主观努力不同,所以他们的结果原本是不同的。现在为了强求结果的平等必须强制性地剥夺一些人的贡献,把它们无条件地分配给没有贡献或贡献较少的人,这样强求结果的平等必然伴随着强制剥夺现象,这又产生了新的不平等。①

而且问题的严重性还不止于此,在一个实施强制剥夺的社会内,关于什么是公平的解释,往往是存在争议的,例如按需分配中到底什么才算是需。在这种争议中有权对此作出解释的人必定要占上风,连执行强制剥夺政策的人也会跟着与众不同。如果这些人都是“好人”,平等还能维持一时,可是谁也无法保证永远是好人掌权,所以在追求结果平等的社会内,一般仍旧存在着另外一种意义上的不平等,以及由于权势不平等所引起的物质不平等。

实施结果平等政策的另一个不良后果是使得有可能作出杰出贡献的人心灰意懒,因为任何额外的贡献都会被剥夺;相反,懒人倒经常得到额外收入,这实际上等于是在奖励懒人。奖懒罚勤的结果便是我们大家

① 参阅[美]阿瑟·奥肯:《平等与效率——重大的抉择》,王奔洲译,华夏出版社1987年版。

都很熟悉的个人缺乏创新精神,企业缺乏活力,国家经济发展停滞,社会弥漫懒散习气。

当然,这样一种制度并非没有一点好处:收入分配比较平均,除了少数在政治上受迫害的人,一般来讲人们生活清闲,工作没有压力,精神安逸,所以人的寿命也比较长。

但是这样一种穷安逸的生活并不是我国大多数人所喜爱的,多数人还是愿意工作紧张一些,生活更好一些,这正是我国经济体制改革的动力。这种选择非但适用于像我们这样比较穷的国家,就像美国这样富的国家,绝大多数人也心甘情愿地选择了一个工作紧张,充满竞争,但能使物质丰裕的制度。而且尽管美国的人均收入已比我国的高出几十倍,但看不出他们有准备到此为止的迹象,倒是在尽一切努力提高自己的国际竞争能力,以便与日本和德国竞争。

说得不好听一点,追求结果平等多少与妒忌心理有关。有妒忌心理的人,看到任何一个人生活水平超过自己都会感到痛苦。如果他不能超过别人,就想把别人拉下马。当这种追求成为一种社会制度时会导致巨大的社会危机,为了减少人民的痛苦应把全国最富的人拉下马,因为他是全国人民痛苦的根源。如果把他变成第二富有的人,只能使原来第二富的那个人感到幸福,如果把最富的人拉到社会最底层,则可使全国的人都感到痛快。可是事情到此还没有完。因为原来第二富的人变成了最富的人,重复这个过程,最终的结果是全国人民都一样的穷。有讽刺意味的是原本希望自己能超出别人,而结果却是断绝了一切人的变富机会。

前面论证了追求物质享受是正当的,只要不妨碍别人同样的追求,尤其能够在自己满足物质享受的同时又帮助别人得到同样的享受,对社会进步是有利的。但是如果我们不是追求物质享受的量,而是对享受的攀比,或者说追求物质享受的名次,则对社会非常有害,甚至能把全社会拖入无底深渊。追求量是不管别人如何,只要自己的享受有所提高就感到满足。追求名次是不管自己享受了多少,只要超过别人就感到满足。前者对社会有益;后者对社会有害。

为了证明追求名次是有害的,我们建立一个分析问题的模型。模型是把现实问题的性质抽象为一个简单的关系,以便于理解,但它不脱离现实世界里的真实关系。模型能够把最本质的东西说清楚。

追求名次的人际关系,可以设想为财富的排名。将全国每个人的财富按照其多少排名,最富的人排第一,次富的人排第二,最穷的人排末尾。如果大家追求的是财富的名次,而不是财富的绝对量,自己所排的位置能够提高就感到满足,这时候必定有人的名次被自己往后排挤,就会使别人感到不满。任何名次的变化都会有人受益,同时有人受损。不可能使所有的人都受益。如果追求的是财富的量,只要社会的财富有增加,就可能不让人受损,而至少有一个人受益(见本书第七章第一节)。

当大家都追求名次时,如果把全国第一富的人拉下马,变成最穷的人,可以使全国人民(除一人之外)都感到高兴。这是牺牲一个人使全国人民都高兴的事,代价很低而收益极大。这种政策对统治者极富有吸引力。为了讨好全国人民,这种政策一定会被执行。可是这样做以后原来第二富的人变成第一富,现在此人变成使全国人民痛苦的原因,原来的政策会被重复执行。如此反复的结果是打倒全国的富人,中国人全部变成了穷人。这样的分析是非常理论化的。可是事实上在我国某一历史时期就是执行这样的政策。而且在每一次剥夺富人财产的时候还充分发动群众,用控告、诉苦,甚至肉体泄恨等方法挑起一般人的妒忌心,使其感到翻身解放的痛快。但是这种心理上的痛快并不能解决物质上的匮乏。新中国成立后的穷人仍然是受苦最多的一批人。三年灾荒时几千万人死亡,绝大多数是农村的穷人。他们的处境到改革开放以后才有所改善,有大约三亿人脱贫,至少能够吃饱饭了。

到"文革"时,所剩的富人已经很少,用对财富的妒忌心已经很难挑起对成功人士的仇恨。于是他们就用其他的题目来做文章,比如学术上有成就的都是反动学术权威,在机关工作上有成就的就是走资本主义道路的当权派,连美貌都因为受妒忌而成为罪恶。到"文革"结束时中国变成了清一色的平等国家。除了保留一个人的绝对权威之外再也没有别的突出人士。这整个过程是从追求财富名次开始的,而不是追求财富绝对量的增加。改革开放以后我们遵照邓小平的意见,让一部分人先富起来,从追求名次改为追求享受,经济获得巨大的增长。这个教训非常重要。当今追求名次,仇视比自己更富的人的风气,又有所抬头。我们不得不对此保持警惕。

然而我们又不得不承认,妒忌心理是人类的劣根性之一,不管是对富人的妒忌,还是对成功人士的妒忌,对美貌的妒忌,运动员对超过自己成绩的人的妒忌都广泛地存在着。历史上由于妒忌而发生的冲突和战争不计其数,它在我们的周围经常起作用。为了防止它成为社会的破坏性力量,执政者必须抵御上面所说的诱惑,在保护穷人的同时,同样地保护富人,保护一切人士,不论他是成功者还是失败者。在政策上不是把富人拉下马把穷人抬上去,而是改善穷人的状况,减少妒忌心理能够起作用的环境。

结果平等的政策相当于在百米赛跑时要求所有的选手同时到达终点。这种规则的游戏非但使得所有的选手都提不起劲儿来,就连旁观者也会觉得没意思。[①] 我们不能说这种规则完全没有理由,各个选手可能先天条件就不同,让他们在同一条起跑线上开始跑未必公平,让他们同时到达终点就未必不公平。可是人活着并不只有平等一个目标,如果平等是人生的唯一目标,大家就应该吃一样的饭,穿一样的衣;具有音乐天赋的人,就应该用他额外的才能去帮助那些五音不全的音乐盲,使所有的人都有相仿的音乐修养。这样一个清一色的世界恐怕未必会使多数人感到幸福。正因为人并不希望结果一律平等,所以才会有这许多人关心奥运会百米赛跑的纪录;也正因为要从竞赛中分优劣,百米赛跑的纪录才会一再地被刷新,而且从来没有人建议,为了公平,应禁止那些有特殊赛跑遗传基因的人参赛。所以说,保持这个世界的五彩缤纷,包括人们收入水平的差别,原是一件好事,它丝毫也不违背绝大多数人的愿望。

问题的正确提法不是消除一切结果的不平等,而是让它保持在一个合理的范围内。当然,什么是"合理的范围",各人又有各人的标准,譬如对于美国现实存在的贫富差距,美国国内有的人认为太大,也有人认为太小,而且不论如何调整,这种意见的分歧永远存在。所以"合理的范围"是一个各阶层人民不断讨论,最后协商一致的结果,而且这个结果确定下来之后,讨论还没有结束,过了一段时间,还可以重新调整。这就是当今人类社会在理智的前提下解决公平问题所采取的普遍的办法。

管子曾指出:"仓廪实而知礼节,衣食足而知荣辱。"这说明物质条件的改善有助于道德的提高,现在我们再来比较一下,在同样经济发展水

① 美国的诺贝尔经济学奖金获得者米尔顿·弗里德曼在《自由选择》一书(商务印书馆中文版)第141页举了一个例子:"晚上纸牌开局的时候,各个赌家的筹码的数量是相等的。但玩了一段时间后,数量就会不相等了。当晚收局时,某些人成了大赢家,另一些成了大输家。按照平等的理想,是不是赢家要把赢的钱还给输家呢?如果真是这样,游戏就会变得毫无趣味,连输家也会觉得没意思。他们也许会玩上一两次,但如果他们知道不论输赢,收局时还会同开局时一样的话,他们还会再玩吗?"这一段分析说明,结果平等的实施非但有赢家要向输家付钱的不公平问题,而且游戏变得没有任何意义,等于说人生变得没有意思,这个世界也和死的一样。

平下(人均收入一样),人们收入比较平均和人们收入悬殊这两种情况,哪一种有助于道德的提高呢？无疑,比较平等的收入可能利于营造较好的社会风气,因为人与人的收入差别小,不易引起不平等的感觉或妒忌心理。最穷的人也没有太大的生活困难,不会去铤而走险;最富的人也不太可能凭他们的财富去欺侮别人或炫耀自己。所以撇开公平本身的要求,单从道德的角度来看,保持一定程度的结果平等也是人们所希望的。

然而一定的收入差距也有它有利的一面,它鼓励低收入者努力学习,努力工作,努力创新。这些对于社会的经济发展都是必不可少的推动力量,然而要能使收入差别成为经济发展的推动力,必须满足两个条件。

首先从低收入进入高收入的渠道要畅通。只要贡献相等,人人都有同样的机会进入高收入阶层,也就是说要有平等竞争的机会,不能故意压制某一些人不允许他们参与竞争。其次人们必须真正对社会的繁荣作出贡献后,才能取得高收入,绝不是凭特权、贪污甚至武力来取得高收入。如果致富是依靠后一类手段,结果就不会是鼓励人们努力工作和学习,而是教人运用非道德的手段去获取金钱了。在这样一种社会里,人们可以看到贫富差距加大、经济发展停滞、社会道德衰败等一系列令人沮丧的现象。

社会实施其公平原则可以通过两类相辅相成的政策:一是对高收入的人征税,而且往往采用累进所得税;二是给予低收入的人生活补助。这种办法有两大优点:首先也是最重要的,它将社会的公平问题具体化为收入分配问题;它是一个客观存在的现象,是可以精确度量的,① 它不再用过去引起争论的而且容易引起感情冲动的"剥削"概念。其次,这种政策可以对社会公平问题进行精细的调整。如果多数人都认为当前的收入分配太不公平,政府就可以增加累进所得税,增加困难补助;反之则可以减少。例如美国在 1986 年降低了个人累进所得税的税率,从 50%降到了 27%。

① 常用劳伦斯曲线和基尼系数来度量一个社会内收入分配偏离绝对平均分配的程度,基尼系数为大于零小于1 的数,越大说明分配越不平均,它等于零时为绝对平均(每个人收入都一样),等于 1 时为绝对不平均(全部财富集中在一个人手中,其余均为赤贫)。

7. 社会地位对道德实践的影响

征收累进所得税和发放困难补助虽然是纠正社会不公平极有效的办法，但也只是一种治标措施。要逐步缓解社会的不公平现象，必须从根本上来治理。

首先应该解决的是要使有才能的人能够畅通地进入社会的精英阶层，其次要通过教育使人的潜在才能得到最大限度的发挥。人是否能在各个阶层之间自由流动是一个极其复杂的社会问题，它关系到教育是否普及，各种录用、晋级及考试制度的设计及贯彻，各地区之间旅行的方便，政府对经济直接干预的程度，以及对贫困阶层和贫困地区的经济政策等。

美国素以自由竞争标榜于世，但1932年及1952年的两次研究却说明人的成就和他的家庭出身有着密切的关系。

虽然工人在美国人口中占了多数，但工人家庭出身而又有成就的人占的比例远低于10%（只有1928年工人家庭出身的企业界领袖达到12.4%）。然而从发展趋势看，个人成就与家庭出身的关系似乎在减弱。20世纪70年代末的统计说明大企业的领导中仅有10.5%是出身于富裕家庭，而在1950年时此数为36.1%，在20世纪初则高达45.6%，所以美国学者对于人口在阶层之间流动难易的看法颇不一致。尽管如此，在一点看法上是一致的，即美国存在严重的种族歧视，黑人的受教育水平、失业率、平均工资与白人相差很多。但自从20世纪60年代以来，这一情况正在明显地甚至出人意料地得到改进。①

① 达洲：《美国黑人的社会地位》，见《美国研究参考资料》，1988年，第1页。

美国有成就人物的社会出身[1](%)

有成就的人 / 父亲的职业	列入1912年名人录的	1925年活着的百万富翁	1928年企业界领袖	1952年企业界领袖	1952年50岁以下的企业界领袖
经理人员	35.5	75.0	60.0	61.8	67.8
专业人员	34.5	10.5	13.4	13.5	14.8
工　人	23.4	7.3	12.4	12.7	11.1
农　民	6.7	1.6	12.5	7.8	2.5
其　他	0.3	5.6	1.7	4.2	3.6
合　计	100	100	100	100	100

各阶层间人们流动的难易只是一种统计现象，我们需要解决的是消除流动的障碍，保证每个人都有平等竞争的权利，也就是权利上的平等，或权利的平均分配。

下面这些权利直接或间接地与机会均等有关：生存的权利；受教育的权利；言论自由，信仰自由的权利；进入或退出市场的权利（金钱面前人人平等，以及在市场内自由选择）；受法律保护的权利，以及选举权和被选举权。这些权利如果受到侵犯，一个人就将处于不利的竞争地位。

这些权利是平等地分配给每个社会成员的。任何个人，即使负了偿不清的债务，也不能剥夺他的基本生存手段。[2] 对于言论自由，穷人和富人应该享有完全同等的言论自由权，不能因人而异地限制任何人发表意见的内容、时间、场合等。信仰自由也是如此，没有理由说社会上某一部分人可以自由信仰，而其他的人只能随从他们。正因为这些权利是公平地分配给每个社会成员的，所以任何一个社会成员都不需为此支付金钱

①Paul Samuelson: *Economics* 第11版，1980年，第87页，此材料的数据已过时，但没有找到新材料，它提供了一种分析方法。

② 我国《民法通则》第108条规定："债务应当清偿。暂无力偿还的，经债权人同意或者人民法院裁决，可以由债务人分期偿还。有能力偿还拒不偿还的，由人民法院判决强制偿还。"这里并没有强制无力清债的人清偿债务。在奴隶制时代，奴隶的来源之一就是无力偿债的债务人。

或承担某种义务(例如赞成某一种观点)。这些权利是与生俱来的,只要这些权利都实现了,就意味着已经提供了人与人机会均等的可能。当然,人要享受这些权利,必须同时尊重别人同样的权利。

尊重别人的基本权利,这里没有什么深奥的道理,即使没有文化的人也容易懂得。可是在中国这块等级观念根深蒂固和有着几千年人身依附传统的土地上,要让每一个人都明白这一点却远非易事。我国婚姻法在 20 世纪 50 年代就开始制定并付诸实施,1980 年再次在人大会议上修订通过,其中第三条明确规定**禁止干涉婚姻自由**,可是时至今日某些地方的干部要结婚仍需领导批准。[①] 让我们再从一件真人真事来看看中国的现实吧。[②] 1988 年初,上海一位聪明美貌的女研究生、研究生班的班长竟被人口贩子以 2 480 元的价格卖到河南黄河边上的一个偏僻村庄里。买主是一个 30 岁的老实巴交的农民,他早年丧父,母亲 30 岁守寡,拉扯着 6 个孩子,一家人全靠讨饭活了下来。政策开放后这位农民靠脱坯烧窑积攒了一点钱,先为弟弟娶了亲,又为自己和老母亲盖了房,最后买了一个媳妇,这个媳妇使他犯了强奸罪,判刑 5 年。

这个女研究生被人以赚钱为诱饵,骗到当地农村,下了车后发现鞭炮齐鸣,鼓乐大作,方知上了当。她起初誓死不从,几度自杀未成,最后在痛苦中度过了 71 个日日夜夜。一般人会感到奇怪,何以这样有知识的人竟然会被困两个月之久,难道没有人能搭救她吗?我们来看看她周围的人是如何看待这件事的吧。

她的“婆婆”打心眼里喜欢她,鸡下的蛋不舍得卖都给她吃了,事发以后,她还一口一个“俺那媳妇”。她认为花钱买的媳妇,就是私有财产,自己的东西当然要好生爱护。左邻右舍如何看呢?现在青年人结一个婚要花四五千元钱,买一个媳妇才两千多元。这样的好事求都求不来,只要

① 《人民日报》1989 年 4 月 16 日第 4 版《军营里的婚恋》一文以赞扬的口气介绍:“某军区一位副司令员对记者说:近年来他们部队几百名干部结婚,没有一人因未婚妻社会关系不清不予批准的;10 多名正常离婚干部没有一人因此影响提拔。”结婚要领导批准显然违反婚姻法,但居然在报纸上表扬。

② 武勤英:《沉重的思考》,载《光明日报》1988 年 9 月 3 日第 1 版。

有机会他们也会这样做的，村里这一类的事还多着哩。再听听团支部书记怎样说吧，他干脆地表示："人家花钱买的还有啥好说？"可见这件事没有违背"常理"，人可以拿钱买，女人尤其如此，她们只不过是延续香火的工具而已。在山东郓城县，买媳妇被判刑才是反常的。在这样一个是非颠倒的环境里，要把是非再颠倒回来，当然难如登天。①

女研究生之所以能被搭救，原因在于她是"万般皆下品，唯有读书高"的代表人物研究生。搭救她立了功的党支部书记说："她如果早告诉我她的身世，她共产党员的身份，我说啥也不能让她在这儿受这么大的委屈，国家培养一个人才不容易呀！"这里道出了她之所以能被搭救，只是因为"她的身世"、"共产党员"、"国家培养"。其余那些一般身世的非党员，又不是国家培养的，就只好继续当人家买来的媳妇了。这个例子只是水面上浮现的冰山一角，亏得人口贩子贩卖了一名研究生，这才揭露了我国农村人权问题的一个小角。

这件事曾经引起不小的社会反响，群众中的议论也很多，可是舆论是怎样看待这件事的呢？笔者所接触的绝大多数人对这件事的第一个反应就是咎由自取，活该。谁让一个女研究生还想贩银元赚"容易钱"？在这里首先假定了女研究生从事的是非法经营，然后又认定犯了法的人就不应得到法律保护。这在我国是一个十分普遍的误解。把犯人当作可以任意打骂欺侮的对象，甚至只要是"坏人"，被强奸也是活该。其次，许多人对她在农村被困两个月感到不解，"为什么她不依靠法律手段来解救自己呢？"这种分析等于说"刘少奇之所以被迫害致死，是因为他不懂得运用宪法所赋予的权利"一样地不着边际。所有的舆论中，竟没有一篇是从基本人权的角度来分析的，当然更谈不上从这个典型案例中进一步发掘我国普遍存在的漠视人权的现象了。**在我国似乎存在着一种普遍的误解，即以为人权问题就是政治犯的待遇问题，从不认为基本人权涉及每**

① 1992年7月2日《人民日报》刊登一则消息："在过去10个月之内，陕西抓获拐卖妇女儿童案犯400余名。"

一个人的处境。

上面谈的是农村的情况，在城市里，这样的事例也不少。某学校一位教师用笔名发表文章，却受到该校领导的指斥："不经领导同意，就用笔名，你这个人还有没有领导观念？"[①] 过去只说婚姻要父母同意、组织批准是封建残余，现在写文章用什么名字，居然也要领导同意。

人可不可以出卖自己的器官，是一个存在巨大争议的问题。按目前多数国家的状况看，绝大多数法律判定出卖器官为非法行为。由于器官移植手术的巨大进步，希望移植器官以延长寿命的人越来越多。可是因为出卖器官为非法行为，器官的供给只限于亲人和尸体，远远满足不了需求，结果是排队等候移植的人越来越多。获得诺贝尔经济学奖的贝克教授专门对此做了研究，用详尽的数据证明此项交易利人利己[②]，可以挽救成千上万人的生命，但他的研究未必能改变传统道德观对此事的判断。

让我们看一看两位有资格被载入《世界名人录》的教授的故事吧。[③] 1985 年春，复旦大学的两位教授接到美国某出版社寄来的材料，通知他们已被列入《世界名人录》第七版的候选名单，要求他们提供补充材料。这样一件事不会造成对任何人的损害，是一个具有独立人格的人完全有权做的，但心有余悸的教授不敢擅自做主，把来信送到系总支；总支也不敢拍板，又请示校领导；校领导拿不定主意，于是请示教育部……一个人受别人的褒贬评论居然还要得到领导的批准！连被人称赞的权利都丧失了，还剩下什么独立的人格呢？这个例子说明人身依附现象已成为对人的一种无形的桎梏，就是在最高学府的领导层中也不敢贸然对此加以否定。这种事情在改革开放 30 年之后已经很少发生了，现在的年轻人恐怕都不太相信这种漠视独立人格的故事，但在"文革"时代是很普遍的。时至 2003 年广州发生孙志刚事件，说明人的身份仍旧起了关键作用。孙志

---

① 何山：《用笔名也要请示领导吗？》，载《人民日报》1989 年 2 月 9 日《今日谈》专栏。

② Garys, Becker 二人在 *Journal of Economic Perspective* 2007 年夏季号发表文章 "Introducing Incentives in the Market for Live and Cadaveric Organ Donations"。

③ 毕萍：《一对世界名人夫妇》，载《光明日报》1988 年 8 月 13 日。

刚是一名大学毕业生，在广州工作。因出门时未带暂住证而被收容，大概因为不服收容或没有及时出钱被殴致死。后经《南方都市报》克服重重阻力得以报道，将其公之于众。该收容所曾打死过许多人，只不过因为孙志刚是大学生，且他的父母穷追不舍才得以昭雪。

权利是超越于市场的，或者说，权利不能够买卖，因此，权利不是商品。人不能出卖自己的生命，因为生存权不是商品；人也不能出卖选票，因为选举权不是商品。但单纯从经济学的角度来看，任何平等自愿基础上的买卖都可以改善双方的处境，所以在平等自愿基础上出卖权利的行为也可以在一定程度上改善买卖双方的处境。

例如一个很穷的人，为了维持温饱，愿意出售他的选票。如果双方出于自愿，则可以使穷人的处境立刻得到改善。但如果允许这种交易存在的话，则穷人的处境尽管眼前可能改善于一时，从长远来看，必将进一步陷入不能自拔的可悲境地。丧失基本权利的人，不论其个人如何地出类拔萃，也无法摆脱不幸的处境。古代的奴隶、印度的首陀罗[1]和“不可接触者”，中国“文革”结束之前的“地”、“富”、“反”、“坏”、“右”五类分子及其家庭成员都是丧失一部分或全部基本人权的人。

自20世纪50年代末以来，中国有些人编造了“国民”这个词以与“人民”一词相区别。前者指某些人虽属中国人但不享受基本权利，只有“人民”才能享受基本权利，这种概念至今还有它的市场。[2]

当今世界上还有少数国家，将种族歧视或宗教信仰歧视写进了法律，这一行为受到国际大家庭的普遍谴责，其本国内部也经常发生动乱。即使像美国这样开放和发达的国家，种族歧视虽然属非法行为，可事实上却依然存在。由此可见，争取人权的斗争不是容易成功的。

由于权利的分配独立于市场，所以一个社会内有两套彼此独立的机

① 印度四种姓中最底层的一种。

② 有一部电影叫《公民在这里诞生》，讲的并不是妇产医院的事，而是如何把“国民”转变成“公民”的事。有一家报纸把判了刑的人称为“丧失了公民权，失去了公民的资格”的人。参见方贤明：《是未来公民吗？》，载《人民日报》1988年7月25日《今日谈》专栏。

制在影响人的命运。竞争中权利的均等保证了起点的平等，而市场机制则导致了终点的不平等。前者保证平等，后者保证效率。终点过度的不平等又有累进所得税和困难补助来限制。然而这样的制度设计并未能使事情尽善尽美，其中一个主要原因就在于金钱对权利的影响。

基本权利不允许买卖，而且它的分配也不需要费用，它唯一的要求就是公众的承认，然而在实施权利时往往是要花钱的。钱可以买到各种服务，有些服务可以给人提供更多更好的权利。结果有钱的人相应地享受到了更广泛更有效的权利。例如虽有“法律面前，人人平等”一说，但拥有较高的文化和较方便的信息渠道，无疑可以更有效地使用法律手段来为自己服务，更不用说有钱人可以聘请最有能力、最精明的律师来为自己辩护了。[①]

人都有受教育的权利，但只有在国家较为发达，较有能力提供义务教育时，教育才能真正地成为每个人的权利。相比较而言，富家子弟有钱进私立学校，显然能享受较高质量教育的权利。

选票虽然不能买卖，但竞选活动可以影响选民的选择，而竞选是要花很多钱的。同样道理，实行言论自由，不论是从事出版、广播、电视，还是举行集会都要有一定的物质条件，于是财力的不同肯定会导致不同程度的自由。

这些事实说明，虽然我们想尽了办法，力求一个社会能在公平协调的原则下处理人和人的关系，但平等和效率的矛盾依然不同程度地存在着，而且也看不出有任何从根本上解决的希望。所以我们在处理这一类问题时务必十分谨慎小心，切不可感情冲动而偏护一头，图痛快于一时，招致遗患无穷。

在一个市场力量比较弱、等级观念残余影响比较强的社会，社会内物质资源的使用并不是完全由市场决定的，人在金钱面前并不平等。有

① 美国棒球选手和节目主持人辛普森(黑人)被怀疑用刀杀了和自己离婚的妻子以及她的男友。警方掌握了大量证据，包括在他家中搜出有被害人血迹的衣服。辛普森花几百万美元雇了能言善辩的律师，把辩论的主题引向了种族歧视，把证据说成是警方栽的赃，结果辛普森被宣判无罪。此案引起全世界的关注，称为世纪宣判。许多美国人认为辛之所以被判无罪完全是金钱的作用。

不少紧缺的资源和商品不能完全由市场分配，还需要人与人之间的关系参与发生作用。这种人与人的关系实际上是由经济权力或特权(不是基本权利)的交换组成的一个网，甲掌握着某种特权，可以用来交换由乙掌握的另一种特权。有时甲所需要的特权不能由乙提供，但乙认识的丙握有此种特权，于是又出现了三角交换。慢慢地，交换越来越复杂，最后形成了特权之网。

这个特权交换网有时并不以清晰的面目出现，局外人想通过这个网得到某种经济方便的话，必须通过某一局内人的介绍。**在此种社会内，一个人的命运必然同时受到三种机制的摆布，即基本权利、市场机制和特权。**

然而特权网的建立对社会的富裕毫无补益，反而只会败坏社会风气，造成社会动乱。因为特权的享有和分配是互相排斥的，我多得一些特权，你必定少得一些特权；一件事由甲作出决定就容不得乙再来说三道四。但人的基本权利是不具有排他性的，承认甲的基本权利不需要减少乙或其他任何人的基本权利。市场机制也是同样的道理,因此,市场的交换可使双方同时受益。这里我们可以看到由市场分配(通过金钱的作用)和由特权分配(通过行政命令)对社会的发展所起的不同作用。

过去流行的一个重大误解是,只要追求金钱必定损人利己,因此,要有行政权力加以约束,现在我们懂得了在平等自愿基础上的交换不是损人利己,而用行政权力对市场约束却是贪污的根源。因为实施或不实施某一约束,会有不同的经济后果,人们就会用钱来沟通权力。它们都不是平等自愿的交换,而是行政权力对市场的干预。

第五章　个人和社会的致富之道

1. 职业道德

改革开放前，我们常抱怨售货员态度冷淡、生硬，不注重文明礼貌，有时甚至出口伤人。这几乎是我国僵化的经济体制下的普遍现象。但售货员们在家里却很可能是好妈妈、好妻子或好爸爸、好丈夫，他们对自己的亲人是热情的、负责的、仁爱的，所以他们缺乏的并不是一般的道德，而是职业道德。

已如前述，在自然经济下并无所谓职业，每个家庭所从事的生产活动是大同小异的。既然无所谓职业，当然更无所谓职业道德。所以职业道德是伴随着商品经济的发展而产生的，是一种新的道德观，这是我国的传统道德范畴所没有的新事物。

在商品经济中，社会在一定意义上是一个“我为人人，人人为我”的组织，一个人的生活质量主要取决于他周围许多为他服务的人的工作质量。如果他周围的人都以愤愤不平的怨恨心态来对待自己的工作，他就无形中陷入了一个被敌视的环境，他就不可能享有良好的生活质量。当一个人被置于一个充满敌意的环境中时，他通常的反应也只会抱怨和抵抗，结果是频繁的摩擦和争吵。然而，摩擦和争吵丝毫无助于改善这个环境，相反，只会使得敌意更浓。所以这种敌意的环境有一种自我恶化的发展倾向。

我们每个人都应该明白过来：自己也是社会中的一员，当自己以热情负责的态度来为其他人服务时，整个敌意环境就可能有所改变。但只有当"每个人都明白过来"时，或至少是大多数人都明白过来时，这个转变才可能实现。可是怎样才能使大多数人都明白过来呢？存在决定意识。当一个民族中的每个人都成熟到把自己为别人的服务和别人为自己的服务看得具有同样意义的时候，这个问题就自然解决了。此种转变当然不可能单靠说理教育，但我们仍有充分的理由说，多一个人明白此中的道理，转变会更顺利更迅速一点。

我们常说，一个人创造的价值越多，他的物质生活将越丰富，这也是按劳分配的另一种说法。但是我在这里要特别说明，一个人物质生活的丰歉，不仅取决于他本人所创造的价值的绝对量，还取决于社会上其他人的工作质量和效率。

举例说，一名中国医生一天内完成的诊断和治疗工作量，一般而言比一名美国医生完成的工作量多很多。然而即使在合理的工资制度下，中国医生的待遇也不可能接近美国医生。再如一些中国留美学生在美国餐馆里帮忙，干上一年半载，他的收入在一般中国人看来堪称发了财，但是如果他在中国的餐馆里帮忙，不论如何卖力，也绝发不了财。这说明一个人劳动所能得到的物质报酬不仅取决于他本人劳动的数量和质量，还取决于社会其他成员的劳动效率。不少中国人希望移民到发达国家去，就因为那里整个社会的劳动效率高，能够做到人尽其才，物尽其用，因而同样的劳动可以得到更高的收入。

过去我们只知道劳动能创造价值，多劳动则多创造。现在我们又知道，你的劳动创造价值的多少还与别人劳动的效率有关，这个新发现的重要性，无论如何强调也不会过分，正因为每一个人的劳动效率都关系到全社会的富裕，做好自己的这份工作绝不仅仅是个人的事。这种现象在自然经济中是绝不会发生的，它是随着社会的分工和职业的出现而产生的。所以做好自己这份工作就具有职业道德的意义。

餐馆服务员的收入高是因为来用餐的顾客的收入高；理发师的收入高是因为来理发的顾客的收入高，大家都想把商店开到飞机场去，因为乘飞机的人收入较高，赚他们的钱比较容易。因此，我们可以归纳一条结论：别人收入高对我提高自己的收入有益（但对比谁更富的名次排序不利）。所以我们应该乐于帮助别人致富。别人发财，自己应该高兴，而不是相反。

一个人如从事于直接为公众服务的职业，例如售货员、电话接线员等，他的工作质量和效率直接和接受他服务的人群的生活质量和劳动效率有关，这是显然的。但我们在这里强调的是从事于任何一种职业的人，都要面对职业道德的问题，所不同的只是表现有的明显，有的不那么明显而已。因为从事于任何一种职业的人，当他在岗位上工作时都不是在做自己的家事，而是在为别人服务。

一个商品经济社会就是一个互相服务的社会。现在大家都埋怨售货员态度不好，效率低，可是很少有人看到，职业道德问题是一个普遍存在的问题。只要每个人都做好自己的这份工作，就可以大大提高我们的生活质量和增加我们的物质财富，而并不需要增加任何投资或发明什么新技术。忠于职业成为社会的要求，正像忠于国君是自然经济中的社会要求一样。

从事某种职业，本来是一个人谋生的手段，他贡献自己的劳动，并取得相应的报酬，这是一种普遍的交换，并不涉及道德问题。他工作质量好，服务态度好，理应取得较高的报酬，这里用不着由道德来约束。那么，为什么职业会和道德有关呢？

这要从商品经济或资本主义发展的历史说起。在商品经济的最初阶段，社会上并不存在什么具有复杂机制的大公司，主要是以小作坊、小业主为主从事生产。那时候作坊的主人（或资本家）不但兼任经理，而且直接参与劳动，他雇佣的工人直接在他的监督之下劳动。如果存在一个完善的劳动力市场，即雇方和佣方人数都很多而且参与竞争，则资方将被迫支付一个适当的工资，正如佣方被迫接受一个适当的工资一样，这个工资直接取决于佣方能生产出的价值。如佣方的工作较认真，资方就要被迫支付较高的工资(因为有劳动力市场在起作用)。在这种情况下每名从业者都会从自己的利益出发，努力做好自己的这份工作，在这里职业收入与道德并无直接关系。

但商品经济发展到高级阶段后，出现了大型甚至超巨型的工业，这种工业投资巨大(例如一个核电站投资在10亿美元以上)，超过了单个资本家的投资能力和风险承担能力。于是出现了公司组织，资金由社会集资得来，普通老百姓只要投资都成了“资本家”。在公司组织内所有者和经营者分离，资本家不再兼任经理。企业内的雇员直接或间接地在经理的监督下工作，而且他们和经理一样，又都是企业的雇员。工人直接受工长的领导、指挥和监督，但工长并非雇用他的人。

这种关系尤其普遍地存在于社会主义国家的国有企业内，工人和领导他的各级干部都是政府的雇员。在这种关系下，每个人的收入水平未必和他的工作质量直接有关。工人工作好，企业增收，可是领导他的工长和各级干部未必能多得；工人工作马虎，企业亏损，这些人未必就少得。因此，领导和下属之间的监督关系比起资本家兼任经理时就微弱得多，职业道德便成为每个人做好工作的一种约束。

但不论是在社会主义国家还是在资本主义国家，国营企业的工作质量和服务态度一般来说都比不上私营企业，这说明职业道德仍渊源于利益考虑的监督关系。公司组织内企业所有者(由董事长代表)保持着对经理以及每一名职员的监督权。当然，工作质量和服务态度最好的还是由业主直接经营的企业。美国这一类企业常在自己的招牌上写有“所有者直接经营”(owner operated)的字样，以招徕顾客。

在成熟的商品经济内，职业道德的原则超越了企业的经济考虑。有利于企业赚钱但违背职业道德原则的行为，职工有权拒绝做，并且能得到社会的支持。这说明职业道德脱胎于企业的利益考虑，最后成为超越企业利益的社会原则，它成为范围更广的人们的利益考虑。

一个社会经济活动的不间断的正常运转，单靠一笔笔互不联系的交换是远远不够的。已如前述，一个人在岗位上的工作，并非经常有人监督。把从事某种职业看成是单纯的交换，只有在存在监督的情况下才能够成立。没有监督时必须依靠基于职业道德的自我约束。其次，忠于职业所要付出的代价并不能永远和他得到的报酬相称，有时因忠于职业而付出的代价大大高于他可能得到的报酬。意大利西西里岛的黑手党异常猖獗，他们组织贩毒、赌博和卖淫活动，甚至绑票暗杀，当地警察局和法官在与黑手党的斗争中，先后有几十名警察局领导和法官被暗杀。但他们前赴后继，不怕牺牲。又如从事揭露社会阴暗面，或者到战争前线采访的新闻记者，也经常要冒生命危险。仅拉美地区在近20年内就有370名记者以身殉职。[①] 他们忠于自己的职业所付出的代价决不是金钱所能衡量的。

不仅警察、法官和新闻记者，在医生、铁路职工、邮电职工中都不乏以身殉职的动人事迹。西方国家从19世纪末到最近经常有文艺作品描写人们忠于职业的事迹，为我国观众所熟悉的日本电影《追捕》就是一个例子。

与它们相比较，我国似乎还没有出现过歌颂忠于职业的文艺作品。我国并不缺少描写高尚情操的作品，仅以报告文学为例，20世纪60年代以来有对焦裕禄和雷锋的报道，80年代以来有对蒋筑英、华山抢险英雄集体、赵春娥等人的事迹报道。这些报道多半着重讴歌他们善良的心地，但都没有从他们本身职业与社会的联系的角度来说明他们行为的意义。有许多报道写得非常动人，而这些感人事迹的主要环节是从对人的感情中发展出来的。它仍旧建立在“仁爱”的基础上，似乎对于无生命的职业忠诚很难激发起人的深刻感情。

另一方面，对于社会上丑恶现象的鞭挞，也着重于丧失人性，较少有严厉谴责玩忽职守的不道德行为。1985年上半年重庆某邮电分局因闹意

① 法新社墨西哥城1988年8月14日电。载《参考消息》1988年8月24日第3版。

见而停止邮电业务长达 8 小时之久；1988 年 8 月，厦门到南京的旅客列车因铁路职工内部争吵斗殴竟然连续停开数天。[①] 这些事例都很典型地说明了一些专业性很强的业务部门，上到领导，下到具体工作人员普遍缺乏职业道德观念的惊人现象。至于公共汽车随便越站不停车，[②] 政府部门，甚至于商店、医院公然贴出"政治学习，停止办公"的公告，[③] 或任意改变办公时间的现象更是屡见不鲜。在民航局，航班改变起飞时间，甚至航班被取消是经常的事，而且一般没有丝毫的对旅客表示抱歉的意思，这些现象在西方社会都是不可想象的。一些外籍华人回到祖国后，悄悄地对他们在国内的亲友说："这些磨难你们怎么受得了？"可是久居国内的人们却觉得，事情本来就是如此，没有什么好奇怪的。

可以说，一个商品社会的成熟程度可以用其成员对自己职业的忠诚程度来衡量。社会成员具有强烈的职业道德意识是商品经济长期锤炼的结果，一个人如果不忠于自己的职守，必然被时代淘汰；不像在德行的其他方面，如有什么缺点，还不致立刻威胁到自己赖以谋生的手段及饭碗。

上述种种忽视职业道德的现象，不但发生在中国，也不同程度地发生在别的发展中国家，或虽然发达却缺乏市场联系的国家，如前苏联。但有的国家或地区可以较快地结束这种过渡状态，有的国家则长时期不能摆脱这一困境，甚至每况愈下。

一个人的职业道德水平部分地从对自己工作的兴趣、爱好和自豪感发展出来的。兴趣和爱好来自当他完成规定的工作时心理上的满足，因为他可以感觉到别人从他的工作中得到了方便和利益。如从事某一职业的时间已经很长，他就会进一步理解其工作在复杂的生产关系和消费关系中的重要作用。这种深刻的理解绝不是本职以外的人所容易懂得的，

① 《上海决定对厦门至南京、合肥"316/315"次客车进行整顿》，载《人民铁道报》，1988 年 8 月 17 日。

② 作者的一位老上司，齐齐哈尔铁路局的总工程师李德恩同志，"文革"期间去沈阳出差返回时，因怕误了火车，拦阻一辆应该停站而不停的公共汽车，被撞身亡。

③ 1992 年 8 月 3 日《人民日报》《今日谈》专栏报道某口岸城市的一银行因"学习不办公"误了外国船员兑换人民币。

这一特点引发了职业的自豪感，这种感情上和认识上的演变过程还会因外界的鼓励而加强。所以在商品经济发展过程中，需要普遍地树立对每种职业的崇敬风尚。

一个人不论接受何种服务，也不论他为此种服务付出了多少报酬，他都应该向服务者亲切致谢，这是一个有文化有教养的社会所必不可少的规则。付小费就是向服务者致谢的一种方式，在一个有教养的市场经济中，每一笔交易都应使买卖双方不但从物质上感到满足，而且精神上感到愉快，给小费有助于做到这一点，但条件是给的一方必须出于自愿，收的一方必须表示感谢。我国有的宾馆饭店硬性规定顾客必须付15%的服务费；有时收的一方嫌小费太少而不悦，甚至和顾客发生争吵，他们完全曲解了小费的意义，这样的话，还不如不给小费。有些人对服务人员呼来喝去，颐指气使，给的小费倒不少。他们是拿钱买威风，摆架子，以满足自己庸俗的虚荣心。这完全不是现代社会中服务与被服务的平等关系。有水平的服务人员会拒绝这种小费。

对职业的感情源于对职业的珍惜。一个人在商品经济社会中如果没有一定的职业就无法养家糊口，所以珍视自己的职业原是再自然不过的事情。可是在铁饭碗制度下，人们往往把就业看成是本该享受的社会权利，故而经常产生出对职业的怨恨。不满意自己的工作，要求领导另行分配，是我国企业中最经常发生的人事问题。① 再加上微观经济关系中激励机制的错位，即较好的工作态度不能得到较好的报酬，结果使得我国的职业道德问题成为当今社会最严重的道德问题之一。②

每个人都应该有权利选择自己有兴趣的职业（当然要在双方同意的前提下），更应该有权利创造出自己所喜爱的职业。自己选择或创造的职业与被委派的职业相比，更易于培养对职业的感情。可是在我国旧的经

① 辽宁省优秀女企业家王淑琴被本单位装卸工李丹持刀杀害，就是因为李丹要求调换工种得不到同意。

② 1988年8月23日，北京公共汽车司机田新华在火车与汽车相撞前，开门让乘客下车，自己未及避险而负重伤。当抬到天坛医院急诊时，十几名穿白大褂的医务人员站着聊天不予理睬，急得同去的人跪在地上求助，五分钟后田新华死亡。

济体制下，由劳动部门分配工作，几乎被看做是唯一的就业方式。很少有人去想一想，社会上有哪些产品没有人去生产，哪些服务没有人去提供，自己有什么兴趣和爱好可能为别人所需要。创造一种新的职业几乎是闻所未闻。

最有害于培养职业感情、职业道德的事，莫过于一个人在工作上受到侮辱，特别是在职务上被冠以侮辱性的形容词，像"穷教师"、"臭皮匠"等。相反，为某种职业设立专门的节日如教师节、护士节则有助于培养职业道德。有一些歌曲，像《石油工人之歌》、《矿工之歌》、《飞行员之歌》等，唱出了某种职业的自豪情绪，都有助于培养职业感情。当然，世界上的职业有上千种，我们不可能为每种职业设立专门节日或谱写特定的歌曲，所以这要靠全社会对各种职业的尊敬。

在我国这个商品经济极不发达的环境中，容易产生的不是对职业的尊敬，而是对职业的鄙视。人们认为职业只是为了糊口谋生，只是为了钱，而为钱工作是下贱的，所以职业也就和光荣无缘。

一切职业都应具备的道德便是微笑服务。某些企业职工培训时的第一课就是学会微笑。说起来有点奇怪，笑是人天生就会的，为什么还要培养？其实并不奇怪，人天生会的是发自内心的微笑，出于礼貌的微笑确实需要训练。

与此类似的一个现象是学会说"请原谅"。说话人人都会，可是就有人一辈子从来没有说过"请原谅"这三个字，因为他觉得说出这三个字就失了身份，就低人一等；尽管他也有感到对不起别人的时候，而且也想表示一下自己的歉意，可是这三个字哽在喉咙里硬是吐不出来，结果憋得满面通红。所以小学里教师要领着孩子大声朗读"对不起"和"请原谅"，要说上几百遍，做到能自然而然脱口而出的程度。

目前微笑服务做得最差的恐怕要数政府官员了，这种微笑在中国几千年的历史中从来都是缺乏的。过去官员是父母，父母管教子女微笑不微笑原本不是问题。现在不同了，官员成了公仆，仆人为主人服务当然应该有笑容，可是这种笑容不但稀缺，而且许多人从根本上觉得有悖常理，只有百姓赔笑脸和官员打交道，哪有官员赔笑脸的事。企业的会计到税务局去纳税，要在炎热的院子里排上几小时的队，等轮到你时，发现你填的表上有一项不完整，立刻被扔了出来，铁面无私毫不留情。这还是主人向仆人付钱，情况尚且如此，如果你打算办户口、办护照，规矩就更多，光赔笑脸恐怕还不够。

为什么会这样？有一个长期以来一直存在的误解，以为政府是领导人民的。百姓心目中认为政府是当然的领导；官员们也自以为当领导的舍我其谁？所以百姓在和政府打交道时自己先矮了三分，而政府官员一开口便是领导的口吻，就是发指示的姿态。当惯了官的人，习惯成了自然，张口就有一种官腔，只有碰到比自己官还大的人才偶尔改变一下。其实，领导中国人民的是中国共产党，并不是各级人民政府。相反，《宪法》第二十七条规定："一切国家机关和国家工作人员必须依靠人民的支持，经常保持同人民的密切联系，倾听人民的意见和建议，接受人民的监督，努力为人民服务。"

政府当然必须有权威，因为它有责任管理公共事务，如果谁都不听从政府的话，非乱套不可。但政府之权威仅仅是因为它要为大家服务才产生出来的，并非上天赋予的。政府也可能享有百姓发自内心的拥护和爱戴，要做到这一点就不光是微笑服务所能达到的，而是靠政府的道德表率作用。忠于百姓、爱护百姓、体谅百姓，这样的境界不是做不到，但确实相当难。倒是政府常常滥用权威，欺侮百姓。

前几年美国的一位业余摄影师无意中拍摄到警察在公路上蛮横殴打一个黑人青年，因为他违反了交通规则。这件事在美国一时成为头条新闻，因为一个自称民主的国家，竟然有这等政府侵犯人权的事发生。其实这类事在美国并不少，只是因为被摄像机拍了下来，抵赖不掉才成为一大新闻的。

市场经济需要政府的管理，这一点也不错，但政府用什么姿态去管？是运用权威、居高临下、铁面无情，还是平等待人、面带笑容、充满爱心，其效果是完全不同的。大家都说，市场经济好是好，可是一切向钱看，甚至敲诈勒索、假冒伪劣、贪污贿赂,风气太坏。有的人宁可不要市场经济的富裕,愿意回到富有人情味的社会风气中去。但是市场并不和人情对立,两者是可以兼得的,这里的关键就是政府的表率作用。首先让我们期待官员们的微笑服务作为朝这个方向前进的第一步。

2. 商业道德

狭义的商业道德是指专门从事商业活动者的道德,广义的商业道德则指一切交换活动中的道德,我们也可以称之为交换道德,但这个名称容易引起误解,所以我们仍旧用商业道德这个老名词。

商业交换是有益于双方的活动。有碍于交换的行为将损害双方的利益,而促成交换的行为则是符合道德标准的。所以富有协商精神,善于通过合理的让步使双方达成一致意见,是商业社会新出现的道德要求。它的核心精神是平等态度和灵活精神。

在传统道德观念中,人们往往把坚持原则作为至高无上的德行。当然,坚持原则并没有错,问题在于别人也有别人的原则需要坚持。如果能以平等待人的精神来对待双方的原则,对自己的原则就有了一点批判精神,多元化的价值观可能从这里生长。如果把自己的原则强调过了头,以僵化的态度坚持它,这对于现代社会的发展是非常有害的。现代社会中的人一般都有多元化的价值标准、包容性的意识形态和开放倾向,这些都和僵化没有共同点。在一个封闭的社会里,由于人们很少受到外来观点的冲击,很容易形成僵化的倾向;有一句典型的话生动地刻画出这种僵化态度:"即使天塌下来(对一切人都不利),也要坚持原则。"如果有一种原则对所有人都不利的话,为什么还要坚持它呢?如果我们比较一下一个偏僻山区集市贸易的交易,和一个商业发达地区的市场交易,也许能觉察出参与交换的人,在态度的灵活性方面有很大区别。偏僻山区的交换往往比较死,或成或败,没有更多的选择,而在发达地区的市场上除了价格上的灵活,还可以在成交数量、品种搭配、付款方式、下次交易的条件上提出多种选择的可能,因此成交的机会就比较大。但要注意,有不少选择要建立在双方互相信任的基础上,所以商品经济是一个信用经济,缺少了信用,许多选择的机会就消失了。

改革开放以来,我国外贸人员处处表现出缺乏应变能力,而原则精神又过剩的特点。更多的例子是国内公对公的买卖,往往因为一些莫名其妙的原则而达不成协议,使国家遭受损失,这些都说明我国人民的道德要素中缺乏平等协商的精神。“一朝权在手,便把令来行”是这种态度的典型写照。有权制定规章制度的人应该想到,由于他不可能和他管制的对象面对面地协商谈判,规章制度往往容易带有片面观点,没有考虑对方的论据和实际困难,结果造成执行中的巨大不便。有些条款还成为执行人员故意刁难的借口,甚至以此索贿敲诈。

在交换中缺乏平等协商和妥协精神的典型例子是公家与个人做交易。一个社会中总有许多公共服务由政府提供,政府在此类服务中扮演的是交易的一方,而不是代表公众对个人或单位进行监督或管理,这两种身份的性质是完全不同的。作为交易的一方,应具有平等协商、妥协退让的思想准备;作为管理者的一方,则应坚持公众利益的原则。

例子之一是中国邮政要求寄信人用标准信封,写邮政编码,以提高信件的分拣效率。这样做有利于降低成本,加速送达速度;对于寄信人而言,选用标准信封,填写邮政编码仅举手之劳,应该积极配合。这本来是对邮局和寄信人双方都有利的事。但也可能发生这样的情况,即寄信人只知道收信人地址,但不知道邮政编码,为了找编码不得不跑到邮局去查,这样消耗的时间和精力比之邮局节约的分拣成本大得不可比拟,是得不偿失的解决办法。何况就社会分工来看,由邮局来查编码、填编码,肯定比寄信人自己去查、去填效率高得多。实在不行,邮局可以专门雇一批人从事查编码、填编码的工作。时间长了,他们变成了编码专家,他们的工资可以由写信不填编码的人支付,譬如每封信多收一角钱。然而我国邮政局执行的办法是只顾自己的效率而不顾寄信人效率的办法,规定不填邮政编码的信邮局有权不收,退回给发信人。使用标准信封的情况也有同样的问题。为了用标准信封,过去印制的成千上万的信封全都要报废。再说,效率也不是唯一的标准,人不是为效率而活的。有人偏爱用稀奇古怪的信封,邮局有权多收邮资,却无权拒绝投递。①

只顾自己效率而不顾百姓效率的例子多得不胜枚举,所以百姓害怕和政府打交道。如火车站售票处不顾旅客排队等候,要到开车前半小时才开始售票;邮筒投递口又窄又小,厚一点的信非得到邮局去投寄不可;北京地铁多个出入口处已被挪作他用;一些为公众服务的窗口只开不到一尺见方的小孔,等于刁难顾客,以及公安局办理护照的奇怪规定等。② 这些部门无一例外的都是垄断或半垄断部门,它们利用自己的垄断地位损人利己,百姓对它们毫无办法。

如果政府提供公共服务的部门能认清服务是一种平等互利的交换,受到尊重的对方可以提出各种反面意见,我国公共服务的质量可以大幅度地提高,人民生活的质量也会有实质性的改善。要做到这一步首先老百姓要有捍卫自身利益的觉悟, 可是我国的老百姓被垄断部门欺侮惯了,自己利益受到侵犯时不感到受损。③ 这说明在向市场经济过渡时,我

①《北京晚报》1996 年 1 月 19 日刊登署名王远的文章说:"要我说,心疼咱们的分拣员,也为了您的信旅行顺利,下次再写信时您别忘了认真写邮政编码。要是实在不知道,您到邮局去查一下,或是拨个电话 3037131 问一下。"我国邮局准备了许多本全国邮政编码簿,备顾客查阅,还有专线电话回答顾客查询邮政编码。看起来好像邮局在为顾客着想,实际上是邮局在刁难顾客。在西方虽然写信也要写编码,但不写编码一样可以投寄。所以邮局根本没有这种服务。最近我认识的一个极贫困的山西农村中的一位小学老师,写信答复新加坡华侨愿意捐款的信,由于未用标准信封,被太原市函件科国际组退回,并将 6.7 元的邮票盖章注销。在一个偏僻山区根本买不到专门用于国际通信的信封,这样做等于剥夺了他们与国外通信的权利,那位老师由于 6.7 元邮票被无理注销非常心痛。幸亏他认识在北京的我,总算这封信经我重新寄发出去。

② 公民申请办理出国护照,需要对方邀请信。但信往往是用外文写的,所以公安局要求将邀请信译成中文。为了保证翻译不失真,此项工作要经过授权的翻译公司来做,申请人为此往返奔走,支付高额翻译费用(并非因为翻译的质量高,而是因为垄断),所花成本都在 50 元以上。如果公安局由懂外文的专业人员来做此事,增加的开销平均在每一宗申请上只不过二三元钱,从而每个申请人可以节省 50 元。如果一年有 200 万人办理护照申请,节约的费用达 1 亿元。指定由专门公司翻译的规定已于 1994 年修改。

③《光明日报》1996 年 1 月 20 日刊登记者吕贤如文章《公用企业:强买强卖要不得》。文中举了大量例子,说明邮电、煤气、自来水、保险等政府经营企业的恶劣作风,和北京火车站或动物园一带强买强卖的个体户如出一辙。这些垄断企业给老百姓树了一个坏榜样。

国人民的是非观要作重大的调整。

要想通过协商达成协议，双方就必须有妥协和退让的思想准备，然而这里所要求的退让并不是牺牲自己照顾别人。商业交换中不需要舍己为人，退让也不意味着舍己为人。从表面上看，交换的双方确实处于利害对立的局势中，价格高一元，卖方多得一元，买方必定少得一元，然而这绝不等于买方受损。只有双方都获益的交易才值得进行。双方得益的更精确的意义是卖方有一最低卖价，凡高于此价的都可以成交，而且对卖方有利，买方则有最高买价，凡低于此价的都可以成交，而且对买方有利，如图所示：

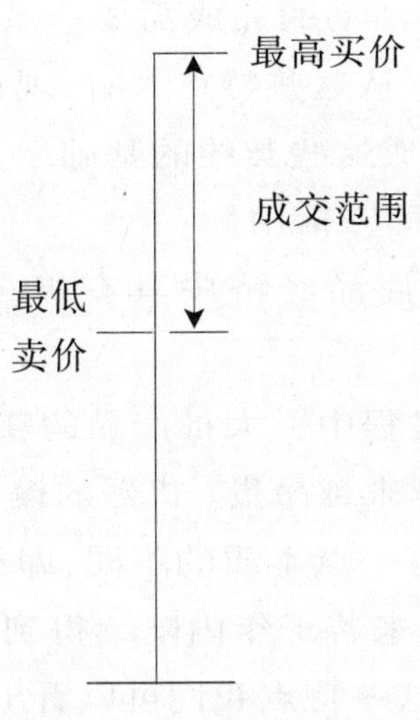

现因最高买价高于最低卖价，所以有一个成交价格的范围，在此范围内成交时双方都有利可图。这就解释了何以在买卖双方利益对立的情况下，仍然能做成对双方都有利的买卖。

虽然在正常交易中双方都能得益，但终究有一方要多得，另一方要少得。此时何种让步才算是正常的呢？这就要市场来帮忙了。市场上通常存在着一个公认的价格，新达成的价格应该接近市场价格，按照双方长远利益来决定偏离市价的方向和程度。

商业谈判是需要技巧的，但这种技巧不是欺骗。谈判过程中各方有

自己的策略,有自己的情报资料和商业秘密,这些都不需要坦白让对方知道,所以谈判过程是一个竞赛过程。但一旦双方达成协议,就必须忠实执行。欺骗行为,不但在谈判之后,即使在谈判之中,也是不允许的。偶一为之的欺骗可能得逞于一时,但别人上了当下次就再也不来了,甚至原来达成的协议也要推翻重来。**所以商业的兴旺决不是靠欺骗,靠的恰恰是信誉和诚实。**

在全部经济活动中,生产无疑是具有最重要意义的一环。现代的生产活动实际上是将资本、劳动及资源优化组合的过程,是最佳地运用资本的过程。生产活动的组织就是资本的运用规划,而且牵涉到许多方面复杂交换的实现,所以生产活动的完成需要一系列的配合,任何一个环节的脱节都会使生产受阻。从这些特点来看,现代社会的运转是建立在一系列契约,以及精确地完成这些契约的基础之上的。这就提出了商品经济道德的另一个新要求,即守信用。

守信和诚实的品质在商品经济中具有极重要的作用,其原因有两层。

首先是在经济发展的过程中, 大批产品的获得越来越依赖于机器,人在生产中使用的机器也越来越昂贵。机器的设置首先要投入大量的资金。投资活动和其他交换有一点本质的不同,即投资一方的支付并不能立刻获得报酬,他只能在未来若干年内陆续得到回报,而一般的交换则是一手交钱,一手交货。从这一特点我们可以看出,集资必须以信用为前提,只有投资者相信投资有可靠的收益时才有可能集资。现代经济中机器的作用越来越重要,这也意味着集资的重要性,或信用的重要性越来越大。缺乏信用的保证,任何规模稍大一点的投资都不可能进行。限于一家一户的财力所及的小投资,只要自己对自己有信心就可以进行,不存在信用问题;大的投资就必须通过集资过程,要有信用来支撑。

其次,现代商业社会是一个契约社会,人和人的交往建立在共同遵守契约的基础之上。当不守信用和欺骗盛行时,一切契约都不可靠,商业活动就无法进行。**为了防止违约,往往要在契约上写明违约时的处罚规**

则。我们知道,要达成协议不是件容易的事,有的要经过旷日持久的谈判。现在还要在契约之外再加上许多违约条款,每一条又要取得双方的一致意见,这就更难了。这一切都使得达成协议的成本增加,交易费用上升,不利于商业活动的进行;而且违约条款无论如何周全,也不可能包括一切可能发生的意外,更无法防止挖空心思的钻空子。**所以归根结底,契约必须建立在信用可靠的基础之上,缺乏信用而光有法律保障的契约,其作用即使不等于零,也要大打折扣。**

现在让我们通过一个国际贸易中的惯例,来说明何以防止失信会增加交易成本。**当出口厂家和进口商号达成交易协议之后,进口商号先要将货款拨到一家中立的银行,这笔货款从此就归银行处置。银行通知发货方货款已经收到,发货方的货物才开始装船发运。待货物到达并验收合格后,收货方通知银行付款,银行才将货款最终付给发货方。**万一发生纠纷,由银行根据双方协议或国际惯例来处置货款。如果交易双方是多年的伙伴,互相已建立起足够的信任关系,这一切手续和麻烦就不必发生,交易成本可以随之大大降低。而且上面的解决办法是将信用委托给了第三方的中立银行,如果银行也不守信用、不诚实,问题就更加复杂难办。

在经济活动中由于信用不健全会发生一系列经济纠纷,最后可能诉诸法律,因而引起诉讼费用。美国是一个商业发达的社会,老百姓很注意珍视自己的信用记录,并重视遵守法律。但美国为此付出的代价是每千人中律师的人数为日本的几十倍。律师的劳动是"非生产性"的,但为了保持社会良好的信用秩序,律师有他们的一份贡献。如果老百姓不重视信用道德,律师的数量恐怕还要增加许多。绳之以法是从消极的方面来维持社会秩序的,这种维持还要付出很高的代价;而道德约束则从积极的方面来维持社会秩序,又不需要增加任何成本。

可是在我国传统的道德中,"信"是作为个人形象的一部分来要求的。在以自然经济成分为主的社会里,人们不可能产生对信用的强烈要求,所以它不是道德的主要部分。《论语·学而》篇说"曾子曰:'吾日三省吾身:为人谋而不忠乎?与朋友交而无信乎?传不习乎?'"这里强调的是一个有德行的人应该自己反省的内容,而且其中所说的信与不信只是和朋友之间的关系,和陌生人打交道如何守信的问题,还没有人提出过。因为在自然经济环境中,不守信用不会给社会带来很大的危害。

由于受深厚传统观念的影响,对于守信用这个现代社会的新要求,在我国从来没有被摆到真正重要的地位上认真对待过。大到国家的法规,小到电影开映的时间,都可以说了不算数,随便变来变去。经济体制改革以来,商品关系空前活跃,每个人的活动往往取决于别人的活动,而且他的活动又必然关系到另外一些人,因此人们产生了一种迫切的需要,即用契约的方式来规定人们之间的权利与义务。

1983 年全国经济合同数约为 4 亿份,1987 年就增加到约 10 亿份。[①] 首先出现的是农村中的家庭承包,这实际上是一种短期契约关系。接着又出现了土地承包,这是可以延续十年甚至几十年的契约关系。现在又有了企业的承包。一方面为了保障承包人的利益,鼓励他们组织好生产,需要稳定承包关系,严格履行合同;另一方面由于新情况的出现,合同的一方经常寻找各种借口要求修改甚至中止合同。所以出现了一种矛盾的现象,一面是再三保证承包政策不变,一面是屡屡出现撕毁合同的事件。换言之,反复强调的保证未能扭转不守信用的事实。从表面上看,这是商业关系中普遍出现的信用危机,但从更深刻的层面来看,这是道德观念落后于时代要求的表现。

一个社会内通行的道德标准会因每个成员行为互相暗示的作用而加强或削弱,反复出现的违约事件形成了一种不讲信用的社会风气。在违约事件中有的影响面很有限,而有一些则会有长远的广泛的影响。广泛地没收个人财产,废除流通中的钞票,成批地注销债务关系,它们的后果比延期交货或产品不合格要严重得多。这些事件可能使人们痛快于一时,可是后患却无穷无尽。

① 王辉等:《改革中的经济秩序创新:关于我国经济合同运行状况的报告》,载《中国:发展与改革》1988 年第7期,第 3~13 页。

我国在解放初期的土地改革是财产关系的一个突变，接着发生了1956年私营企业的社会主义改造运动，大跃进时又刮了一阵共产风，文化大革命中全国性的抄家没收财产进一步模糊了财产关系。这一系列事件的影响至今犹在。许多人赚了大笔的钱，但不愿投资，不想储蓄，只图眼前消费，或者把资本转移到外国去。投资怕变资本家，将来也许资产被没收，自己还要挨批斗；储蓄怕变大财主，成为抄家的目标，所以用掉最保险。那几年农村出现的盖房热，婚事丧事大办热，城市里的炫耀性消费热等，一系列所谓"超前消费"的现象很可能都与此种心态有关。外国资本到中国来投资所考虑的投资环境，财产关系的稳定可靠是一个主要的方面。

财产关系的稳定是整个社会信用关系稳定的基础。孟子说："无恒产而有恒心者，唯士为能，若民，则无恒产，因无恒心。苟无恒心，放辟邪侈，无为不已。"他说知识分子(当时多半是吃皇粮的做官人)可以不需固定的财产，而一般百姓如果没有财产就会行为放浪，不可收拾。

在商品经济时代，处于市场之外的人越来越少，而稳定财产关系可以有效地防止老百姓"放辟邪侈"(纵逸放荡，行为越轨)。许多国家实行在农村耕者有其田，在城市居者有其屋的政策，凡是有不动产的人就算是殷实人家，在谋职、借钱做生意、申请信用卡、分期付款购物等方面都可优先考虑。这些地方社会的信用关系乃至道德风貌，都比佃耕和租房流行的地方更让人放心。

现代国际社会中处理债务关系的一个例子，也很能说明稳定财产关系的重要性。20世纪70年代中期石油输出国赚得大笔美元，这些美元中很大一部分又流回美国和欧洲等石油进口国的银行。委内瑞拉、墨西哥、巴西以及一些非洲国家向这些银行借了巨额外债。1982年以后这些债务国先后陷入了经济困境，无力偿还债务本息，国际金融界认真考虑了勾销这些已无偿还可能的债务是否可行。尽管从现实出发，勾销和不勾销已无多大差别，债权银行也不再对收回贷款抱多大希望，但勾销债务的解决办法仍很难被接受。它们宁可再借给这些债务国新的贷款以让其支付应该偿还的本息,原因是注销债务会引起整个国际金融业的恐惧。既然有例在先,谁还能担保以后的债务不会再被勾销呢?还有谁愿意贷款给别人呢?真正需要贷款而且有偿还能力的国家又能从哪里贷到款呢?这说明必须慎重地对待信用关系的变更,否则会引起一连串的混乱。

通货膨胀,钞票不值钱,是一种变相的信用关系的弱化,而且它不利于社会道德风气的净化。当一个人的储蓄因为货币贬值而受损的时候,他会感到是社会剥夺了他,这种不平的感觉会支持他向社会索回他的损失,于是侵占别人的利益成为理有所据。在没有通货膨胀的社会内,每个人对自己将来的经济利益比较有信心,一般不会去利用通货膨胀想各种花招为自己牟利(例如囤积商品),也不会想办法逃避通货膨胀给自己带来的损失(如抢购黄金),长期契约中的不稳定因素得以大幅度地减少。

一般来说,在通货膨胀中受损失最大的是政府官员和拿固定工资的教员、医生、科研人员等。此时他们一般会降低自己对工作的责任心,并把兴趣转向能取得额外收入的活动上。他们的办事效率和工作质量随之降低,甚至发生贪污索贿的现象。同时国家对这些人的控制能力也越来越低,国家的政策越来越难贯彻,以至于三令五申的纪律也被当作耳旁风。

信用如何维系交换的进行,此二者的关系如何,对于已经习惯于商品交换的人来说,很少有人认真地思考过。如果我们比较一下美国和中国的信用水平和交换方式,也许会使我们重新对这二者的关系认真思考,并得到一些新的认识。

初到美国的中国留学生常常对美国交易中的付款方式感到惊奇,在美国的全部交易额中有90%以上都是用支票和信用卡支付的,用现钞支付的不到10%。接受支票或信用卡的商店并不知道付款者在银行里有没有足够的存款,或者说,他们不知道自己接受的是不是一张空头支票。美国人在支付工资、房租、水电费等款项时几乎都是用平信将支票寄给收款人,而且有时还在信封上注明是付工资的信件,信件被窃取,支票被冒领的可能性是存在的。如果在中国,这种支付至少在目前的条件下很难秩序良好地得以实施。这就是不同的信用水平下对应的不同的支付方式。

毫无疑问,美国的支付方式有着较高的效率:用不着亲自跑到收款人处去付款;用不着到邮局或银行去汇款;用不着收款人开收据(收款人在支票背面签字,银行拨款以后,支票由银行寄回给付款人,成为最可靠的收据);避免了因携带大量现款而引起的不安全和不方便;而且还加速了资金的周转,因为钱通过银行直接从付款人账户里转到了收款人账户里,避免了因提取现款而造成的资金在周转中的呆滞;还有一个附带的好处就是绝大多数交易通过银行统计,经济活动间接受到国家的监督,纳税义务人很难有偷税漏税的机会。

如果有一位从原始自然经济社会来的居民看到我国目前流行的支付方式会产生什么样的感想呢?他将像中国留学生初到美国时一样,感到一手交钱,一手交货的方式不够可靠。因为钱是不记名的,万一付钱的一方付了款而收钱的一方硬说没有收到,或者付钱的一方并未付款却硬说已经付过了,对于没有第三者在场的这类纠纷是很难仲裁的。但事实上这类故意造成的纠纷在我国也是极少发生的。强盗和小偷选择用抢和偷的方法去图利,也很少想到利用买卖付款的漏洞。这说明我国社会已经初步建立了商品经济所必要的信用关系,如果没有这种初步的信用关系,一切交易都要提供记名的证件来代替不记名的货币,那将会带来巨大的不便及额外开支,交易效率也将大大降低。

所以信用关系的逐步升级,会给人们提供越来越方便和越来越高效的交换方式。在美国社会之所以具有较高级的信用关系,一方面是由于严密的制度保证,大量计算机的应用使每个人的信用记录都保持得非常完整;另一方面是社会道德水准较高,违反信用规则的事例很少发生。正像我国用现款交易而很少发生交易纠纷,也是道德的作用一样。

商业信用也表现在每个人对自己的产品质量或服务质量的负责态度上。但是要使每个人都懂得自己的产品质量和服务质量差会给别人造成损害,远不是一件容易的事。每个人都知道别人的工作质量差给自己带来的损害,然而却很少有人反躬自省一下自己这样做过没有。我们几乎每天都可以在报纸上看到人们对产品和服务质量的埋怨,但几乎从来没有看到过有人认识到因自己的工作质量差损害了别人。在3·15消费者权益日,许多人抱怨产品质量不好,假冒伪劣商品充斥市场,要求严厉制裁,义愤填膺,似乎这些毛病都是别人造成的,与己无关。但是要知道,每一个消费者同时也是生产者。虽然各人买的伪劣产品不见得是自己生产的,但是难道自己从事的生产,提供的服务质量就都能让顾客满意吗?从总体上看,我国的产品质量差是一个普遍现象,这些产品都不是进口的,是我们自己生产的,怨得着谁呢?

我们到处可以遇到厕所漏水,马路不平,新造的房子门窗关不严,电话总机无人应,信件迟送、错送甚至丢失,打电话错号或者有噪音,蛋糕里吃出铁丝,放电影断片子,书籍排版或装订错误,发电厂停电……总之,我们共同创造了一个低质量的环境供自己生活。我们一面埋怨别人的工作质量差,一面向别人提供低质量的产品和服务。低质量给国民经济造成的损失是巨大的,但我们已经习惯成了自然。只有当我们将产品出口时,在国际市场上和别国的产品一比较,才发现自己的产品质量低劣,竞争不过别人。

经济发达国家的产品,无论是多么简单的东西,小到一根牙签,一支火柴,都是精益求精地生产出来的;反观我们的产品多半是得过且过,凑合能用就行。我国骑自行车的人大概从来也没有想到过,自行车内胎可以一年不用打气。更不会想到会有永远不会漏水的自来水龙头,可以用几十年的日光灯管。而这些东西在西方国家早已成为标准产品。简单的产品尚如此,由各种元件组装而成的复杂产品,与国外产品相比质量差别就更大了,因为任何一个元件的质量都会影响产品的整体性能。我们经常在追求高技术产品的出口,可是如果不能解决质量问题,那么任何高技术的成果都会被每一个工作环节中的低质量吞噬殆尽。马路不平,门窗关不上,都不是什么难以解决的技术问题,而是一个简单的对工作质量负不负责的问题。

3. 劳动作为商品的道德意义

在商品经济中,人的谋生手段不同于自然经济中人的生存手段。人需要生存的物质条件,这是无疑的。在自然经济时代,人依靠自己的劳动和当地的自然资源创造出生存的物质条件;到商品经济时代,交换主宰了一切,人通过交换来谋生。每个人用自己的劳动去交换生存条件;或用自己的积蓄为别人提供资本来交换物质条件。这都是一种以交换来谋生的方式。用通常的说法,这就叫按劳分配或按积蓄(或者按节俭,因为积蓄靠节俭)得到分配。

按劳分配是我国人民普遍都能接受的,但为什么为别人提供资本也可以得到分配呢?这是因为劳动所能达到的产出,在有资本帮助和没有资本帮助的条件下是不同的。购置一台自动化装备可以增加劳动的产出,而这部分增加的产出,应部分地归功于资本,所以提供资本的人可以也应该得到报酬。

实际上在自然经济时代,人们也是用积蓄和投资的方式来增加生产的。例如修一条路,挖一条灌溉渠,筑一条防兽篱笆等,这种活动不同于直接生产消费品,而是生产资本品,以帮助消费品的生产,这是在非货币条件下的储蓄行为。给提供资本的人以一定的报酬,有利于全社会生产能力的迅速提高,有利于提倡节俭的风气。

不但资本主义社会承认提供资本应该得到报酬,新中国成立以来我国也一直规定银行存款有利息,这等于在事实上承认了按节俭分配(按资分配)的原则。如果存款无利息,必然会减少人们节约和储蓄的积极性,同时使生产者更难借到需要的资金,对各方面都是不利的。

然而按资分配又造成了社会中一部分人的不劳而获,还会使富人更富,扩大了贫富差距。为了限制后一类问题的严重程度,在发达的工业国家多半规定靠投资而取得的收入要征较高的所得税, 或者要双重课税,即公司所得税和个人所得税。照此规定,人们投资于企业后得到的利润先要课公司所得税，剩下的利润在公司给投资者分红时还要再课个人所得税。此外，还有个人累进所得税这最后一道防线，防止贫富差距太大。

自然资源也能提供产出的价值，最典型的例子是中东产油国家的石油资源。这部分产出的价值既非劳动提供的，也非资本提供的，因为在没有石油资源的地方，投入同样的劳动和资本不可能得到同样的产出。当自然资源为国家所有时，这部分产出的价值就为国家所有，各国再按各国的具体条件，在王室、贵族、平民百姓之间分配这些收入。在这些国家里，几乎每个人都能得到大小不等的不劳而获的收入。如果资源不是归国家所有，而是属私人所有，像美国的情况，资源就可以在市场上交换并形成资源的价格，于是资源和厂房、设备等资本一样，成为资本化了的资源。

综上所述，在商品经济社会中，人们依靠劳动、资本和资源得到收入，并赖以为生。这三种不同的收入在总收入中所占的比例随各国的具体情况而异，例如在中东产油国，资源提供的收入占主要比例。在资本缺乏而劳动力富裕的发展中国家，资金提供的收入比例要比发达的工业化国家高。在美国，则是劳动得到的收入占了主要比例，而且这个比例一直在稳定地提高，1930 年时为 70%，1980 年时已上升到 81%，此后这一比率只有细微的上升。

劳动既然是人们获取收入的主要来源，人们关心对于依靠劳动所得的各种是非曲直的议论就是很自然的事。人们首先遇到的一个问题就是：“劳动是不是商品？”

要回答这个问题，先要明确商品的定义是什么。正如前面反复指出的，商品是一种交换品，这种交换必须是双方商品所有者在平等自愿的基础上达成的。比较严格的定义还应该包括“这种交换是在众多的买方和卖方所形成的竞争性市场上实现的”。因为如果由于行政性的干预而出现某一方的垄断，这种交换将被行政权力所左右，它就不可能真正出于平等自愿的原则。

如果按照这样的商品定义,我们可以回答:“劳动是一种商品。”[①]

首先劳动是绝对属于劳动者本人所有的,正像一个人的手、足之属于本人所有一样,它不像别的商品是身外之物,可以属于甲,也可以属于乙。劳动是人们最基本的谋生手段,每个人又都有属于自己的劳动能力,因此用自己的劳动去交换以谋生,是最顺乎自然的事情。可是在谈到一般商品的交换时,问题就要复杂得多,因为在交换之前首先要肯定的是商品的所有权问题。只有属于我的东西才能和属于你的东西交换,如果物品的归属不清楚,就不可能发生交换。在原始公社制的社会内,物品都是公有的,因此,在公社内部不可能有任何交换发生。同样,在任何一个公有制社会内,物品都是公有的,公有的东西也不可能互相交换。

我国国有企业之间的固定资产的转移只能是无偿调拨。如果这种转移竟要通过讨价还价,则这部分资产实际已经为部门所有,决不是全民所有。

在奴隶社会内奴隶也没有交换的权利,因为他本身就属于奴隶主所有。就算他居然有自己的所有物,也随时随地可以被奴隶主剥夺,除非他的所有权是受到奴隶主开恩特许的。商品是指通过市场交换的物品,所以,在“商品”这一简单名词的背后就意味着对所有权的承认。相应地,不能用来交换的东西就不能称为商品而只能称为“物品”或“产品”。我们有时说土地要商品化,土地的归属或使用权要进入市场,由市场来分配。这就要首先解决土地的所有权属于谁的问题。所以说,整个商品经济是建立在商品所有权关系的确立之上的,所有权关系明确到什么范围,商品经济就可以推广到什么范围。

我国的消费品一直属于个人所有,所以消费品一直是作为商品在市场上交换的。而工业原料的产权关系就不如生活资料那样明确,所以原料在商品化的过程中就遇到较多的困难。而生产资料(厂房、土地、自然资源)的产权关系就更不清楚了,要在它们之间进行交换问题就更多。相比

① 在我国传统的政治经济学中,把劳动和劳动力严格加以区分,但在现代经济理论中这两者常常互相替代,不加区别。

之下，只有劳动的所有权永远属于个人所有，所以劳动商品化是最不应发生困难的。

当然，劳动也可以不当作商品来交换，即不按平等自愿协商的原则而在胁迫、威吓的方式下来使用劳动力。而且在人类社会过去漫长的历史中，除了自我使用，劳动很少按平等自愿的原则来为别人使用，只是资本主义出现后，劳动才逐渐成为一种商品。由于劳动成了商品，劳动者就可以在竞争性的劳动市场上比较各个对手的交换条件，进而选择交换的对象。特别是当交换的契约期满以后，任何一方都可以退出交换，另寻新的交换对象，这些权利是奴隶社会和封建社会中的劳动人民想也不敢想的。如果劳动者有权利选择的话，我们很难想象他们会选择非商品交换的方式来为别人提供劳动。

出卖劳动的一方和雇佣劳动的一方是否站在同样有利的地位呢?这要看劳动市场的供需情况。如果供不应求，则劳动的价格将上升，劳方就站在比较有利的地位；相反，当失业普遍存在时，劳动的价格将下降，资方就站在比较有利的地位上。这一情况和任一其他商品的情况是相同的。

大多数资本主义社会经常存在着失业，因此劳方经常处于不利的地位。资方借机欺侮工人，在劳动条件、福利待遇，以及政治权利上漠视工人的利益。为了和资方作斗争，工人自己组织了工会，争取了比较平等的发言权。但是失业现象是一种经济现象，有其自身的规律，工会组织并不能解决失业问题。相反，有些工会将工资提高得远远超过了市场价格，使资方宁可用更多的机械设备来代替工人，结果反而减少了总的就业量，使失业问题恶化。日本在20世纪60到70年代是一个比较特殊的时期，它的劳动市场一直供不应求，一名毕业生往往有几家企业争着雇佣，各自还要提出自己的优惠条件以吸引劳方，此时的劳方就可以从容挑选。总之，把劳动力当作商品，并不会导致某一方永远处于不利地位。

要使劳动力真正成为商品，首先是要保证双方都有选择的权利。铁饭碗制度就剥夺了雇方解雇的自由；而不允许辞职，又剥夺了劳方退出契约的自由。[1] 其次,双方要有达成协议的自由。有些国家由政府规定最低工资及最高工资标准,规定某些工种只能拿多少钱,又不许违反规定,这就使双方没有达成协议的自由。第三,要有劳动力流动的自由。城乡区别的限制,户口的限制,流动方向的限制(如只许朝内地流动不许朝沿海流动,某些工种只许流入不许流出等),批准级别的限制(流动必须经过批准,甚至规定某级干部必须经过某级主管部门批准等),都使劳动不能成为真正意义上的商品。这种限制不但剥夺了劳方选择交换对象的自由,同时也使雇方不能招进适用的人才。最后,劳动市场要有充分的信息渠道,让雇佣双方都知道机会在什么地方,避免任一方靠垄断信息来蒙蔽对方。

用钱买别人的劳动,让别人听命于己,是不是把别人置于不平等的地位,因而是不道德的呢?

这样的交换一般不会造成雇方与佣方地位的不平等,除非劳动契约中有损害佣方基本权利的规定,譬如要伤害人的身体,或有损于个人的名誉等。要知道,出卖劳动,并不是把自己当作奴隶卖出去,而只在规定的时期内,按契约规定的范围提供自己的劳动,在规定的劳动时间之外,双方完全是平等的。雇方出差的时候佣方没有义务为他拎皮包,除非他是专门被雇来做这件事的。

相反,在封建等级观念比较盛行的社会内,雇方会成为佣方的"领导",非但在8小时工作时间内佣方要听命于领导,在8小时之外二者也是不平等的。被领导者不但要为领导提供自己的劳动,还要陪领导喝酒助兴。[2] 领导摆出一副官架子,下属成为伺候人的人。

在我国,人们为了表示对别人的依顺或尊重,对于从来没有过领导关系的人也尊称领导或首长。在以前的铁路软席卧铺车厢上列车员一直

① 北京市税务局于2000年规定,企业支付给职工的月工资高于1 000元的部分不准列入企业的成本,而要从企业利润中支付(换言之,在企业缴纳了所得税之后支付),这使企业增加了1/3的所得税负担。

②《中国日报》1992年1月24日报道,云南一名叫赵丽琼的女职工因被领导叫去陪酒,席间被众人强灌,以致酒醉身亡。肇事人后被开除党籍,开除公职。

以这样的称谓来称呼旅客，从这里我们可以看到“老板”和“领导”的区别。老板和雇员是一种交换关系，老板只可以在8小时工作时间内，而且在契约规定的工作范围内指挥雇员；领导和被领导者是一种等级关系，一旦建立了这种关系，一辈子也是老领导和老下属的关系。但是，正因为劳动和劳动者不可分，出卖劳动也就可能变成了出卖劳动者。在中国，职工有陪领导喝酒的义务，在外国，男老板对女秘书的性骚扰是一种普遍的社会现象。

为了确保雇佣双方的地位平等，出现了工会组织。

工会的根本职能应该是防止把出卖劳动变成出卖劳动者，是确保雇佣双方的地位平等，在谈判桌上双方有同样的发言权，尤其是雇方不得以解雇为威胁，侵犯佣方的权益。①

我国在市场化过程中大量发生的情况是雇方拖欠工资甚至赖账不付；任意要求佣方加班加点，严重超负荷劳动，损害其健康；劳动条件恶劣，缺乏必要的劳动安全保障。针对这种情况佣方的对策常常不是诉诸工会或法院，而是用怠工、降低工作质量，甚至偷盗来对付。结果使雇佣双方朝彼此不信任和尽量占小便宜的方向恶性发展。劳资矛盾是普遍存在的，各国都一样。解决问题的经验很多，组织能够代表工人权利的工会，双方按照法律在平等地位上谈判，是最基本的一条。

劳资双方缺乏信任，造成社会效率的降低。这一现象值得正在迈向市场经济的我国加强注意。它减少了许多就业机会，城市保姆市场就是一个例子。许多家庭迫切希望雇保姆，以便腾出时间从事较高收入的工作，农村又有大量的剩余劳动力，发展保姆市场是大大有利于各方的。但是雇方因对保姆的品德不放心，不敢雇人。劳方也怕受雇方欺侮。结果是广大的市场没有得到开发。要从这一僵持关系中摆脱出来，首先就要雇佣双方按平等诚实的态度对待彼此，其次要组织保姆工会，使得有关劳

① 北京市的出租车司机无一例外地每天都要工作12小时以上，否则维持不了起码的生计。但这是由于对出租车定价太低造成的。政府主管部门对司机劳动条件的保障考虑不足，司机们又没有自己的工会组织。

动法规能够严格执行。

2002 年本书作者和其他四位热心人士在北京通县投资创办了富平职业技能培训学校,专门为边远贫困地区来北京就业的妇女进行培训。这所非营利公益性的学校 6 年来已经培养出 1.2 万多人。现在她们的平均月工资已经达到 1 000 元(还免费供吃供住)。她们每年创造的财富超过一个亿,这笔收入如果用来消费,国家能够从中征收 2 000 万元以上的税金。富平学校不但提供培训,而且在她们就业后保护她们的权益,从来没有发生过拖欠工资或无理克扣工资的事。但是在 2007 年初发生了一件意外事故。我们的一位家政服务员看护的小孩,在自己家的客厅里从沙发上摔到地上导致死亡。尽管法院和公安局事后分析我们的服务员没有直接责任,法院还是罚我们赔偿 47 万多元。服务员当然没有赔偿能力,最后只能由我们投资者出钱偿付。为此我写了一篇小文《无妄之灾》,不料还遭来一片骂声(参见新浪网茅于轼的博客)。许多朋友劝我们宣告破产,以避免重大的经济损失。但我们权衡全社会的得失,尤其是考虑到还有许多贫困地区的妇女希望有机会来北京就业,决定继续办下去。现在学校仍在正常运作。

4. 商品经济下的非交换关系

商品经济中人与人的关系,其主要特征是平等,这和商品经济以前的社会发展阶段中人与人的关系是不同的。这一点不同带来了待人接物的许多差异,当然涉及道德准则的差异。在封建时代,维持家庭和社会稳定的道德要素是上尊下卑。孔子的弟子有子说:“其为人也孝弟而好犯上者鲜矣;不好犯上而好作乱者,未之有也。”这里把犯上和作乱看成是道德的大忌。

到了计划经济时代,下级服从上级的道德原则不但适用于社会和政治,更渗透到了经济生活的一切方面。所谓计划经济一般的意义是经济运行按事物的客观规律去实施,但什么是客观规律没有人说得清,因为经济活动牵涉到的人和物太多太复杂，世界上没有任何人有可能掌握正在发生的一切生产情况，更没有可能了解每一个百姓的购买偏好。所以，计划经济的实际意义是由一批志向特别远大而且胆子也特别大的人去制订经济计划，叫全国人民去为之奋斗。计划经济之所以有诱人之处是假定有一个全知全能的类似上帝的人或组织，可以制订一套完善的行动计划。要让一个经济计划能被人们接受，就必须克服宣传计划的盲目性，或者确实存在一个全知全能的计划者。

在执行中更强调下级服从上级，地方服从中央，容不得任何动摇或怀疑。因为任何一个经济计划都经不起严格的推敲，如果下级有权对计划提出诘询，任何计划部门一天也混不下去。当在实施过程中暴露出计划中的问题以后，又制造一种神话，即再制订一个纠偏的计划，原先存在的问题就可以避免。可是纠偏计划仍是由人，而非神制订的，新的问题又会发生。如此反复，在世界范围内折腾了几十年。现在，计划经济的时代总算已经结束，人们在实践中基本上接受了计划经济不可行的结论。至于在理论上要证明计划经济之不可行，并非容易的事。除了一批彻底的经济学家，许多人还经常希望用经济计划来解决我们所见到的各种经济问题。市场经济并不是完美无缺的，只不过比起其他各种经济制度来，缺点最少，而且是行得通的。市场经济有它的盲目性，但是它有自我纠正的能力。

计划经济虽然结束了，但人与人关系的特征并没有轻易地从服从转变为协商。服从以上下级沟通为特征，下级向上级提供情报(有时往往是虚假的统计)，上级向下级灌输政策，所以计划经济体制下有一个极发达的垂直沟通渠道，中央部委的决定可以通过省市县无阻碍地一直贯彻到最基层。但经济活动全部是横向联系，是部门之间的关系，农业生产需要化肥，化肥生产需要电力，电力生产需要煤炭，如此等等。这些部门属于计划经济中不同的管理体系，一般要到省市的计委去沟通，大一点的决定要到国家计委去沟通。

市场经济则不同。市场就是专门用来沟通不同生产行业之间的活动的。横向沟通的原则是协商。而协商的基础是平等和妥协，它和服从完全不同。处于计划经济体系中的人，当服从的原则难以贯彻时，需要说理以判别是非，所以“原则”二字具有极高的权威性。但各人对原则的理解不同，如大家都捍卫毛主席的革命路线，原则都是相同的，做法却可能截然相反，所以弄到最后，解决问题的手段仍是服从。在这里平等和妥协是没有地位的。

在平等妥协的基础上逐渐发展出对人的尊重。在计划经济中下级要尊重上级，至于上级对下级，尊重不尊重无所谓。对人的尊重是文明发展最主要的特征，**人们头脑中野蛮人和文明人的区别，一个是无理可讲，随时准备动武的人；一个是彬彬有礼，懂得尊重别人的人。**所以盛洪先生曾归结人类的文明史就是从冲突走向合作的历史。[①] 人类从无数次两败俱伤的教训中逐渐学会了谈判妥协，从合作中求利益，进而懂得互相尊重，创造和谐的人际关系。这个历史是文明发展最基本的特征。这些道理理应容易被人接受，但事实上人们在日常生活中的处世办事却常常有意无意地违背这些道理。这里有一个典型的故事或许可以启发我们更深入地思考一番。[②]

有一位作者描述了她所遭遇的三件事，以《我偏要较这个真》为题不无得意地写了她的故事。第一次是面的司机推说没有带发票所以不给开收据。她坚持了 20 分钟，司机终于屈服，从小抽屉里拿出发票给她开了。但又为了要找 5 角钱，双方都没有零钱，她又坚持了 10 分钟，司机再次屈服，从小贩那里换了零钱结束了这番争论。第二次也是坐面的，司机未经她同意，在中途又拉了两位顺路的乘客。她虽然同情出租车司机工作辛苦，但这次拉客侵犯了她的权利，最后逼得那位司机把两位乘客赶下了车。第三次是她用一张破旧但完整的一元人民币买晚报。摆摊的人嫌

① 盛洪：《什么是文明》，载《战略与管理》1995 年第 5 期。

②《我偏要较这个真》，载《光明日报》1995 年 9 月 15 日第 10 版。

钞票太破不愿接受，她据理力争。摆摊的一时性起，宁可白送她5角钱的晚报也不愿接受这张破票子，她却揪住不放，非要用这一元破币，并要摊主找还其余的5角钱。最后摆摊的人也屈服了。这三次较量都以她坚持原则，不怕耗时费事，取得了成功。是什么驱使她这样做的？她最后说，作为记者，要用手中的笔传播文明，维护文明。有的亲友也赞赏她的勇气。这里确实存在着对什么是文明的不同的看法。

她的这种较真态度，当然有其较真的理由，这三个被她批评的人都破坏了公认的商业规则。如果没有人和他们较真，任其胡来，我们这个社会将失去最起码的秩序，大家生活在其中都会感到不便。她为了公众的利益，挺身而出，不计个人代价，去纠正这种不规范的行为，应该说是值得表扬的。

但是从另一个角度来看，我们所追求的和谐愉快的社会，也可以用另一种方式达到，即君子成人之美，只要别人高兴满足，哪怕自己吃点小亏，也愿意去做。人和人的接触交往在现代社会中几乎无所不在，无时不在。我们每个人都希望周围的人善解人意，易于相处。而不希望到处碰上僵硬较真的人。成人之美，不但别人高兴，自己也会感到愉快，有什么不好呢？过于较真，先不说它的损人不利己的乖舛，从态度上说，是缺乏对人的尊重。我们很少看到下级和上级去较真，更多的倒是体会上级精神，甚至唯唯诺诺。更可怕的是政府官员要是和百姓较起真来，百姓可要受罪了。明明是简单容易的事，非要较真而变得复杂异常。尊重别人，平等待人是文明社会的基本特征，文明社会中的良好秩序也是由尊重、平等待人产生出来的。当然也要注意，“成人之美”决不是要建立一种人人毫不利己专门利人的制度。让出租车司机搭上一个顺路的乘客，对自己即使有所失，也是微不足道的，但是对司机和顺路的乘客却有很大的利益。卖报的人最后宁可白送一份报纸，再要不同意就真成了“损人不利己”。虽说纸币流通受到法律保护，但法律的最终目的是裁判人与人之间的纠纷，使各方“息讼”（没有打官司的必要），而不是挑起纠纷。

在市场经济中,一切交换必须对双方都有利。但即使是在市场经济中,仍旧有许多人际关系不能(或很不方便)用交换来处理,这时候必须有其他的规则来起作用。下面举一个例子来说明。

过去首都机场的海关出口处经常处于一片混乱之中。那里挤满了接客的人。每个人都希望早些看到自己迎接的客人,而出口处只是一个仅容得一人通过的小门,所以大家自然而然地围在小门外面,拥得水泄不通。在这样的情况下,到达的旅客往往要费九牛二虎之力,才能拖着行李,穿过紧围成团的接客者;众多的接客者呢,只有三五个人可以看得清出来的旅客是谁, 其余的大多数人只能踮着脚尖隔着人群向里张望,还经常把要接的人看漏了。机场接客的混乱状态在 20 世纪 90 年代是很普遍的,不仅仅发生在首都机场,在其他机场也存在同样的状况。经过 30 年的改革,状况已大有改进,现在只有少数商业不发达,特权盛行的小机场,还能看到由摆官架子造成的混乱。

在西方发达国家,接客的人是自动沿着出口走廊排成长队的。这样做既方便了到达的旅客, 又保证了每个接客的人都能看清出来的旅客。很明显,自觉的秩序可以保证每个人的利益。表面上看这种秩序是顺乎自然的,但每个接客的人都要在急切看见亲人的心情之下,克制自己,遵守公共秩序。没有一个良好的文明习惯和传统,这一点就很难做到。

上述问题还有一种在经济学上称之为"有效的"解决办法,尽管从来没有采用过。即将接客通道的位置标价出租。租金的高低要合宜,以大体上每个位置都会有人愿意租用为准,即位置不虚糜。租金的收入用于为建筑合理规模的接客通道支付利息, 以及维持秩序等管理费用的开支。这种办法之所以被认为更有效,是因为此时通道的建筑规模恰好能满足需要,不会发生建筑规模过大的浪费,或规模过小的不便。

这里揭示了一个重要原理,即要使资源(在此例中系指建筑出口通道所用的人工、材料、土地)得到最合理的利用,必须通过向使用人收费,从而衡量出可以保证供求相平衡的建筑规模。如果不收费,就会引起使用的人过多，造成拥挤。他们中有一部分人并不那么迫切地一定要占用一个位置，只是因为免费地投入了过多的材料、人工和土地，他们才来拣便宜。一切服务都要收费的原则在我国这个吃惯了大锅饭，把享受国家补贴当作理所当然的事的社会里，是很难被人接受的。[①] 类似的一个问题是汽车在公路上行驶，理应收取合理的公路建设贷款利息的分摊部分和养路费，车主不交费不但是对别人劳动成果的侵犯，而且车主会无限制地随心所欲地使用公路，这必然增加公路的维护和建造新公路的投资。

但事实上，世界各国并没有采取上述收取位置费和公路投资费这类所谓更有效的办法，各国仍旧是免费提供服务。[②] 此中一个主要原因是收费有违于消费者的便利，而且收费本身形成的管理费用又太高，这一类管理费对社会来说是非生产性的劳动消耗。可以设想，如果汽车每行驶一段就要停下来按行驶里程交费，势必会降低汽车的速度，降低汽车的使用效率。当然，这种考虑并不是否认收费的合理性，而纯粹出于管理方便的要求。如果我们能想出一种既不增加管理上的不便又能达到收费目的的办法，显然就应该采用这种办法。例如美国将养路费并入汽油的零

① 1992年7月2日《人民日报》《今日谈》专栏刊登了一篇题为《如此"试行"不足取》的文章，反对列车内试行供开水收费的办法，认为这种试行败坏了改革的名声。但免费供水一是造成开水的浪费，二是供水系统的劳动得不到补偿，造成供水经常中断。事后《经济日报》的记者组织了专门调查，发现只有不到10%的旅客欢迎免费供水，大多数旅客们关心的主要是有没有水可喝，没有的话只好被迫去买几块钱一瓶的饮料，而不在乎花几角钱买水喝。然而铁道部内的官员却绝大多数要坚持免费供水，理由是票价内已包括了供水成本。供水方和饮水方对收费态度如此迥异十分值得玩味。

又1988年5月31日《人民日报》在同一专栏内刊登了一篇题为《座位费》的短文，作者抱怨南京某大医院在休息室对每个座位收二角钱的办法，认为属乱涨价滥收费，尽管作者也承认休息室收费后比以前清洁整齐，秩序井然，甚至有人称"要2元钱我也愿出"。这两个例子说明有一部分人将免费使用各种设施当做天经地义，而没有认识到任何免费使用都是对别人劳动成果的侵占，另一方面他们又惯于自己的劳动成果被别人侵占。特别有意思的是这种观念流行于学了几十年《资本论》关于剥削理论的地方。

② 我国的飞机场都向过往旅客收取机场建设费(1996年以后国内航班一律定为50元)。按理，机场有权也有理向过往旅客收取机场服务费(其中应包括机场建设投资的利息)，但无权强迫旅客为机场建设投资，仅当旅客自愿向机场建设投资时可以收取机场建设费。此时旅客成为机场的所有者，机场要向旅客呈交投资证书(如股票)，并负责分发红利。但按国际惯例，机场服务费应包括在票价之内，这样可以减少在机场收费的麻烦，降低交易成本。

售价中，汽车多使用公路必定多耗油，所以这办法是合理可行的。但在汽车通过特别大的桥梁和隧道时，仍要停下来交“买路钱”。①

公共设施不收费当然不对，收费太低同样不合理，因为这无助于公平也无助于提高效率。可是几十年来我们把这当作是社会主义的优越性，反复地加以宣传，以至于现在难以及时、合理地提高收费标准（如公共交通月票、水费、电话费等）；这又使一些服务行业的经费困难，难以为继，服务的质量也越来越低，到头来还是苦了居民自己。

对一个有道德觉悟的公民来说，应该主动地接受合理的公共设施和服务的收费。这样做可以提高资源利用的效率，避免浪费，最终增加社会财富的生产，减少居民的税务负担。这样对每一个人来说都更公平，更合理。

但由于上述管理的不便和实际收费的困难，终究有许多公共服务是不收费的。这包括天气预报、路灯、公共厕所、城市绿地和公园、消防、治安、防疫、防洪以及国防等。这部分不收费的服务统称为社会消费。这笔开销来自每个百姓的纳税以及公共积累。随着经济的发展、人民生活的提高，社会消费在 20 世纪 50 年代占总消费的 8%，现已上升到 12%；西方发达国家则占到 1/3 左右。欧洲一些实行“西方社会主义”的国家如瑞典、瑞士甚至包括英国，把失业补助、居民教育、医疗费用也当作社会消费，从居民税收中开支，税负已占到居民收入的将近一半。

由于社会消费不能通过交换的方式即不能由市场来分配，所以它的合理使用全靠人们的自觉。任何人在马路上开车、走路都是不用花钱的，于是有一些不自觉的人在繁忙的马路上踱方步，或者把自行车停在马路

① 武汉长江新桥 1995 年建成通车，规定对过桥车辆要收费。但司机们集体冲岗逃票。《光明日报》于 1996 年 1 月 18 日作了报道，并于以后展开了一系列讨论。冲岗逃票的“理由”是大桥是公共设施，应无偿使用。我国人民吃惯了大锅饭，自己的劳动成果被别人侵犯也不觉得不公，自己侵犯了别人的劳动成果也不觉得理亏。我国大多数人以为免费服务是党和政府拿出钱来供大家享用，而不明白党和政府的钱都是百姓的劳动创造的，补贴的另一个侧面就是剥夺。没有剥夺何来补贴？因为天上不会掉馅饼下来。除非过桥的司机们都是需要救济的贫困户，否则他们无权享受由纳税人出资的补贴。

中间和朋友聊天。也有的人横躺在公园的休息椅上，或在公共场所高声喧哗，或损坏公用的绿地，或在拥挤的公共汽车上跷着二郎腿。他们利用公共设施不收费的特点，任意侵犯别人使用的权利。他们中的大多数人由于缺乏教养根本不懂得这样做是不道德的，在这样做的时候还往往摆出一副旁若无人的气概。当有人劝阻他们时，他们多半会“理直气壮”地拿出一副准备吵架的架势。

前一阵各地的电话通讯非常紧张，因为线路拥挤，电话常常打不通。可是人们又经常看到在电话繁忙的上班时间，铃响了不及时接电话；接电话时废话连篇，不愿意为别人传话，或者一次通话可以解决的问题非要别人再打第二次、第三次的现象。他们这样做不会因此而付出任何代价，只有道德和自觉才能督促他们改正。

中国古训有“临财毋苟得，临难毋苟免”[①]之说。但这里的“财”大概是指别人的私有财产，黎民百姓并无爱惜公共财产的道德观。相反，倒是流

①《礼记·曲礼上》。

行着无主之物人人都可以占有的不成文规矩。山上的树木、天上的飞鸟、地上的走兽谁都可以据为已有，所以近年来连续发生私自砍伐大片森林，射杀珍禽异兽的事件。虽然法律明文禁止此种行为，但人们的道德观并不认为此种行为是错误的，所以同类事件屡禁不止。公园里的椅子被搬走，公共汽车站的标志牌被卸掉，饭馆里的餐具被拿走，新出厂的铁路车辆上的木板被偷，街头公共电话间被破坏。这些公共设施在自然经济时代都不存在，所以那时候的道德观念诸如“仁”、“礼”等都与爱惜公共设施无关。进入商品经济社会之后，旧道德的不足之处便十分清楚地暴露出来了。不建立起对公共设施的爱惜观念，这类方便群众的社会消费品便很难维持，更难得到进一步的发展。对于公共设施，不但自已要爱惜，还要勇于制止别人的破坏。路遇不平要拔刀相助，这是中国传统道德中可贵的部分，可是从来没有哪一本古典小说描写过拔刀制止损坏公共设施的故事。

在经济学中有一条称为“租的消散定理”的理论。意思是说任何一种可用资源，不管是自然资源还是人造的生产资料，如果所有权不明确或不加限制地任人使用，一定会遭到严重的破坏；同时争夺资源的代价会越来越高，最后使资源的使用价值降低到与夺取资源所要付出的代价相等。

例如发现一个金矿，如果对采金不加限制的话，就会涌进大批的采金人，而且他们必然争夺其中最容易开采、品相又高的部分。由于滥采滥挖，稍次的矿砂被抛弃，造成资源的浪费和整个矿山可用资源的迅速减少；另一方面，对资源的争夺又会引起采金人之间的斗殴；最后达到一种均衡状态，即金矿对外人不再有吸引力，因而也没有更多的人涌进，因为采金得到的利益被斗殴所支付的代价抵消了。不仅金矿如此，池塘内的鱼、山上的野兽、树上的果子、供公家使用的自行车，都会陷入同样的境地。

为了避免这种可悲的结局，社会必须对一切资源的使用进行限制。在君主专制社会，保存得比较好的资源往往是王公贵族的特权领地；在资本主义社会,各种资源都化为个人财产,谁要使用它必须支付一定代价,这一支付成为该项资源拥有者的资本收益。各种制度各有其优劣,任何一种制度都不可能完全地解决资源使用中的全部问题,因为上述这些办法所能控制的资源,终究只能包括地球上一部分资源而不是全部,而且每种制度在执行中都会产生附带的新问题。所以,道德的约束力量仍是不可缺少的。

因所有权不明确而招致混乱的另一个例子涉及交通秩序。道路没有明确的所有权,人人都可以占用,因而出现了在马路上摆摊售货,把人行道当工作场地甚至临时仓库、在马路上建私房等现象。至于汽车和自行车在马路上抢道更是极普遍的现象,许多交通事故就是这样发生的。为了弥补道路没有所有权出现的混乱,政府设了各种规定,例如摆摊售货要交管理费;某些地段禁止摆设摊位;在马路上施工要经过公安局批准,而且要限时完成;马路上要设置红绿灯以防止抢道。

然而不论规定如何完善,百姓不遵守也是枉然;而且规定不可能覆盖一切情况,最终还要靠人的道德来约束。比较一地与另一地的社会风气、道德水平的方法之一就是观察交通秩序,市场经济发达的地方交通秩序都比较好。这里包括一些极深刻的哲理,它说明市场经济需要注入新的道德要素,也说明市场经济中可以实现良好的社会秩序和道德风范。

5. 商品经济下的理想的道德

在结束本章时,我们要讨论一个极其重要的问题,即商品经济下理想的道德状况是什么样的。因为有不少人看到从自然经济转入商品经济之后,社会上普遍出现了认钱不认人,人受物质欲望的驱使做出许多伤天害理的事来的现象。这种种现象使人产生了这样的疑问:商品经济社会是否必定是一个道德堕落的社会?道德和商品交易是否是相互对立,彼此不能相容的?

我认为对这个问题的答复是明确的一个"否"字,商品经济可以建立在道德高尚的社会关系之上。有道德的商品经济不但是可以想象的，而且事实上已经在萌芽和发展。这倒不是说，商品经济可以消灭一切不道德现象，或者说商品社会中人人都是正人君子。而是说，商品经济并不要求每个人只喻利而不言义。

商品经济和封建、君主专制经济相比，总的说起来是一个更有利于道德发育的环境。首先因为它创造了一个富裕的社会，人们总的生活水平大大地提高了，迫于生计而损害别人利益的事情大大减少。其次因为商品经济不是建立在等级制的基础之上，人与人之间的社会地位较为平等，因而借助于权势去损人利己的机会大大地减少了。上述两方面的原因说明，不道德行为的动机和实现这种动机的机会都减少了，所以这个环境较为有利于道德的发育。

但是，担心商品经济导致道德败坏的想法确实有它的理由。最根本的原因是在商品经济中不但允许而且要求生产者(企业或个人)追求利润、消费者追求效用。只有在各方出于自利的动机从事生产和消费，通过讨价还价才能形成价格，才能保证资源的合理配置和社会的富裕。自利成为商品经济的基础，岂不是和以利他为特征的道德原则有悖吗?可是我们必须认清楚，人类作为整体必须利己，否则无法生存下去；而且利己必须落实到个人，因为人类的存在是一个个人的存在，而不是字典上"人类"这两个字的存在。

所以从最本质的方面观察，自利动机对于人的生存而言是唯一的选择，自利并没错，它也不可能是错的。问题是自利有一个限度，这个限度就是别人同样有自利的权利，不得侵犯别人的自利。从自然经济过渡到商品经济，道德观念要作相应的调整，其中一个主要内容，就是确立自利的界限。这并不是一个容易解决的问题，因为对界限何在有许多不同的看法。譬如说，大家合作完成的一件事，所得的利益如何分配，每个人往往对自己应得的一份看得多一点。谁是谁非不是简单的计算可以回答的。有些人通过运作资本赚了大钱，他有没有损害别人？他的财富从何而来？他这样做有没有错？而道德观念却必须十分简明，每个人都能毫无困难地作出判断才行。这说明商品经济下由于利害关系的复杂,使得对什么是不侵犯别人的自利权的判断变得模糊，这就是确立新道德准则在实践中的困难。

商品经济造成了贫富悬殊,这显然不利于道德的保持,也是担心商品经济导致道德败坏的原因之一。但贫富悬殊的现象并非自商品经济开始,在封建制特别是君主专制时代已经发生,商品经济的出现并没有加剧这一现象。但商品经济下的贫富悬殊和以前的贫富悬殊有一个重要的不同,即商品经济中任何一个人都有可能发财致富,确实有许多亿万富翁是穷小子出身;而封建专制中只有帝王、贵族、高官才能享受荣华富贵,平民百姓要成为高官,机会很少;贵族是世袭的、皇帝只能有一个,只有造反才能当上皇帝,而造反失败是要杀头的,说明进入高收入阶层的代价很高。再加上现在上轨道的商品经济社会都有针对高收入阶层的累进所得税制,又有失业救济、健康补助、单亲补助(父母不全的孩子)等名目繁多的对穷人的救济,使收入差别的情况得到一定程度的缓解。可以预期,人与人的绝对平等只存在于想象中,再隔几百年这种想象也不可能变为现实,基于理性的考虑限制贫富差距是唯一现实的政策。所以从贫富差距的角度看,商品经济并不是特别不利于道德的保持。

我认为,商品经济中应该为之奋斗的道德准则有下列几点:

认真、负责、高质量地做好自己的工作,不论有人监督还是无人监督。

爱护亲人、邻居及世界每一个角落的人。同情一切不幸的人,不论其肤色、国籍和信仰。祝愿所有人都能变得更幸福,包括已经比自己更幸福的人。

愿意贡献自己的时间、精力和财富服务于社区工作,共同维持一个亲密的关系。

遵守公共秩序,不钻制度的空子,即使别人钻空子仍能约束自己。爱护环境。节制地使用不收费的公共服务。节约一切资源,即使已经为此付了费。

尊重别人,特别是别人的信仰、别人的利益和别人的隐私。用平等的态度待人;用灵活的态度处理人与人之间的矛盾和摩擦;与人为善,成人之美;己所不欲,勿施于人。

既善于物质享受,更善于精神享受。

诚实、守信。勇于创新,勇于和错误作斗争。见义勇为,维持社会正义,但不鲁莽。

我们也应看到,市场制度并非是人类千年万载永远不变的选择。它造成的物质资源的巨大消耗绝非地球可以长期承担的。眼看石油资源再过50年将用完,其他如铂、银、锌、金、锡等可供应的年限也非常有限。单以美国而论,它的能源消耗占了全球总消耗的1/4。如果中国的人均用能也提高到美国的水平,其后果是不难想象的。由于燃烧矿物能源造成大气中温室气体浓度上升,地球表面温度将上升几度,其经济后果还无法预测。这一切由于过度消耗资源的结果与市场经济的体制有着密切关系。

市场制度可以高效地利用一切可交换的资源,但这里的高效率仅指生产中的高效,而消费中的浪费却非常惊人。美国的中产阶级(美国人口的主要构成部分)家中一般都有一到两辆汽车,有许多只穿过一两次的衣服,有许多没有翻过的书和杂志、积满灰尘的小摆饰,更不用说每天扔掉的大量的纸包、塑料袋、金属罐了。这些浪费是市场制度过于推崇物质享受,而且市场的高效法则瞄准的是产品的销售而不是真正的消费所造成的。

广告和包装费用中的大部分都和使用无关,只是为了销售。许多商品并非是人们真正需要的,而只是满足被市场制度所鼓吹出来的无谓的欲望,甚至只是满足个人的占有欲。首饰戴在人身上并不比陈列在首饰商店里漂亮,如果为了欣赏就应该让它陈列在那里。之所以把它买回家,既不是为了吃它、用它,甚至也不是为了看它,只是为了占有它,或者说让别人不能占有它。这种极其有害的占有欲,完全是市场制度制造出来的,它使人疯狂。所以菲律宾前总统马科斯的夫人竟有2 000多双鞋子,显然，她买这么多鞋子，或别人送她这么多鞋子的目的绝非是为了穿。

市场制度激发出来的空前巨大的生产力使人们的物质欲望能极大地被满足，人们不会挨饿受冻或流离失所。在物质生产力薄弱的时代，人们能吃上一顿肉，甚至有一顿饱餐都是极高兴的事，现在每顿饭都吃得过饱反而成为普遍的问题，因而减肥成为时髦。这说明，随着生产力的发展，物质享受的重要性退居次要地位，而非物质的，或更准确地说，不是通过交换得到的满足或享受，越来越显得重要，这里包括健康、寿命、名誉、友爱、求知欲、创造欲等。这种人们追求目标的转移需要一定程度的引导，这种转移将造就市场制度以后的新制度，并发展出许多不同的道德观念。

6. 从通货膨胀到社会贴现率

钞票是用于交易的，它的购买力完全取决于钞票和商品的相对数量。如果印发的钞票相对于可供应的商品数量增多，它的购买力就会降低，表现为物价水平的普遍上升，这就是通货膨胀。钞票的印制费用远低于它的实际购买力，所以发行钞票以敛财一直是对有权发行钞票的单位或个人的巨大诱惑。天上不会掉馅饼下来，发行钞票所获得的购买力被众多的口袋里装有钞票或银行里存有储蓄的人因物价水平上升而损失的购买力所抵消。通货膨胀是一种特殊的财富转移，即从用钞票的百姓手中转移到有权发行钞票并用新发行的钞票去购货的单位手中，这通常就是政府，它可以恰当地称为政府向百姓强行征收的一笔税金。

在经济学中，常将通货膨胀看成是一种货币现象，它无所谓好坏。因为通货也可能收缩，使物价水平普遍降低。不过自从纸币出现以来，只有在 1929 年到 1934 年的 5 年内美国的物价水平因通货收缩而降低了 20%以上。[①] 那是由于经济大萧条和错误的货币政策所造成的，在其他年

① 参见 Paul Samuelson:*Economics*，1980 年版，第 256 页。

代里没有发生过通货大幅度收缩的事。[1] 20世纪末我国发生了缓和的但是明显的通货收缩，这是由于商品的供应超过了各种购买，或者说总供给超过总需求而造成的。它更深层的原因是社会的信用不良，储蓄的钱流动不到投资者手里，钱在银行里沉淀下来，购买力不能实现。

不论是民主政府或独裁政府，如果它的管理能力降低，或为了讨好选民，或为了满足私欲，都会造成通货膨胀。增加税负一般要通过立法程序或几方面的协商，而且往往遭到百姓反对；而多发行钞票则只需少数几个人就可以决定，从发行钞票到物价上涨要经过几个月甚至一两年的过程，它不易引起百姓的注意。再加上前一阵盛行一种经济理论，认为通货膨胀可以减少失业，而失业是世界性的大问题，所以通货膨胀成了当今各国的通病和顽症。离开经济理论，从社会现象分析，通货膨胀对社会风气有不利的影响。

首先，通货膨胀所形成的政府购买力，是未经百姓同意就征收的税。即使政府是廉洁的，征的税确实完全用在了百姓身上，这种做法至少在程序上不合法，是滥用了政府的权力。如果是一个贪污盛行的政府，通货膨胀将导致政府危机，这在世界历史上不乏其例。对普通百姓而言，也许他们并没有想得这么远，他们直接感受到的是自己辛苦积攒起来的储蓄丧失了购买力，他们被强制地剥夺了。这种感受在心理上的后果首先是因为社会剥夺了他，所以他也有理由向社会索取，这就减弱了每个人对社会的责任感。一个社会中人人都企图向社会索取而不是奉献，这样的社会将是相当不稳定甚至充满危机的。

其次，人们感到存钱不合算，不如现在就花掉，换句话说，减少了储蓄的积极性。一个社会要扩大再生产，主要靠投资，没有储蓄就不会有投资。社会生产出来的东西全都用在了消费上，这个社会将无力满足人民提高生活水平的要求，甚至无力应付人口增加所引起的就业扩大的形

① 由于技术进步，在19世纪的英国和美国曾经有过连续几十年的轻微的通货收缩，但由于量很小大家感觉不出来。

势。这些还只是经济方面的后果，其实还有更深刻的社会后果，即人们对未来的责任感减弱。这种社会心态除了通货膨胀，还有别的因素促使而形成。社会学家借用经济学中的“贴现率”这个词，用以衡量全社会对未来的关心程度和负责程度。

贴现率原本是人们用未到期的债券作抵押向银行融通资金时，银行扣除利息损失的折扣率，实际上就相当于当时流行的利息率。我们知道，当通货膨胀率很高时，利息率必定跟着上升，否则想借钱的人会借不到钱，人们也不愿意把钱借给别人或存入银行，所以通胀率、利息率、贴现率三者之间有着密切的关系。

经济学中肯定了未来一元钱的价值必定低于当前一元钱。如果某甲答应给某乙一元钱，可以现在马上就支付，也可以等一年之后再支付。试问某乙选择马上从某甲处支得还是一年之后再得到它？答案无疑是马上能得到那一元钱。

首先因为一年以后的事可能有变化。其次，即使有百分之百的把握甲不会爽约，但现在就支取丝毫也没有坏处，乙还可以将它存入银行，到年末还可拿利息。乙选择马上得到它，说明当前一元钱的价值比一年后一元钱的价值高。为了确切地算出未来一元钱的价值和今天一元钱的价值相差多少，经济学家用了贴现率，大体上也就是利息率。如果年息是10%，那么一年后的1.10元相当于今天的1.00元。贴现率越高，将来的钱越不值钱，相对而言，现在的钱显得更重要。不但将来发生的收益因贴现而变得不那么重要，将来发生的损失也显得不重要。

举例说，一座核电站运行30年或40年报废之后，反应堆的堆址将带有放射性，处理这个带有放射性的堆址要花费巨大成本。如果预期未来几十年的贴现率很高，这笔成本就变得不重要。当贴现为10%时，30年后1亿元的损失只相当于今天的570万元［因为 $5\ 700\ 000\times(1+0.1)^{30}=100\ 000\ 000$］，今天的这笔损失只及30年后的1/17。一个高的贴现率相当于未来的损益不重要，只有眼前才是重要的。

如果将经济贴现率的概念推广到更一般的社会活动，可以得出社会贴现率的概念，它表明人们对将来发生的事有多重视。一个高的社会贴现率，意味着人们对未来的责任感减弱，说明人们只追求眼前利益，变得鼠目寸光。商业上的毁约，政治上的失信，对设备保养掉以轻心，对环境破坏无动于衷，对下一代人不负责任，甚至今朝有酒今朝醉，都是社会贴现率高所表现的心态。所以社会贴现率上升是一个危险的信号，它导致社会的不稳定，人与人的联系减弱，机会主义泛滥。

社会贴现率既然如此重要，我们有办法测定它吗?经济贴现率是可以观察的，然而社会贴现率却无从观察，而它又确实存在。许多经济学家和社会学家虽然未能提出一个客观的测定办法，却了解了社会贴现率依赖于哪些因素而变动。

首先它依赖于经济贴现率，这是不言自明的。我们知道，高通胀导致高贴现率，从而会导致高的社会贴现率。经济学家常将通货膨胀仅看成是货币现象，而不重视它的后果。高通胀是对未来预期不确定的原因之一，它造成人们恍恍惚惚，暴躁不安。即使人生活在富有诗意的田园景色中，一想到笼罩着一切的高通胀，就会感到担忧。其次，社会的安定，特别是政治安定对社会贴现率有重大影响。

在一个战争环境中，人们生死未卜，与处于安定环境的人相比，肯定会有更高的社会贴现率。同样的理由，人的平均剩余寿命会影响社会贴现率，平均剩余寿命越高，社会贴现率越低。对于一个即将于次日被判处死刑的人而言，他的贴现率极高，明天以后的事对他已没有任何意义。与此相联系的是社会的犯罪率、交通事故率、意外死亡率、职业保障程度、各种保险所能覆盖的程度，它们都会对社会贴现率产生影响。甚至人民的平均教育水平，人与人互相依赖的程度，社会的道德风尚都会反映到人们对未来的预期，从而影响社会贴现率。

值得注意的是在政策评价中应该注意到政策对社会贴现率的正负影响。有的政策虽能获益于一时，却会损害社会贴现率，这种政策是否值得肯定就应慎重对待。可惜至今我们未能提出一套定量分析方法来对社会贴现率作客观的评价。

7. 市场经济下的非自利因素:责任感

市场经济的道德是建立在自利的基础上的。正因为如此,它具有非凡的活力。每个人都有机会为自己赚钱,从而推动社会在物质上的进步。但是,市场经济是否就只有自利,不需要别的道德因素了呢?答案是一个清楚的"不"字。市场经济更需要对他人的责任感。这种责任感不是建立在自利的基础之上的。它又是一个组织复杂的社会所必要的。本节就是说明责任感为什么是必要的。

市场经济的道德基础是承认自利并尊重别人的自利。从自利出发,事情可以做得没有浪费,尽心尽力。而靠着利他,就很难做到这样的程度。对这个道理, 获得 1976 年诺贝尔经济学奖的弗里德曼(Milton Friendman)在他的《自由选择》一书中有很好的论述。他在该书里给出了一个 2×2 的矩阵,如下:

		花谁的钱	
为谁花钱		自己的	别人的
	为自己	A	B
	为别人	C	D

图中 A 是用自己的钱为自己花, 比如在超级市场为自己买东西,既要省钱又要买得合算。这是最有效的花钱方式。B 是为自己花别人的钱,比如可报销的用餐,你不会想着节约,但是会尽量使自己满意。C 是为了

别人花自己的钱。比如给朋友买礼物，你会想着节省但朋友喜欢什么你只能猜想，很可能花钱买了一个别人并不喜欢的礼物。D 是你为别人花别人的钱。比如你负责审批一笔报销，你既不会想着节约，也不会考虑钱花得有没有效果，只要符合规定的报销制度就行。弗里德曼用这个矩阵说明"福利国家的谬论"，意思是说，花钱最好是自己花自己的钱。由国家来安排百姓的福利必然是低效的。他反对先征税，再由国家安排百姓的福利，比如教育、医疗、住房等。

弗里德曼认为通过政府官僚实施百姓的福利计划，弊端很多。官僚们只能靠良心来把事做好，效果远不如强烈得多、可靠得多的私心(A 这种情况)。国家的福利计划还使管福利计划的官僚高高在上，自认为是百姓的救星。而另一部分人则把自己看成是必须依靠别人才能生活的人，他们的自我管理的能力因此而萎缩。所以弗里德曼的主张是给低收入的人们发负的所得税，就是给生活补贴。

弗里德曼的主张是有道理的。最好让所有的钱都是属于第一种情况，自己花自己的钱。但是我们进一步想一想，在一个组织复杂的社会里，B、C、D 这三种情况是不可避免的。在一个大公司里，每年都要花掉成千上万的钱，买原料、发工资、付房租等。这其中只有很少一部分可以归类于自己花自己的钱。一个政府每年也要花掉数目巨大的钱，只有极少的一部分属于 A 类。只有在结构最简单的社会里，没有分工，没有合作，没有政府，才能避免花别人的钱或为别人花钱。在自给自足的原始社会里，万事不求人，每个人只为自己而活着，跟别人的关系很少，连钱都是不必要的。到了有分工的社会，人与人的关系越来越复杂，特别是有了政府之后花别人的钱就完全不可避免。我们不能因为花别人的钱效率低就不要政府。我们只能要求每一个人在花别人钱的时候像花自己的钱那样谨慎小心，尽力尽心。所以一个社会花钱效率的高低，不在于取消福利社会，而在于每个人有足够的责任感，把别人的钱看成和自己的一样。这就是道德，就是一个组织复杂的社会所必要的道德。

我们每个家庭的收入，除了开销日常生活之用，剩下的就是储蓄。储蓄的钱经过多个环节转化成投资。比如你把钱存入银行，你的钱通过银行转借给了投资者。这部分的钱肯定不属于A这种花钱的方式，而是B或者D这两种情况。大家知道，我国的银行系统发生了巨额坏账，发生坏账的主要原因是国有企业的亏损，钱就是通过B、D两种情况花掉的。因为用的不是自己的钱，使用者会马马虎虎，不负责任，乱用别人的钱，亏了也不心疼。如果你用储蓄买了股票，这笔钱使用的时候同样不属于A，而是上市公司在用你的钱。因为用的不是自己的钱，上市公司会造成亏损，使股民遭受巨大损失。我国的股票市场还发生过许多欺骗和作假的情况，想方设法把股民的钱骗来供自己挥霍。在一个现代化的社会中不可能没有银行或股票市场。我们没有办法使所有的储蓄都变成自己花自己的钱。唯一的出路是责任感的约束，在花别人的钱的时候跟花自己的钱一样认真，谨慎小心。

从宏观上看，我国的GDP（一年中在中国土地上所创造的财富总量）中只有大约一半是消费掉的，其余的一半变成了储蓄。所以储蓄的总量非常大。虽然从家庭的角度看，储蓄不一定多，因为除了家庭储蓄之外还有公司储蓄和国家储蓄。所有储蓄的钱，最后都不是通过自己花自己的钱用掉的。只有极小一部分例外，那就是小业主的储蓄。他们一般会把企业所赚的钱再投入到生产中。他们能够最有效地使用自己的储蓄。在美国，有些业主自己经营的小企业往往在自己的广告中标榜自己是业主自营（owner operated），表明他不会浪费顾客的钱，能够节约成本，有效投资。

除了储蓄，还有一大块钱也是不可能自己花自己的钱。这就是政府通过税收和收费、罚款等所得的收入，转变成为政府开销。因为政府不可能自己花自己的钱，政府花钱都是花别人的钱，所以经常发生政府乱花钱的现象。中国的各级政府，从中央政府到地方政府都竞相修建豪华办公楼，比美国政府的办公楼更豪华。特别是那些掌握实权的部门，如税务局、法院、检察院、公安、交通管理等部门，它们的楼比五星宾馆更豪华，所不同的就是来往的人没那么多，利用率很低。政府的公车使用几乎没有限制，官员带家属出门购物、旅游、送孩子上学等，都堂而皇之地使用公车。还假借公事的名义大吃大喝，豪华旅游，甚至出国旅游。现在政府的收入已经占 GDP 的 1/5，是一个极大的数目。我们不能没有政府，也不能没有税收。要使这部分钱花得有效率，虽然有审计和各种监督，但是都有办法逃避，最好的办法是让政府官员有花钱的责任感。这是一种市场经济中必不可免的道德要求。

福利国家走到极端就是计划经济，由国家统包一切。这已经证明是极其低效的。所以我们放弃了低效率的计划经济，改换成高效率的市场经济。但是市场经济所造成的贫富差距也不是我们所希望的。纠正的办法还是通过合法的手段从富人那里收税或捐款来帮助穷人。这种情况必不可免地会发生 B、C、D 的花钱方式。一个社会越是讲究公平，从富人转移钱到穷人那里就越多。像北欧国家，税负很高，但是收入差距很小，社会很安定。这样的社会不是光讲自利就能够维持的，责任感的约束起了很大的作用。

弗里德曼强调福利国家有害于高效率地用钱，可是我们没有办法完全避免 B、D 这两种用钱的方式。在一个组织复杂的社会里用别人的钱是不可避免的，我们只能提出道德要求。这说明市场经济不光是自利的，更应该是自制的，是有责任感的道德约束的。

上面我们介绍了弗里德曼提出的矩阵是描述如何花钱的关系的。我们还可以构造一个如何赚钱的关系，如下图所示：

		用谁的劳动	
为谁赚钱		自己的	别人的
	为自己	A	B
	为别人	C	D

这个矩阵说明最有效的赚钱关系是A这种情况，自己为自己赚钱。比如马路边上摆小摊的人。他不会偷懒，更不可能贪污。他赚得的每一分钱都是自己的。他会想尽一切办法降低成本，延长工作时间。这时社会的劳动力资源得到最高效的利用。B是用别人的劳动为自己赚钱。比如小餐馆的老板叫伙计好好干活，增加餐馆的利润，为自己赚钱。这时候就发生监督费用。监督费用是用在力量互相抵消的工作上的。与A的情况相比较效率就降低了。C是用自己的劳动为别人赚钱。比如义务劳动，像每年的3月12日植树节，领导干部拿着铁锹上山植树，大家跟在后面挥汗挖坑浇水，旁边有电视台的记者录像。为别人赚钱而劳动的特点是只求过程不问效果。植的树能不能活不是劳动者所关心的事，只要劳动过了，任务就算完成了。社会上这样的劳动多了，产出就一定会减少。现在单位的义务劳动也改变了办法，变为出钱请当地的农民去种树，效率大大地提高了。最后是D这种情况，这是用别人的劳动为别人赚钱。比如国有企业的老总督促下面的员工好好干活，为企业赚钱。赚的钱不是他的，劳动也不是他在劳动。

一个社会中就业的人有成千上万。其中像在马路上摆小摊的自我雇佣者只占一小部分。他们还包括其他个体劳动者，像小业主、作家、个体设计和咨询者。在我国，最大的个体劳动者是农民。在人民公社时代，他们的劳动不是自己为自己，而是用自己的劳动为公社赚钱，所以没有积极性。改成家庭承包责任制以后，劳动的使用变为自己为自己，效率大大提高。靠了这个转变，中国解决了几千年没能解决的温饱问题。然而农民这个职业在迅速减少，从改革前占人口总数的80%多，降低到现在只占50%多。在发达国家里农业人口都在5%左右。我国在未来的三五十年中也要进一步减少农业人口，将有越来越多的人在非农业行业里就业。他们的劳动主要不是自己为自己劳动，而是自己为别人劳动，或者让别人为别人劳动。

越是一个现代化的社会，自己为自己赚钱的场合就越少。一列火车从甲地开到乙地，要安全、正点，要有对旅客的良好服务。这需要成百上千的人配合工作。这些人中没有一个是用自己的劳动为自己赚钱的。他们一点一滴的劳动都是为铁路这个集体赚钱,这和在马路边上摆小摊的人完全不同。他们能够好好地工作和自己赚钱没有直接的关系,而是出于责任感。在一个现代化的社会中我们所享受的电力、自来水、电话、马路上的交通、银行、超级市场等,全都是单位的员工为集体赚钱而劳动。如果没有责任感这一切都运转不起来。

也许有人会说,一个人在单位中工作表现好,有责任感,会得到提升,工资能够上升。所以人之所以好好工作还是因为有自己的私利,人际关系最后还是建立在自利的基础上。这话是不错的。如果没有这一最后的自利关系,完全靠无私奉献,毫不利己专门利人,这样的社会是建立不起来的。然而仅仅依靠赤裸裸的自利,没有责任感的约束,就会发生上面两个矩阵中将会发生的问题,花钱没有效率,劳动需要监督,整个社会缺乏互相信任,运作的成本很高,甚至于根本无法正常工作。履行责任感的自我约束,要的不是自利,而是利他。每一个在大单位里工作的人都要付出自己的劳动,尽管他看不到任何劳动对自己报酬的直接后果。他看到的是自己的工作会直接对总体的后果产生立竿见影的影响。所以驱使一个人做好一件事的动力是责任感,而不是自利。一个人的工作品质就在于他是否有责任感。

美国学者 Deirdre N. McCloskey 送给我一本她在 2005 年出版的书 *The Bourgeois Virtues*(《中产阶级的美德》),副标题是 *Ethics for An Age of Commerce*(商业时代的道德)。她在这本 600 多页的书中论证了资本主义并不是牺牲良知的,相反,它是有美德的。她承认在这个堕落的世界里,中产阶级的生活远不是完美的,但是它的道德比任何一个别的社会都要好得多。其中一个原因就是对工作的责任感。我们比较一个组织良好的市场经济和一个败坏的市场经济,其主要区别就是个人对自己工作的责任感意识。这种意识不是以自利为基础而产生的。

自利不需要教育和培养,每个人都会为自己工作。然而责任感却不是天生的,它需要长时期的培养和教育。例如,在中国的跨国公司越来越多。那里的高级管理人员大多数是外国人,他们拿的薪水远远高于中国人。即使是同样性质的岗位,外国人的工资也远高于中国人。为什么?答案往往是因为个人的文化素养不同。所谓的文化素养其主要内容就是工作的责任感。严格来说资本主义社会是靠责任感联系起来的,光有自利建不成资本主义。小农经济的社会不需要那么多的责任感。从小农经济发展成为资本主义最困难的一点就是培养社会责任感。大家都说,资本主义有好的坏的之分。其区别就在于人们有没有责任感。我国改革30年,在发展自利,创造财富方面非常成功,但是在责任感的培养方面却很不成功。政府花纳税人的钱不心疼,上市公司花股民的钱不心疼,国有企业巨额亏损,银行有巨额坏账,官员们腐败成风,政府和企业发生各种丑闻,都是因为没有责任感而造成的。因此,大家担心我们会走上坏的资本主义的道路。世界上有许多市场经济国家,有的成功,有的失败。其主要区别就在于有没有责任感的约束,而不在于是否讲究自利。

我们再回到弗里德曼提出的那个花钱的矩阵,他强调人的自利是最有效的。但是应该看到,在一个组织复杂的社会里,更重要的是非自利的责任感。大家知道,现代经济学是建立在经济人假定的基础之上的。意思是说,人人都追求自利,所以经济学得以建立起来,市场经济得以建立起来。如果我们只看到人的自利方面,认为单纯依靠自利就能够建立一个高效互利的良好社会,这是完全错误的。前面的论述说明了非自利的责任感在社会运作中具有的不可替代的作用。这并不是否定了自利的作用,而是证明了单靠自利是不行的。这是对经济学的道德基础所作的一个重要补充。

第六章　再造中国人

1. 从对策论到囚徒困境

对策论也被称为博弈论。它研究二人或多人对局时，各方如何决定自己的策略，以求得最佳结果。在对策论中各方都有几种可供选择的着法，各方虽然知道每种对策所导致的后果，但并不知道对方将选择何种着法。**对策论是对利益对立条件下人的选择规律性的客观研究，它不偏袒任何一方，它既要考虑如何进攻，又要考虑如何防御。**

让我们举一个例子来说明对策论的研究方法。设甲乙二人参加一种游戏，甲有两种选择：出白牌或出黑牌；乙也有两种选择：出红牌或出蓝牌。游戏规则规定：如果结果是白红，则乙付给甲 10 元；如果结果是黑红，则乙付给甲 13 元；如果结果是白蓝，则甲付给乙 7 元；如果结果是黑蓝，则乙付给甲 15 元。问甲乙各应如何出牌。

上述游戏规则可用下列方阵表示。

甲 \ 乙	红	蓝
白	10	–7
黑	13	15

方阵内的正数表示乙付给甲的钱数，负数表示甲应付给乙的钱数。

对甲最有利的策略是出黑牌。因为他至少能赢 13 元。相反，如果出白牌他至多只能赢 10 元，而且还有输 7 元的风险。

对乙最有利的结果是白蓝，此时他可赢 7 元，故乙似乎应出蓝牌。但乙知道甲的打算，甲不会出白牌，而愿出黑牌，此时的结果就会是蓝黑，乙反而要输 15 元。因此乙不会出蓝牌，而将出红牌。

因此，此对局的结果是黑红，乙付给甲 13 元。

一个结局，如果双方都没有改进的余地，因而也不再愿意改变策略，此结局称为博弈的均衡。

这个例子说明，各方都知道自己和对方的选择范围，也知道可能出现的全部结果，以及出现每一种结果时各方的损益。问题是在此种情况下各方出于对自己利益的考虑，将选择何种着法(或策略)。

这个例子与道德无关，而且是一个对乙颇为不公的游戏。此例子仅仅是为了说明对策论是如何考虑问题的。下面我们再举一个例子，即著名的“囚犯的难题”(或“囚徒困境”)[①]：某人在家被谋杀，且家中的财物丢失。警方从甲和乙两人的家中搜出了属于被害人的财物，但他们声称他

① 囚徒困境说明何以个别人作出理性抉择时，全局反而蹈入最不利的结局，包括他本人。它的直接结论是：理性人进行合作是不可能的。它直接影响到伦理学和政治哲学中的基本问题，并且威胁到社会科学特别是人类学的基础。由于它揭露的问题既简单又深刻，所以它在哲学讨论中占据中心地位。到 1975 年为止已经有 2 000 多篇文章专门讨论囚徒困境。参见奥斯特罗姆等编：《制度分析与发展的反思》(1988)，商务印书馆 1992 年版中译本，第 86 页。

们进入被害人家中时那人已经死去。于是警方肯定他们至少犯下了偷窃罪,但对他们是否犯有谋杀罪并无把握。于是警方在信息隔绝的情况下分别告诉他们:如果对方不承认,自己承认帮助警方破案的话则可免于起诉;如果双方同时承认犯有谋杀罪则将被判刑 10 年;如果双方都不承认,则只能判偷窃罪 1 年;如果自己不承认而被对方检举则将判刑 20 年。此时的方阵如下:

甲判刑年数

甲 乙	承认	不承认
承认	10	0
不承认	20	1

乙判刑年数

甲 乙	承认	不承认
承认	10	20
不承认	0	1

这两个方阵是对称的,因为警方并不偏袒任何一方。

对甲来说,不论乙承认或不承认,自己承认总比不承认好。在乙不承认的情况下,自己承认可从判刑 1 年减为免予起诉;在乙承认的情况下,自己承认可从判刑 20 年减为 10 年。所以对甲而言,承认是他的最佳选择。

同样的道理对乙也适用,所以乙也将选择承认。

但双方承认的结果却是各判刑10年。这个结果显然对双方都不利，对他们最有利的选择是双方都不承认，可是由于他们不能沟通信息，必然导致对双方都不利的结果。由于方阵结构的特点，双方都承认是一个必然的结果，而与事实上他们是否确曾犯罪无关。逼供信的技巧之一就是设计一个能导致双方都愿意承认的惩罚方阵。就是我们常说的坦白从宽，抗拒从严。

要摆脱这个困境，必须双方同时冒被对方出卖而判刑20年的风险，采取拒绝承认的策略。这种可能性不能说没有，但能否发生极其没有把握。上例的特点是各方只考虑自己的利益，其结果反而不利于一切人（也包括自己），要改善这一情况，必须所有参与的人都同时甘冒风险。这个例子突出的是利益考虑，没有直接和道德联系起来。

具有这一类利害关系的对局，如果重复多次进行，双方可能通过学习而改变自己的策略。例如在某一次对局中甲改变策略为不承认，这相当于向乙发出了试探信号，虽然在本局中乙拣了便宜（免于起诉），甲吃了亏，但在下一局中乙可能也改变为不承认。从此双方突破了原有的困境，处境得到了改善。双方都不承认虽然对双方都有利，但这是一个极其脆弱的均势，因为任何一方改变为承认时，立刻可以得利。此结局不是一个均衡，因为双方都有改变策略以改进自己处境的意图。除非双方都意识到，这一游戏将无限期地继续下去。

这个例子和道德并无直接联系，因为从道德判断出发，承认或不承认与惩罚方阵的结果无关，而取决于事实上是否犯过罪，是则是，否则否，不应该贪图减刑而说谎。但此例又与道德的形成有间接关系，它说明了道德形成是一个学习过程，即人们从以眼前的局部利益为基础的选择，转向从双方长远利益为出发的选择。但此种转变需要有一个突破，即各方都应抱有准备牺牲的精神，否则这种转变便不可能实现。这一点牺牲精神是与道德有关的。道德是有利于多数人的长远利益，然而需要牺牲个人一时利益的行为原则，它是通过学习过程培养起来的。

我们再举两个发生在现实生活中的类似的例子，以进一步说明道德是基于多数人长远利益的对策选择。经济改革以来,许多国有企业出现了滥发奖金的倾向，由于奖金和工资的增加超过了劳动生产率的增加，造成了通货膨胀、物价上升(这并不是经济学的严格论证),这对于全国人民是不利的。对于每个企业来说,面临着两种选择,滥发奖金或不滥发奖金。我们用下列的支付方阵来研究企业的行为。

对本企业职工的损益(以元/月表示)

本企业＼其他企业	滥发	不滥发
滥发	–50	100
不滥发	–100	60

上列方阵说明,如果全国各个企业都滥发奖金,结果会造成通货膨胀、物价上升、人心浮动,不利于经济建设,每名职工每月都要损失 50 元。如果大家都不滥发奖金,则经济可以稳定发展,最后每名职工每月可获利 60 元。但如果其他单位都滥发奖金,造成了物价上涨,独有本企业坚持原则不滥发,则每名职工每月可损失 100 元;反之,如果其他单位都做到不滥发,唯有本企业偷偷地滥发,则每名职工每月可净得 100 元。在这样支付方阵的激励下,对本企业而言,滥发比不滥发更有利,因为如果其他企业都滥发,本企业职工的损失将从 100 元减少为 50 元;如果其他企业都不滥发,则本企业职工的得益可从 60 元增加到 100 元。可见从每个企业的局部利益考虑都是滥发有利,可是当所有的企业都出于本企业职工眼前利益的考虑而滥发时，结果却是全国职工每月都要遭受 50 元的通货膨胀损失。这一对策论的分析,说明了为何中央三令五申不许国

营企业滥发奖金而仍旧屡禁不止。

另一个与此类似的例子是当谣传银行要倒闭时，某个存款户要对自己是否应该从银行提款作出决定。他的得失与其他存户是否从银行提款有关。如果其他存户不听信谣言，不从银行提款，他也没有必要去提款。这对一切人都最有利。然而如果其他人都去提款而他不去，银行经不起多数人蜂拥而至的提款，很可能造成破产倒闭，他将因此蒙受损失。如果其他人都不去提款而他去提了款，他并不会受到什么损失。所以不论其他人提款与否，对他而言最保险的选择是去银行提款。大家都这样想的结果是银行倒闭，所有的存户都要遭受损失。

上述两例与囚犯的难题有相同之处，即都因只考虑自己的眼前利益而造成对彼此都不利的结局，都需要具有自我克制精神才能突破此僵局。但又有一个重要的不同之处，即囚犯难题只涉及两人，在重复对局中双方有可能通过学习而改变决策，在后两例中却涉及全国的一切国有企业，即使有某一企业做到了不滥发奖金，向社会发出了改变决策的信号，其他的企业也肯定不会效仿。因为要使不滥发奖金对一切人都有利，只有在全部企业(或至少绝大部分企业)都做到不滥发时才有可能，一两个企业改变行为不可能成为其他许多企业改变决策的推动力。如果所有的企业职工都有高尚的道德，拒绝接受非分的奖金，滥发奖金的事就不会发生。[①]

道德的形成是全社会学习的结果，是人类社会经过几万年的学习，个人之间经过无数次的博弈，才逐渐形成了大家公认的道德规范。它的存在是对于一切人都有利的。但是它又不是一个稳定的均衡，不道德的人随时可以售奸以得利。到了战争、地震等特殊情况，往往发生道德的崩溃，发生大范围的偷窃抢劫。而这种时候恰好是最需要道德起作用的时

① 当然杜绝企业滥发奖金还有更好的办法，即改变企业的所有制。在公有制下，企业是公有的，盈亏由国家承担，厂长由上级任命时，内部利益关系没有外部的制约，滥发奖金便势必不可避免。目前政策的对付办法是征收高额奖金税，或规定奖金的限额；但这样做又削弱了真正经营得法的企业的积极性，而且仍无法制止亏损企业发一般水平的奖金。

候。1998 年日本神户地震期间，当地社会秩序井然，居民表现出高度的互助合作精神，值得全世界人民学习。

在囚犯难题中只考虑了甲乙两名囚犯的短期利益和长期利益，没有考虑全社会的利益。如果我们将全社会的长远利益考虑进来，就会发现，诚实符合于全社会的长远利益，因而诚实符合于道德，因为如果甲乙确曾犯了罪，但在对策的学习过程中懂得了彼此都不承认的方法，从而逃避了重罚，则为以后的犯罪分子逃避惩罚起了示范作用。罪犯可以互相勾结以逃避受罚，结果是鼓励了犯罪，破坏了社会治安，这不利于一切人，包括那些可能犯罪的人。相反，如果他们确曾犯罪而诚实招供并因而受罚，这为以后可能犯罪的人提供了警告，因而可以减少社会上的犯罪，有利于社会上的一切人。如果他们不曾犯罪而胡乱招供，这将使警方的侦讯失去真实性，最后的结果也是使人们漠视法律。

要使囚犯诚实招供，使企业不滥发奖金，当然要靠道德的作用，但道德之所以需要，正是因为我们常常面临与上面两个例子相似的利害关系。个别人不顾公共汽车的正常容量，硬要挤上已经非常拥挤的汽车，结果车门关不上，车开不了，这就浪费了车内上百名乘客和在以后各个车站上等车的乘客的时间。对于这名蛮不讲理的人而言，不论别人如何行动，对他而言，强行挤上车是他的最佳选择；可是如果大家都跟他一样，公共汽车就根本无法行驶，结果是所有人受损，包括这名强行登车的人在内。此人之所以决定强行登车正是因为大多数人都不跟他一样，他才能钻空子。

一切公共秩序的遵守都带有这种性质。对个人行动来说，遵守公共秩序要多一些约束，不遵守可以多一些自由，但这只有在多数人都遵守秩序仅个别人不遵守秩序时，才能实现这个“自由”，正像其他企业都不滥发奖金唯独个别企业滥发时，该企业的职工才可以拣得分外的利益一样。

推而广之，一切道德规范也具有同样的性质。共同遵守公认的道德规则，社会将处于协调与和谐之中。如果别人都遵守，只有一两个人不遵守，这一两个人便可以捡得便宜，因为别人都是君子，君子可欺以其方。但如果一切人都效仿这一两个人的话，社会道德就荡然无存，人类将重新变为野兽。道德建立的困难也在于此，它很容易被少数人带头破坏，一切都得从头再来。人类历史就是这样过来的。现代世界人与人的交往越来越多，越来越频繁，范围越来越扩大，遵守公共秩序就变得越来越重要，遵守道德规范也变得越来越重要。

在古代，一个人道德败坏祸及的只是一个家庭，一个村落；但是在现代社会，一个强行登车的人就要浪费上百人的时间。这些人被延误了时间，还会相应地浪费更多在等着他们办事的人的时间。由此可见，在现代社会中由于事物之间联系的复杂性，道德的重要性比古代不知强了多少倍，**道德是现代社会的稳定剂。**[①]

2. 道德是一种公共服务

对"囚犯困境"的研究很好地解释了什么是道德。简言之，道德是为了大家的利益而要求牺牲自己一时利益的行为规范。这种解释强调道德并不是否认利益的，相反，正是出于利益考虑才有道德要求。这种解释又说明了为什么牺牲自己的利益反而使每一个人都得到利益，包括最初牺牲自己利益的那个人。这种解释还说明，并不是在一切场合下都应牺牲自己的利益，而是只有在类似于"囚犯困境"的条件下，牺牲自己的利益才能造福于大家。

免费为大家服务虽然出于好心，希望大家能从中得到好处，但效果恰好是相反的，因为此时没有"囚徒困境"的客观条件。遵守公共秩序，遵守商业规则，以及在非对称情况下帮助或解救别人，都是在"囚徒困境"

① 此处说明道德是通过长期反复的学习过程确立起来的。当人类懂得克制自己能使包括自己在内的群体得益时，人才算是最终脱离了动物状态，而成为万物之灵。科学家还探讨了从遗传学的角度看，是否具有善的遗传因子的群体能淘汰掉具有恶的遗传因子的群体。载《科学的美国人》杂志，1995年10月中文版，参见本书第三章第一节的注。

情况下牺牲自己的利益，最终能共同维护一个人人都受益的道德环境。最后，这种解释还给出了何以人们愿意遵从道德规范的原因，因为最终个人也能从中得益，因为个人也是社会中的一分子。

将道德视为一种公共服务的观点推进一步，可以认为道德是个人和社会的单方面的不成文的契约。契约内容是我愿意为社会提供道德服务。如果社会上每一个人都作出同样的承诺，此种契约隐含的一个结果是我可以享受社会为我提供的道德服务。但这种契约不可能以明确的文字规定下来，一个人甘愿冒险救助一个落水的人，一旦他自己落水他也可以得到别人的救助。这一类事情不可能事先知道，更不可能用文字契约作出规定，所以道德约定从来不见诸文字，而存在于每个人的心里。用公共服务来解释道德，既简单明了，又合乎道理。

关于道德的此种解释，我们还可以从下面的例子作进一步说明。[①] 假设老师率领一群天真烂漫的小学生去游公园，每个学生都分配到几块带包装的小吃，老师关照学生：在公园里不许乱扔果皮纸屑，这些东西都要扔进垃圾箱里。老师先领学生到一处保持得十分整洁的公园，并观察有多少学生违背了老师的嘱咐；然后再领学生到一处肮脏的公园，再观察有多少学生违背了老师的嘱咐。可以推断，在整洁的公园内违背嘱咐的学生人数比在肮脏的公园内违背嘱咐的人数少。

这个例子实际上是可以通过实验来验证的。它说明了，当人们享受到别人提供的道德服务（不乱扔脏物）时，自己也愿意提供这种服务；当别人没有提供这种道德服务时，自己也不大愿意提供服务。所以道德是一种公共服务。

我们在日常生活中可以观察到的道德为众人服务的一个例子就是排队。每个人自觉地排队，在邮政局，在银行，在交通信号灯前面，在机场办票台等等场合下，自觉排队能够维护社会的秩序，与不排队相比较，能够提高工作效率，减少人与人之间的摩擦，是对社会有利的。事实上如果有人不排队，一般也不会有人出来干涉，这全靠个人的自觉。一个社会是

① 本例是我国经济学家林毅夫提出来的。

不是养成了排队的习惯,是社会道德水平可被观察到的一个指标。和许多发达国家比较,我国的排队习惯做得相当不好,尽管这几年已经有所进步。

道德是个人与社会的不成文契约,大家都相信这种契约存在,个人做了好事将来会得到社会的回报,这个社会应该有较高的道德水平。然而这种契约并没有任何明文保证,它只存在于我们的心中。当社会道德水平下降,这种契约越来越靠不住,而社会仍然需要道德支撑时,人们不得不寻求其他的保证,于是出现了巡回报应的理论,"善有善报,恶有恶报,不是不报,时辰不到"就是这种理论的写照,还有把报应推迟到来世,就是佛教的因果报应学说。越是乱世,越需要道德之外的保证,因果巡回之说越能被大家所接受。它能在一个人做坏事的时候,即使没有任何人知道,也会有所节制。

我们在前面提到过,道德有一种心理暗示的反应,当一个人领先做出道德行为时,别人往往会跟着效仿;当有人领先做出自私自利的行为时,别人也会跟着效仿。心理暗示后面的根据,从经济学的角度来看,便是道德具有公共服务的性质。由于这一性质,道德能成为一种风气,在一个道德水准很高的社会内,新来的人也会提高自己的道德要求。一个社会的道德水准一旦退化,道德的信任感被破坏,它就很难重新恢复。因为大家都不提供道德服务,为什么我要为别人提供这种服务呢?而且"囚徒困境"的分析证明,仅当社会内每个人(至少是绝大多数人)都选择道德行为时,才能使每个人得益;别人都选择非道德行为,自己一个人按道德行事,有时并不能使别人得益。正好像有红绿显示的交通灯是保证十字路口通行有效的设备,但如果别人在红灯时照样穿行,造成绿灯的一侧通行困难,自己一个人在红灯前面停下来,并无助于绿灯一侧的顺利通行。所以道德信任感一旦被破坏之后,要重新建立起来是很困难的,个人在此间几乎不可能发挥什么明显的作用。除非个人的行为能影响到更多的人,这个过程需要政府、舆论界、学校、教堂、社团的帮助。然而社会是由个人组成的,如果每个人(或多数人)都有严肃的道德责任感,在社会道德水平上升的时候起领先示范的作用;在道德水平退化的时候起中流砥柱的作用,这个社会的成员就会幸福得多,社会也稳定得多。

从上面的分析我们可能推导出,一个具有高尚道德的人,有坚定的道德责任感的人,应该是在社会中多数人都不提供道德服务时,他仍能坚持自己的道德信条。相反,认为有的人做坏事,自己不做就吃了亏,因而也跟着去做;或将有人做坏事作为自己做坏事的借口,都是缺乏道德的人。认为政府有人贪污,自己就有理由不缴税,就是这种借口的一例。一个社会的道德维系是相当脆弱的,在战争状态或巨大自然灾害中(像唐山大地震),就有少数人趁火打劫;如果更多的人跟着这样做,这个群体就要面临灭绝的危险。

在一个正常生活的群体中也总是不断地有道德败坏的人做各种坏事,这个群体之所以没有垮下去,正是因为有多数坚守道德信条的人在起作用。越是在社会道德风气败坏时,仍能不为所动,越能显出一个人的道德水准,鲁迅称这些人为民族的脊梁。

不同的经济制度不同程度地依赖于道德规范。一种经济制度可以比较恰当地称之为大家庭制,[1] 在此社会内每个成员不计报酬地为国家工作,恰如家庭成员之为家庭工作一样。同时国家关心每个成员的生活,为他们提供住房、医疗、教育和基本仪器,也给他们发零用钱。这是一个统收统支和吃大锅饭的制度,在这样的制度中人的工作积极性来自道德约束:每个人都相信别人在无偿地努力为大家庭多作贡献,自己没有理由不这样做。如果每个人努力工作,每年的生活水平有一定程度的提高,从激励机制来讲,这个制度是可以运转的。

但当社会中有一部分人偷懒,或侵吞大家庭的财产,或连续若干年生活没有提高(这是不可避免的,因为缺乏了由自利的供应方和需求方形成的价格,资源使用的方案选择失去依据,造成经济混乱,效率低下。见本书第四章第四节),人们将怀疑自己的劳动果实被别人侵占,对别人提

① 参见 *China Daily*(《中国日报》)1992 年 7 月 2 日第 4 版上的一篇文章:"*Familyism? is huge barrier to China's progress*"(《"家庭制"是中国进步的巨大障碍》)。

供的道德服务产生怀疑。当这种情绪蔓延开来,这会逐渐滋长揩大家庭油的思想,不捞白不捞的风气很快地泛滥,原来的道德服务极难抵御,制度将处于危险中。

另一种制度是把劳动当成商品, 每个人为了自己的生活而出卖劳动,并取得收入,每个人享受的一切商品和服务无一例外都要支付货币,这就是市场制度。此时仍需依靠遵守市场规则的道德约束,一旦货币信用、借贷信用、所有权信心发生动摇,市场制度将处于危险之中。但这些信用的动摇几乎对大家庭经济制度的运作不发生作用, 这说明两种制度的根本区别。

道德作为一种公共服务,它的维持能保证社会的一种稳定状态。它的利害关系是:当每个人都相信别人在提供服务时,自己才会提供服务;万一这种信心丧失,社会的道德水准立刻失去了支撑。这种情况可能发生在社会动乱、战争、大量移民进入等时期。要提高社会的道德水准更不是朝夕之间就可以完成的。但是有例外:当出现革命的形势,大家期望一个代替旧秩序的新秩序很快建立起来时,社会的道德风气在一夜之间就可以改观。1949年夏上海解放时,作者曾亲身体验过这种转变。在临近解放时社会风气十分腐败,歪风邪气横行无阻,但解放军入城之后,风气立刻焕然一新,老太太也敢于阻止不排队上车的流氓阿飞,不守秩序的人乖乖地遵命。正气完全压倒了歪风。

道德的这一属性也解释了何以道德必须身教。群众并非不知道应该如何做,而是没有人领头和示范,大家对于能否享用这种公共服务没有信心。领导以身作则,群众才可能跟上。光说不练,群众会怀疑领导想欺骗大家,并从中得利,道德水准非但不能提高,反而可能恶化。

道德的这一属性也解释了何以要表扬好人好事。对好人好事的表扬可以让大家知道别人在提供道德服务, 从而鼓励大家也来提供这种服务。也正由于这个原因,一个人做了好事没有必要保密,如果他把做好事这件事告诉别人,他就做了第二件好事(见本书第四章第五节)。

环境保护需要每个生活在此环境中的人出钱、出力、出时间、出智慧才能做好。这项工作很难依靠市场机制，因为环境不能分割成每个人的私人财物，所以要依靠道德。树立环境道德的一个有效措施就是宣传别人在如何无偿地为环保作贡献，从而激励大家共同来参与此事。环保教育与其他教育尤其是职业教育不同，环保教育要求受教育者无偿为环保出钱出力，而职业教育是一种投资，受教育者可从教育中得到利益。所以环保教育应该是义务教育，而职业教育则可以收费。

树立社会道德风尚的另一个侧面是批评那些缺乏道德的人，对不道德的行为保持一种舆论压力。法律的维持要靠刑罚，道德的维持要靠批评。但通过刑罚和法律来维持正义是一种代价很高的方法，诉讼、司法、执法都要耗费大量人力物力，光是保证判决的客观公正就要花费很高的代价，如果马虎从事又会降低法律的尊严，其社会代价更高。批评则不同，它只对那些轻微的，比较经常的，而且显而易见的错误行为作出反应，而且批评还允许反批评，而法庭的判决却不允许抵制。所以批评的社会成本相对而言要低得多，然而从效果方面看，道德约束的效果丝毫不比法律约束的效果差，所以道德约束从成本效果的经济分析角度来看，是最合算最有效的保持社会秩序和个人幸福的措施。

试比较下面两种社会：一种社会，人民彼此之间以及人民和政府之间缺乏信任，道德水平低落，人人都设法钻空子以牟利，社会依靠严厉的刑法来维持，因而有庞大的警察、法院和监狱系统；另一种社会则相反，彼此有牢固的道德信赖，很少动用法律手段。很容易得出结论，生活在后一种社会中的人会感觉更安全、更融洽、更富裕，可见道德作为一种公共服务对于社会有多么重要。

我国人民一向忽视法律，而一个市场经济社会需有法律来约束，因此法律是必不可少的。近年来人民代表大会制定和颁布了几百部法律，报纸上不断宣传法律的重要性，百姓也开始认识到法律的重要性，然而相对而言，道德的重要性却多少被忽视。**其实，道德比法律重要十倍，不但因为维持法律的成本很高，尤其因为道德会深入并渗透到人们的每一个思想和行动中。**

多数人一辈子也不会打官司，然而每个人从早上醒来到晚上入寝，他的一言一行都受到道德的约束。道德是无所不在的，道德高尚的社会根本不需要动用法律。法律是行为的规范，但它最好是看而不用；道德也是行为的规范，它却每时每刻都在起作用。这不是说法律可有可无，即使人人道德高尚，法律还是要有的，因为它界定了各人之间的利益界限和自由界限。它避免了由于界限不清而造成的不必要的纠纷。

遵守道德规范的成本低，是指社会成本低，对个人而言，显然是要付出代价的。但这个代价是每个人自愿支付的，是他自己选择的结果，他不要求任何人对他的损失给予补偿，所以社会上看不见这种成本，这种成本成为一种无形的成本。让我们回到本节开始时所举的例子：老师带领小学生游公园，嘱咐孩子们不要乱扔果皮纸屑。试比较下列两种情况，哪一种情况孩子们能更好地遵守老师的嘱咐。一种情况是老师给孩子们一些带包装的糖果，另一种情况老师给孩子们的是带包装的冰激凌。由于糖果的包装纸不粘手，可以塞在衣袋里，而冰激凌的包装又粘又潮，不容易保存，所以我们可以预期，孩子们吃糖果时比吃冰激凌时能更好地遵守不乱扔果皮纸屑的嘱咐。

此例说明，遵守道德规范是要付出代价的，如果此代价很高，则有较多的人将放弃道德要求。我们甚至可以相信，人的道德水平可以用他愿意为道德行为支付的代价的高低来定量地衡量。为救助别人而英勇牺牲的烈士具有极高的道德水平，因为他们知道这种道德行为可能要支付极高的代价，但他们仍毅然从事，他们并不是在救助之前已经决定用自己的生命去替换别人的生命，而是准备支付高代价去履行道德义务。这个分析又为我们指出鼓励社会道德行为的一种措施，即尽可能降低履行道德义务所要支付的代价，前面提到的设立“见义勇为基金”，即为一例。

道德是一种公共服务，它的反面是缺乏道德，这成为社会的祸害。如果人与人之间彼此利用对方的弱点或疏忽，甚至设置圈套，诱人入壳，则将造成一种时时处处提防别人的紧张的社会关系；人生活在其中不但得不到爱和温暖，还得事事设防，精神上处于紧张状态，而且要多消耗时间精力用于非生产性的彼此抵消力量的斗争。参与到这种施用诡计和谋略的斗争中，把自己经常置于阴暗孤独的环境下，即使一时得逞，但对自己灵魂的损害是无法弥补的。如果正义的规则不能朗照谋略施虐之处，坦诚者将失败，轻信者被淘汰，于是道德水平日趋恶化的相互心理影响就会发生作用，整个社会就要走下坡路。

新中国成立前一个名叫李宗吾（实为戏称）的作者写了一本《厚黑学》，意谓面皮要厚，良心要黑，否则办不成大事。由于此书可能毒化社会风气，被国民党政府禁止出版，成为当时有名的禁书之一。但近年来这一类的书大行其道，[①]《厚黑学》不但一再被重版，还出了不同版本的关于《孙子兵法》的介绍，不同版本的《三十六计》、《中国谋略家传》，还有许多《人心破译术》之类的翻译书。当然，出版应该是自由的，谋术作为一种文化也有保存和欣赏的价值，但如果拿来效法则十分可虑。幸亏近几年来我国文化界、思想界日趋活跃，许多催人向上的优秀作品也大量问世，读者有机会在不同观点的作品中形成自己的喜恶。从这方面看，我国正在向多元化价值观的方向发展，具有几千年优秀文化的中华民族绝不会沉沦堕落，这又是可喜的现象。

3. 道德是社会的共识

上面通过对策论分析，论证了企业不滥发奖金等囚犯难题条件下，牺牲自己利益的行为是符合道德的。但人们每天都可能面临许多决策问题，每个问题都有它自身的特点，每个人根据他自己的判断可以决定，在每一特定的情况下如何行动是符合大多数人的长远利益的。我们可以把这千百种情况下的这一类的行为，统称为德行。这里我们要应用集合论的概念，把一切合乎德行的全部行为的总和，称为集合 E。

但这样做并不能精确地定义出什么是道德，因为这里有许多含糊之

① 吴兴明：《人·诡·谋》，载《读书》1992 年第 7 期。此文对我国的谋略文化以及如今忽然时行的现象有极好的分析。

处，例如，什么是多数人？多长时期内的利益属于长远利益？而且各人对行为后果的判断也可能不同，某人认为应该这样做才能导致好的结果，而另一个人却可能认为那样做才能奏效。所以即使对“多数人长远利益”的原则一致赞同，由于对事物发展的估计不同，对什么是德行的判断也可能是相反的。[①] 这些原因使得对于德行的范围因人而异。

E 集合必须说明是针对某一个人时才有意义。让我们用 E_1 表示某甲认为属于德行的集合，E_2 表示某乙认为属于德行的集合，如此等等，如果社会内有 n 个人则可用 E_1、E_2、……E_n 表示每个人对德行的判断。

如果第 i 人与第 j 人对道德是非的判断准则完全相同，则出现 E_i=E_j 的现象，这意味着 i 君认为应当做的事 j 君也认为应当做；j 君希望发生的事 i 君也希望发生，因而他们两人有着共同的志趣和生活目标，他们是志同道合的同志。相反，如果二人的 E 重合部分很小，就说明此二人的原则性见解经常相左，彼此的意见格格不入。同一集团的人往往有较大的 E 的重合部分。人与人感情的纽带经常来自于是非判断的一致和志趣的相仿。

虽然每个人判断的德行集合 E 未必和别人相同，但终究会有一部分，甚至大部分是相同的。换言之 E_1、E_2……E_n 必有重合的地方，如下图所示。

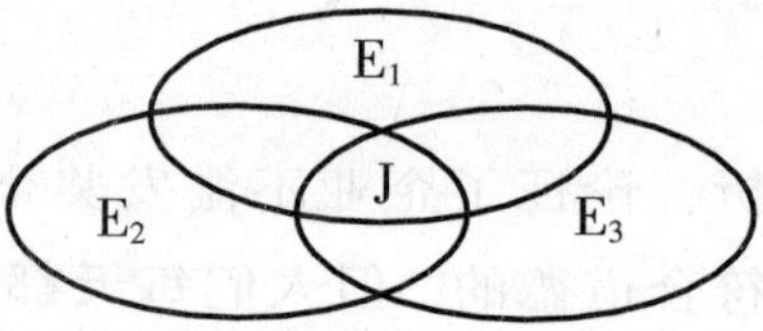

图上只画出了三个人的情况，在人数更多时可以依此类推。所有的 E 的公共部分，称之为 J。J 是社会上一切成员所公认的有益于多数人的

① 这里可以举一个例子：一些人利用价格差别倒卖发财，此种行为不合乎社会公平，应予纠正。但如何纠正可有两种截然相反的做法，一种做法是对谋得暴利的买卖加以限制甚至取缔，另一种做法是保护公平竞争的自由买卖，消除产生价格差别的原因。事实上我国这两种政策都在施行，造成了颇大的混乱。用所谓“打击奸商哄抬物价”的政策得到的后果往往更扩大差价。

德行，因而是社会公认的符合于道德的事情的总称。[1] 这一类事情的共同属性，即是道德。

J 集合是社会公认的道德行为的集合。但我们要问，何以见得确实存在着这样的集合？难道不存在这样的可能吗，即社会各成员对 E 的判断都非常不同，以至于它们根本没有相交的部分？如果确实这样，就意味着没有一件事是被社会公认为有利于大多数人的长远利益的。用数学术语，J 是空集，或 J=0。

前面提到，人们只要按照公认的道德原则行事一般就不会触犯法律，这说明社会上存在着公认的道德原则；不然的话，人们就必须经过专门的法律学习，才能知道什么是不可以做的事，而一般来说，这并不符合事实。不过从人按道德良知行事不会触犯法律这一事实出发，来证明存在着公认的道德原则，从数学上看还需要一些附加条件，此处不再详细讨论。

我们曾反复强调，道德是社会的共识，一个人的"社会"不可能产生出任何关于道德的观念。鲁滨孙漂流到荒岛上以后，他原来的道德意识不再有起作用的机会，他更不可能产生出什么新的道德意识来。道德是社会的共识这一说法包含两层意思。首先，道德的判据是社会的长远利益，而且这个社会包含的范围越大，判据越是具有支配性；其次，道德的是非判断不是单个人的认识，而是全社会的或至少是社会绝大部分成员的认识。

道德的此种判断与美的客观判断类似。当然，一个人也可以有美的感觉，但此种判断纯粹是主观的。如果我们要研究美的客观属性，可以把每个人认为美的一切事物列出来。那就是美学的 E 集合，然后再探讨许多人共同认为美的部分，即美学的 J 集合。此集合必然包括了符合美的客观属性的一切事物。

小集团有小集团的共同利益，由此可以产生出小集团内的关于"道

① 用数学符号表示：$J=\bigcap_{i=1}^{n} E_i$

德"的共识,这成为集团内的道德规范。兄弟哥儿们组成的小集团内,义气是一个重要的道德概念,集团内的某个小兄弟受了欺侮,大家都应出拳相助,而不问事情的是非曲直。黑道社会内有各自的"道德"约束,其具体内容根据各自活动的目标而定。但只要是黑道社会,他们的"道德"就有共同的特点,在入伙宣誓时就要求一定要做到。诸如保守内部秘密、服从各级头目的决定,甚至必要时牺牲生命以保护整个组织利益。作为交换,这些成员能够分享这个团体获得的利益。集团内部的"道德"未必符合集团以外人们的利益,有时甚至是相互对立的,所以这些"道德"不能成为全社会关于道德的共识。从原则上讲,一个从社会中分化出来的集团,如果它的道德不同于全社会的道德,从长远来看,它的利益必将与社会的利益相冲突。无原则的爱国主义就可能滑向狭隘的小集团利益,它与博爱的观念相冲突。

不同的人群可能有不同的道德规范,一个典型的例子是我国几千年专制主义时代盛行的对妇女要求的道德。所谓三从(未嫁从父,既嫁从夫,夫死从子)四德(妇德、妇言、妇容、妇功),以及女子无才便是德等等。这种妇女"道德"不是出于妇女利益的考虑,恰是全社会(包括一部分妇女)强加于妇女身上的,因为当时相信妇女奉行此种"道德"才能保持社会整体的和谐安宁,可是这极大地损害了妇女自身的利益,所以终究不能持久。现代妇女和男子不再持有这种道德观念,这也是道德观念经历着不断演变的一个例子。

之所以能在一个相当长的时期内保持妇女所专用的"道德",是因为妇女和男子是截然不同的两种人群。人生下为女即不可能再成男;生而为男亦不可能再变为女。黑道社会内的成员就没有这种不可逾越性。如果人们能够自由加入和退出一个社团,这个社团就无法维持它自己特有的"道德"要求。一些黑道团体为了维持其内部的"道德"规范,往往禁止其成员随意加入或退出,或对进出作出种种严格的限制。

不同的阶级或阶层是否会有不同的道德标准?要回答这个问题不妨先考虑一下另一个类似的问题:敌对的两个国家之间道德观念是否不

同？回答是或非，要看道德是如何定义的。如果道德包括了意识形态，敌对国家的意识形态很可能是不同的，穆斯林国家禁止妇女抛头露面，新教徒国家允许妇女穿三点式游泳衣；有的国家不吃猪肉专吃牛肉，有的国家则相反。但如果抛开意识形态的区别，仅就道德的基本要素而言，如仁爱、诚实、守信、慷慨、宽容等，则是全人类应有的共同的道德信仰。即使在某一特殊时期（尤其在人类社会的蒙昧时代），某一群人有与众不同的道德观念，在道德进化的过程中也会逐渐趋同，即不利于人类社会发展的道德将会被放弃，正好像中国对妇女的"道德"已经被放弃。事实上这个进化过程从来也没有停顿过，如果道德观已臻尽善尽美，道德就不需要重整，这本书也就不需要写了。

正因为道德观是社会的共识，心理暗示才会起作用，一个人的德行会引起周围人的共鸣。我们经常会有这样的经验，当自己被别人待之以礼时，自己也会注意礼貌待人；被别人当作尊贵客人的时候，自己不会做出下贱的事来；而受到粗暴对待时，则会以牙还牙。道德是一种公共服务，当自己受到别人的此种服务时，自己也会参加进去，所以道德似乎有一个作用半径，它覆盖心理暗示和公共服务能起作用的范围。一个人丢失了钱包，如果他是在本单位丢的，他将有较大的可能性把钱包找回来；如果在公共场所丢的，找回的希望就比较小，这就是道德半径存在的例证。现今交通和通讯日益方便，这个作用半径正在扩展到整个地球。

由于道德是一种共识，它是每个人发自内心的是非判断，丝毫也不受来自外界的强制性，也正因为这样，道德才具有不可规避的约束力。有人在考试时作弊，有人在偷别人的钱财，甚至谋财害命，但他们在这样做的时候，心里总怀着恐惧，色厉而内荏，即使恶行未被发现，他们也会一辈子想着这些事。他们未必认识恶行的受害者，但总觉得自己对不起人，这就是道德的力量。

从上面的分析我们可以推论，诚实和知耻是道德要素中带有根本性的重要组成部分。正因为每个人都能作出自己的道德判断，如果他又是诚实和知耻的，他就会受到很强的道德约束。相反，如果他不诚实，他就会欺骗别人，偷偷地干明知违反道德的事情；或者他虽然诚实，然而又无耻，他就敢于堂而皇之地干那些明知不道德的事情。所以如果我们希望对某人的道德水平作出评价的话，最简捷的办法就是察知他是否诚实和知耻。

如果你发现你的朋友中有人不诚实，或有人不知耻，你和他们打交道时就应多加提防。如果你希望提高你自己的道德素养，你就应该在诚实和知耻这两方面下工夫，这样你将觉察出自己在哪些方面还存在着道德缺陷。如果你发现你竟有必要经常撒谎，或者要厚着脸皮去做一些事，你就应警惕自己道德水准的降低。①

对小学生来说，最主要的道德教育就是诚实。这比其他一切的道德教育更重要，同时它又不需要涉及任何复杂的哲理，小学生也容易懂得什么是诚实。

一个患有精神病的人不知道自己(和别人)的行为后果，因而他失去了判断某一行为是道德还是不道德的能力。类似地，一个智力低下的人，一个文化教育不足的人，他们判断行为后果的能力也比较低，要他们懂得多数人的长远利益的含义是困难的。前面提到的一些人在繁忙的道路上踱方步、在公共场所喧哗，这些人多半是缺乏判断能力，不能简单地以缺乏道德来责备他们。他们为了朋友义气常常出拳相助，却不问这件事本身的是非曲直，他们只知道少数人的眼前利益。所以说，道德的是非判断是一种理性思维，提高人们的文化修养有助于提高人们的道德鉴别能力。一个教育水平较高的社会有可能成为礼仪之邦。

我们常说的道德水平，除了包括道德判断之外还应包括更重要的道德实践。知道应该如何做是一回事，去不去做是另外一回事。中外历史上著名的大坏蛋，他们未必不懂得道德，也未必文化水平太低，他们不过是私利膨胀；不但拔一毛利天下而不为，而且宁使我负天下人，不使天下人

① 说谎本身并不一定构成道德问题。只有当一个人说谎隐瞒自己的所作所为，因而直接或间接地损害他人的利益时才成为道德问题。一个人为避免另一个人过度悲伤而隐瞒一件事，这种情况下的说谎非但不是不道德反而是极符合道德的。

负我，为了自己的蝇头小利可以冤杀万人。

道德是非的判断在很大程度上是理性判断，而道德的实践则纯属价值判断，即他如何评价自身利益与众人利益的轻重。价值判断不是理性教育所能改变的，它在很大程度上受周围人群行为的暗示，它还可能与人的遗传素质有关。

4. 道德可以强国，亦可毁国

如前所述，J 是社会对于道德的共识。对于同样一个社会，如果每个社会成员彼此的道德判断很相近，则共识 J 的范围很大，社会就有比较一致的道德判断标准，这样的社会必定比较安定和谐，相反，如果各个社会成员对于道德的是非持不同见解，则共识 J 的范围很小，社会道德意识必定处于混乱状态。

新中国成立之后，我国多数人逐渐接受了马克思列宁主义的哲学，认为建设社会主义符合绝大多数人的长远利益，认为个人利益要溶化在集体利益之中，个性要化解在整体目标之中，这些观点扩大成为社会的共识。当时很少有人争论道德的是非问题，即使有的话，在那时一边倒的历史条件下也不可能形成任何有影响的对立观点，这对 20 世纪 50 年代社会的安定发展起过很大的作用。反右派运动使得全社会的道德共识 J 大为缩小，许多真心诚意对党提意见的人硬被打成反党反社会主义分子，是非观念模糊了。三年灾荒进一步削弱了道德的共识，但是并没有出现道德危机，多数人还保持着对领导的信任。此后经过了文化大革命，到了 20 世纪 80 年代，老中青三代人中，尤其是青年一代中很多人对过去共同的是非准则产生了怀疑，世界各地经济发展的事实又为这种怀疑增添了根据。原来公认的哲学、经济学、历史观等逐一地被提了出来再行检验，公认的道德是非发生了动摇。我们可以从三个例子看出这种日趋明显的倾向。一是 1983 年关于“向钱看”的争论，二是被禁止讨论了 30 多年的关于人权、人道、人情问题的重新认识，三是关于曲啸的争论。[1]这些事例都说明人们在最基本的道德观上不再整齐划一，社会的共识在缩小，社会发生了不安和动荡。许多人对此感到严重焦虑。

确实，社会的动荡是可怕的，道德观的混乱更是可怕的。但同样可以肯定的是，我国传统的道德观或新中国成立后30多年的道德观，和建立一个民主、繁荣、富足的社会所需要的道德观之间，有着相当大的差距，如不对道德观念加以重新调整，它必将与社会的发展和经济的增长格格不入。淘汰一些陈旧的道德观，使原来的共识部分逐渐缩小，同时加入新的道德因素，使对新的道德因素的共识逐渐扩大，这是我们无法超越的必经过程。即使我们必须为此付出代价，这一代价也是值得的，无法逃避的。我们唯一正确的态度是正视现实，主动接受挑战，调整老观点，努力树立新观点，宣传这些新观念；尤其重要的是以自己的道德行为来影响周围的人，绝不做不道德的事，尽力促使道德重整早日完成。

根据上面的解释，虽然每个人都有自己的德行判断标准，但每个人也知道，他自己的标准未必就是社会上公认的道德，因为公认的道德是许多人的德行标准的共同部分。可是这个共同部分却不可能被任何人直接看见，人们只能从别人的行动中去猜测这一共同部分，因为行动是可以被看见的。正因为这样，一个人道德观念的建立会受到别人行为的暗示。同样道理，每个人的行为又不断地给周围的人以暗示，影响着别人的道德观念的建立。

在这样一个互相影响的环境中，道德观念便成为一种比较稳定的社会意识。一个人即使接受了一种新的道德观，他也未必会按这种道德观来行动，因为他知道别人还没有接受这种新观点，因而他的行为很可能被人指责为不道德。我们知道，每人都有权利得到他的劳动果实，保护自己的这种收入是合乎道德的，可是有些科学家、作家往往不好意思就自

① 曲啸是辽宁省一所学校的教师，文化大革命中受冤屈坐牢，"文革"平反以后他仍执著地热爱社会主义，他认为他受冤屈犹如孩子被母亲错打。有关他的一些观点的争论参见《蛇口风波答问录》，载《人民日报》1988年8月6日第1版。

己的劳动成果和别人去讨价还价，他们怕被别人批评为市侩。由此可见，即使社会上已经有人接受了新道德观，他也不一定立刻以此行事，这说明新道德观要成为一种可以被人看得见的行为，进而影响别人是很不容易的。① 如果在当前道德转轨的过程中，宣传机构仍宣传一些旧道德的典型人物，这将更不利于道德的转轨，这一现象确实存在着。当前有少数被宣传的故事中否认个人利益，宣扬人格依附，反对独立思考，提倡盲目信仰，这在群众中引起了广泛的议论。从事宣传的干部自以为在为国家做好事，实际适得其反。

正因为道德观是一种相当稳定的社会意识，道德观的重整就不容易开始，更不容易完成，但我们可以研究这个过程受哪些因素的影响。

外来文化常常可以对某一社会共同意识的变化起到巨大的推动作用。每一个社会都有自己公认的道德标准，把人家的标准和自己的标准加以比较，常常会引起人们的深刻思考。许多过去认为天经地义的原则，忽然会变得苍白无力，经不起一驳。外来文化包括的方面很多，自然科学的交换虽然也有助于改变人们的思想方法，但对于社会意识形态的影响比较小，这一点可以从"中学为体西学为用"的清末洋务运动的结果中看到，也可从新中国成立后吸收西方科技成果的社会作用中看到。要影响社会意识形态，必须通过文学、电影、社会科学等方面的交流，尤其重要的是要有大量的人员交往。道德只能从人们的行为中去体会，所以身临其境是感受道德原则的根本道路，电影小说等则可以起到类似的作用。

发展社会内部的信息交流和人员流动，让每个成员都有更多的机会接触别人，了解别人的思想和主张，有利于避免意识形态的僵化，使社会共识有灵活应变的可能。

在文化大革命时，人与人之间的交流被严格限制，真实的思想交流几乎不可能，因为任何一种稍为不同于官方意见的看法都可以被无限上纲，真实的思想交流如果被告密可能招来杀身之祸。在这种情况下，除了

① 另外一个原因是新道德往往只有大家都奉行时才有效力。例如信守合同是新道德所要求的，但在大家都不信守合同的社会风气下，一个人守合同非但使他自己吃亏，而且也不能提高社会的效率。

官方鼓吹的道德,不可能形成任何别的道德观念。当时的社会共识之一就是热爱林副统帅,尽管当时已经有一些人看透了他的司马昭之心,但大家都以为别人在热爱他,自己不热爱将冒天下之大不韪,所以大小会议在三呼"祝愿伟大领袖毛主席万寿无疆"之后,还要齐声高呼"祝林副统帅永远健康",说一声"永远健康"还不够,还要再重复一声"永远健康",从而使得虚假的共识得以维持。这些例子从反面证明了加强内部信息交流有利于道德观念的重建。

要尽快建立新的道德观,最重要的莫过于要尽可能使按新道德观行事的人能得到实际利益,而违反道德的人则应受到惩罚。本来道德观的基础就是建立在多数人的长远利益上的,所以按道德规范行事理应使多数人得益。然而道德标准又不同于自利标准,它往往要求个人为了多数人的长远利益牺牲自己,或者说,道德标准和利益标准往往是冲突的。为了使新道德观不受阻碍地尽快地确立,就应尽量减少使道德标准和利益标准发生冲突的可能,这需要在经济体制中建立一系列新的机制,改变一些旧的规则。

尽可能消除道德和利益的冲突,最主要的一条是保障自由的商品交换,保障在平等基础上的竞争,减少政府对市场的直接干预,逐渐取消对垄断行业以外的价格管制。这些就是经济自由主义的主张。它有非常坚实的理论基础,微观经济学能够证明,在市场规则的范围内,对个人有利的行为是符合社会目标的。这也是经济自由主义的理论依据。

近几年来我国经济改革中,人们一方面对自我利益的关心加强了,这原是道德的进步,可是另一方面又出现了大量攫取不义之财的机会。诚实劳动的报酬,远不及投机经商;复杂的脑力劳动的报酬,还不及摆摊卖水果。[①] 在人们的利益分配中出现了巨大的不公平,这种不公平的最后结果就是道德的败坏。

---

① 我国在20世纪50年代出版书籍,作者获得的稿酬一般标准为每千字10元,按购买力折算约合到2000年的每千字68元(按官方统计的物价指数计算)。事实上的稿酬往往低于此数,尤其是一些高质量的学术著作,稿酬还不到50元/千字。何况物价指数未必真正反映了货币购买力的变化。但是由于市场力量的推动,现在的稿费标准最高达到了每个字一块钱。

收入分配中有差距，穷的穷，富的富，不一定就是坏事，只要贫富是由于各人对社会贡献的不同而造成的，这样的差距就不会造成严重的道德问题。如果从低收入攀登到高收入的渠道是畅通的，这样的差距只会鼓励人们努力学习，认真工作。但如果收入差距是贪污和特权造成的，则收入分配的扭曲将导致道德败坏。可惜现在有许多人认为收入的扭曲是人们过分追求自己利益的结果，按照他们的说法是商人不顾消费者的利益贪得无厌而造成的。他们没有看到这些现象的最终原因恰恰在于特权过多地干预了经济，造成了缺乏平等的竞争。按照这些人的见解，解决当前道德败坏的办法是教育大家不要过分追求自身利益，或者加强政府管制，对于仍敢追求自身利益而发财的人予以处罚。如果真是如此的话，那么政府干预经济的权力越大，贪污腐化的机会就越多。用更高一级的权力来反对腐化，或者把反腐败的权力垄断起来，远远没有用公平竞争来限制腐化有效。

我们可能看到，凡是政府直接管理经济的地方，如分配平价外汇，分配进出口配额，审批低息贷款，调拨平价物资，核准土地使用，分配住房，分配紧缺商品的机构，都是最容易发生经济问题的地方。如果再增加一

些政府机构去监督上述部门,在贪污成风的情况下,最可能的结果是同流合污。这样做不但不可能减小上述单位的贪污机会,反而又增加了一些有贪污机会的单位。

监督之所以不能生效,还有一个重要的原因就是上述单位的贪污行为往往是无法察觉的。对于手中有平价物资的政府部门来说,它们原本就是被授权管理分配的,而分配的原则从来也不可能是明确的。它们因接受了“礼品”而分配给某个单位物资,并不等于说这个单位就不该分到物资,正如当瘦猪肉和肥猪肉因价格管制而不能分别标价时,售货员完全有权将瘦肉卖给他喜欢的顾客,检查人员并没有理由认为他出售瘦肉给某人必定是收受了贿赂,因为肉案上的瘦肉最终都是要经过他们的手售出去的。对于售货员来说,手中有紧缺的瘦肉,自然就会有人向他献殷勤,甚至行贿倒卖。解决这种情况的最有效办法是让肉价浮动,让瘦肉和肥肉都相应地稳定在合理的价格上,这样就取消了生产者和消费者之间自由交换的一切障碍,使他们有机会直接打交道,互相监督,这比政府的任何监督都更为有效。而且分别定价的结果是提高了瘦肉的价格,最后会培养出多长瘦肉的猪。

现在流行的一种观点是次要商品的价格可以放开,但关系到国计民生的主要商品的流通必须由政府管制起来。这是一种错误观点,它以为价格高低会决定老百姓的生活好坏, 价格高了百姓的生活将发生问题。果然如此的话,只要中央政府下一道命令,把价格降低一点,不用增加生产,百姓生活就提高了,这显然是荒谬的。价格合理可以使资源配置的效率提高,同样的劳动等投入,可以生产出更多的产品,这才是改善百姓生活的方法。而且商品的价格是互相联系的,如果只允许某些商品的自由流通而禁止另一些商品的自由流通,那么价格的矛盾就势必集中到这些不能自由流通的商品上,老毛病又会在那里发生。不但商品的价格应自由浮动,而且劳动的价格、人员的流动、资金的利息和获得资金的自由、土地及自然资源的租金及买卖的自由都应得到保证,这正是当今一切发达国家所奉行的经济原则。

政府的职能除了监督少数垄断商品的定价，监督具有外部性的交易（利害涉及交易之外的第三方）和征收税金外，只限于维持市场秩序，例如禁止冒牌、欺骗、欺行霸市、违约、侵权等。当然，做到充分的自由经济不是一朝一夕的事，各种条件的配合是必不可少的，尤其是所有制的改革，如果不能大大扩大民营企业的比例，自由经济的进程就要大打折扣。

虽然经济的自由化不能一蹴而就，但不断地坚定地朝着这个方向一步步迈进，将为新道德观的逐渐建立准备好条件。相反，如果增加政府干预，迷信权力万能，迷信权力就是真理，则更多的经济扭曲将导致更大的道德扭曲。**收入分配的不公平将进一步发展，发不义之财的机会将增多，老实人将越来越吃亏，奸猾无耻之辈将横行无忌。分配中的不公平甚至会导致社会的动乱，那时中国的前途确实是危险的。**

5. 让世界充满爱

要想了解社会公认的道德行为集合 J 包括些什么内容，它的边界在什么地方，可以从两个方面去逼近，即从“善”的扩大和从“恶”的缩小去逼近。一是直接从那些行为肯定对多数人的长远利益有利出发，譬如仁爱的行为，己所不欲，勿施于人的行为等；另一方面是排除那些肯定不利于多数人长远利益的行为，譬如残暴、吝啬等。形象地说，前者是从第六章第三节的图中 J 范围的中心向外推移，后者是从图中 J 范围之外向内推移，最后可以确定 J 的边界在什么地方。确定 J 的边界就是判定哪些是合乎道德的行为，哪些是不合乎道德的行为，从不同的出发点或立场来判断，可以发现 J 的边界随时在变化。

革命是一种高尚的道德行为，革命家为了众人的利益与专制主义作斗争，有时甚至牺牲自己的生命。战争则是为了国家的利益作出牺牲，更是道德高尚的行为。但是我们没有理由认为一切为了集体利益而作出的自我牺牲都是道德高尚的。为了宗族间的械斗牺牲，有时不但不高尚，甚至是幼稚的。同样的道理,出于对地区利益的考虑,对民族利益的考虑,做出有害于更大范围内的人们的利益的事,则并不合乎道德的原则。一个国家发动侵略战争,百姓“为国捐躯”,算不上是道德的行为;相反,反对这种战争的行为是道德的行为。

革命战争,为正义而战,是道德的非常情况,它使得不道德的事、杀人、说谎,都成为符合道德的行为。我把一个爱父母、爱子女、对家庭负责、热爱祖国的人杀了,却说这是道德行为,无论如何这叫人难以接受。于是人们会提出问题,战争果然是正确的吗?为正义而战是必要的吗?原来认为最高尚的事业,现在被打上了问号。道德和正义哪个更根本,更值得追求?

回答这个问题似乎很简单。为正义而战的对方必定是邪恶的,对方的士兵是在为邪恶而战。然而历史上从来就没有过为邪恶而战的事情(强盗兵是有的,但他打不了仗,只有正义才能鼓舞士气)。对方的士兵同样也是在为正义而战。日本兵侵略中国,在他们的眼里,也是在为正义而战。大东亚共荣圈,效忠于天皇,都是十分正义的事,是值得为之牺牲生命的伟大业绩,贪生怕死是非正义的。双方都是为正义而战,战争就是这样打起来的。如果我们能够戳穿其中的奥妙,让大家都明白过来,战争就打不起来了。所以说,为正义而战往往带有欺骗性。倒不是说为正义而战统统都是荒谬的,而是说,我们应该站在双方的立场上想一想,比一比,究竟谁的正义更有道理,不用战争这种野蛮的方法,还有没有更明智的解决矛盾的方法。

这里我们会看到孙中山先生所提倡的博爱的价值。将近一个世纪过去了,各国、各民族、各文化之间交往的频率比过去增加了几十倍,但如今我们对博爱的认识和提倡,似乎还不及本世纪之初。

严格地说,集体主义只不过是放大了的私。当然,如果这个集体很大,甚至包括了全人类、全地球,那就没有私了,但那也就不是集体主义了。强调集体主义正是为了某一局部的利益。当今世界局势长期动荡不安的原因之一正是集体主义。南非的种族矛盾和黑人集团间的矛盾，非洲许多国家的部落之争，波斯尼亚的动乱，北爱尔兰的恐怖主义，印度的教派斗争，都已持续了几十年之久，夺去了几十万人的生命。它们的原因固然很复杂，但集体主义和为正义而战无疑是纷争长期不能缓解的因素之一。

集体主义和爱国主义只有在集体、民族、国家遭受外来侵略的时候要加以强调，否则可能成为集团间怨仇的基础。历史的教训，不得不慎。即使遭到外来侵略，也要慎用战争的手段。《孙子兵法》中说："兵者，国之大事，死生之地，存亡之道，不可不察也。"他的意思是说处理战争要冷静，不可意气用事。打一个打不赢的战争，后果是悲惨的，不可不察。

上面提到的更大范围内人们的利益超越较小范围内人们的利益的原则，并不能导致以下的结论：为了国家或人类的利益牺牲地区的利益和民族的利益是应该的。这是因为道德的概念仅适用于个人的行为，它是个人对于自身行为的约束。对于某一地区或民族来说，并不存在什么地区的道德或民族的道德。

如果我们认为一个民族应该为了国家的利益而作出牺牲，就等于承认了民族不平等的合理性，承认了此民族的利益从属于其他民族的利益。不仅在处理民族问题、地区问题的时候应该完全以平等作为最基本的原则，在处理任何团体间的纠纷时只有平等才是唯一可以接受的原则。全世界约有180个国家和政治实体，他们之间在幅员大小、发达程度、文化背景、地理条件、人种渊源上有着巨大的差别，但是人们不能将其中的任何一点作为可以不平等对待他国的根据。

在本书第二章里论证了人与人在对等的情况下没有必要舍己为人的道理。在制度设计中，唯一可以被每个人都接受的原则就是平等，此种概念的出发点是人人生而平等，亦即人的基本权利平等。在本章第一节中我们又论证了在对等的情况下，为了多数人的长远利益，有必要牺牲自己的一时利益，并将此种行为称为道德行为。如果其他人也同样奉行此种道德原则的话,最终的结果是一切人(包括最初牺牲利益的人)都可能得益。

此种道德行为最主要的一个特点是,最初作出牺牲的所有人的损失总和必定小于所有受益的人的得益总和,这正是多数人利益的比较准确的含义。如果没有这个特点,即使是牺牲了个人利益,也并不具备道德意义。正如本书第一章里提到的《镜花缘》中君子国的芸芸众生一样,他们天天为了损己利人而互不相让,其行为丝毫不具有什么道德意义。它也不仅仅是一个笑料,也标志着秩序的混乱和社会的倒退。

上面提到,当我们把眼界放得更大更远一些时,道德的是非也会跟着发生变化;道德境界在朝着更高更远的边界推进,小范围和短视的道德境界将让位于更高更远的道德境界。爱家人推广到爱邻里,爱家人而不爱邻里的人不是真正有道德的人。而且这个范围不但推广到了全人类,甚至推广到了动物、植物和整个人类的生存环境。人类要爱一草一木,要爱飞禽走兽,要保持整个自然界的生态平衡。

1949 年有人提出了土地道德论,[1] 作者通过他自身的经验,宣传生态平衡的道德哲学。起初他为了保护一种较弱小的鹿,消灭了当地捕食鹿的狼和灰熊,鹿由此而过量繁殖起来了。过量的鹿导致了牧草的过量消耗,结果是草地退化了,鹿也因饥饿而大批死亡。这一惨痛的教训使作者提出了土地道德的思想,在以后 30 多年内他的思想得到了巨大的响应。在发达国家里出现了大批生态主义者,还出现了绿色和平队和绿党。一个户主如果不在自家的园子里种上花草,甚至有可能被邻居以“破坏”生态的罪名告到法院。人们不但关心家门口的环境,而且关心万里之外的环境,他们发起禁猎鲸鱼和海豹的活动,还捐钱保护中国的熊猫和非洲的犀牛、大象。

自然界的美来源于大自然的生态平衡,可是人类却往往意识不到这一点。人类以先进的科技成果为武器,不但无节制地繁殖自身,还赶走了

---

① 见 Aldo Leopold: *A Sand County Almanac*。

森林里已栖息了几百万年的飞禽走兽，俨然称霸于地球。有毒的化合物、燃烧后产生的二氧化碳、各种破坏臭氧层的碳氟烃化合物、噪音、原子辐射等等正在到处肆虐，极大地破坏了自然界的生态平衡，造成许多不可逆转的破坏。

爱护你周围的环境，已成为迫切需要建立的新的道德风范。个人和环境的利害关系正如本章第一节中所举的单位滥发奖金的利害关系一样，缺乏道德的人可以在破坏环境中得益。滥发奖金的问题可能通过企业的私有化来解决，可是环境则是无法私有的，保护环境的基础办法就是让每个人都自觉地爱护环境，并把这种道德觉悟发展成为公众的监督。任何一个人如果贪图方便而乱扔脏物、践踏草木，他就是道德低下的人，将被人嗤之以鼻；如果他竟敢毁坏树木、偷猎鸟兽，将被绳之以法。

一个人的内心深处如果常常感到道德在约束着他，就说明他是一个有道德的人。但是道德的作用远不止于给人约束，道德又是一个人真正幸福的源泉。当一个人做了一件有益于他人、有益于社会的事后，他内心的愉快是别的东西不可以替代的。一切感观上的快乐，都有达到饱和的时候，正像山珍海味吃得多了也会感觉腻一样，如果天天吃山珍海味，说不定还会得肥胖症、高血脂或者消化不良。而且一切感观的享受都有伴之而来的副作用,开始时感观的快乐大于副作用,随着快感的滥用,副作用终于超过了正作用。此时人不但没有快乐可以享受,反而堕入了痛苦之中。**唯有德行给予人的愉快是没有任何副作用的,你越是沐浴在道德的光辉下,你就越是远离了一切烦恼。**

设想爱神下凡来到一个家庭,他把全部的爱倾注给家庭的每一个成员,关心他们,爱护他们,安慰他们。这位爱神是温柔的,又是刚强的,当危险来临时,他会挺身而出保卫他们,会镇定地排除忧患。不论这位爱神是家庭里的丈夫、妻子、媳妇、女婿……只要全家有了这么一个人,这个家庭就必然是和睦幸福的;不论这个家庭在经济上是穷还是富,他们都会生活得满足。如果这位下凡的爱神又有宽广的胸怀,把无私的爱送及家庭的一切亲属和邻居,他将成为周围人群的感情中枢。爱具有不可穷尽的感召力量,可以化解人间的种种纷争和烦恼。

相反,如果凶神来到一个家庭,他那颗冷漠的心使他从不考虑别人的情绪和需要,却要时时满足自己无限膨胀的欲望。在手段上,只要能达到目的,他从不拒绝欺诈、阴险甚至凶残。即使这个家庭十分富有,有了这么一个凶神之后,财富便不再给这个家庭带来幸福,留给他们的只有乖戾的命运。

事实上,上述两种极端的情况是极为罕见的。但是我们如果把自己认识的许多家庭作一个比较的话,就可以发现有一些家庭接近于前一种情况,另一些家庭则接近于后一种情况。一个人或一个家庭能否生活得幸福,当然由许多条件决定,但爱人和被爱是一个基本的条件。有一些人被无限的物质欲望迷了心窍,成了欲望的奴隶,为实现欲望奔波了一辈子,他们既没有真心地爱过人,也从没有被人真心爱过;他们没有尝过爱的滋味,也不知道爱为何物,即使他们有宫殿般的住宅和花不完的钞票,到头来只是一条没有体验过真正幸福的可怜虫。

第七章 道德与快乐

1. 快乐的帕累托改进

讨论道德问题最后必然和人生的目的联系起来。所不同的是我们要讨论的不仅仅是个人的人生目的,更重要的是全社会的目的,或者说每一个社会成员的人生目的。应该说每个人的人生观是不同的,但是它们总会有共同的部分,正好像在前一章中我们讨论什么是道德中所用的方法,即将各人认为符合道德的事情看作一个集合,社会中每个人道德集合的共同部分,就是公认的道德。同样地,人生的目的虽然因人而异,但是也有共同的部分。这个共同部分就是接近于动物本性的追求快乐。但是人与动物不同,人不但追求自己的快乐,同时也考虑别人的快乐。这部分的人生目的便和道德有联系,因为道德的特点就是关心别人。

前面几章的一个核心思想,就是说明道德从表面上看似乎是反对个人利益的,但是道德的最终目的还是为了大家的利益,其中包括每一个在社会中的人,而不是不能落实到个人的虚无缥缈的所谓集体利益。不过它是通过克制甚至牺牲个人一时的利益来实现的。道德是一种公共服务,就是这个意思,然而什么是利益的问题并没有深入地讨论。

在经济学里,利益只能是物质的,尤其专门指可以通过货币交换得到的那些东西。的确,人们追求物质享受很少有例外,人类的进步主要表现在物质文明的进步,这一点没有人可以否定。一般经济学教科书开章明义地说,人的欲望是无穷的,而资源是有限的,所以要有经济学来帮助,使得在有限资源的条件下尽量满足人的欲望。这样的描述没有错,但是它承认资源有限性和人类欲望无穷的现实,它同时把人放入了永远的痛苦之中,因为欲壑难填,无论经济如何发达,技术如何进步,物质如何丰富,人们永远也不满足。人们常说,知足常乐。正因为人永远也不知足,所以就陷入了永远的痛苦之中。难道人类注定就要受这份罪吗?我们看到,问题的关键在于什么是快乐,以及如何得到快乐。

物质享受是不是快乐的源泉,这是一个有争议的问题。有人认为是,因为"食色性也"。人之能感觉到享受,必定是通过人的五种观感得来的。否则享受岂非是无源之水,无根之木。但是也有人认为物质享受不是快乐的源泉,因为快乐是一种心理状态。无论外界提供什么观感的刺激,它必须通过心理转变才能够使人感觉快乐或者悲哀。所以最后是心理在起作用。何况同样的外界刺激在不同的人身上会有不同的心理反应。某些人因为主观上追求物质享受,天天想着如何得到更多的享受,他对物质享受的反应就比较强烈,感觉到的快乐就比较多;另外一些人,主观上并不热衷于物质享受,对物质享受的反应就很弱,甚至也有人厌恶过分的物质排场。人和人是很不一样的。正因为如此,才有可能把物质、快乐、财富和幸福加以区别;才有可能着力培养从非物质的途径也能得到享受的方法。市场经济已经过分地培养了人们追求物质享受的心理状态,多少人迷恋于此,反而陷入了痛苦。这样的教训难道还少吗?

正因为同样的物质享受能导致不同的快乐感觉,它取决于每个人的心理准备,因此我们有可能纠正目前这种扭曲的心理准备所导致的过分重视物质的偏向,而用一个比较正常的对物质享受的心理反应来代替。我们不妨设想一个从原始社会来到现代商业化社会的人,他会欢迎吃的文明、穿的文明等,但是他未必会欣赏那鼓动占有欲的广告宣传,那五彩缤纷的对观感的刺激。这样的对比也许能够帮助我们想一想,什么是人为制造出来的物质欲望,什么是本来就有的天生需求。

快乐不等同于物质,当然更不等同于财富。这一点本来不应该有任何疑问,可是有许多人往往把财富和快乐等同起来。尤其是一些具有一定经济学修养的人。因为在经济学中假定了人都是经济人,换句话讲,人都是追求利益的,是为了利益而活着的。在数理经济学中,人的行为目标是效用极大化,而效用函数中假定了人的效用取决于他所消费的各种商品和服务,结果导出人生的目标就是消费极大化的结论。进而在市场经济中钱可以买到物质享受,于是财富就等同于快乐,"钱"成了生活的目的、政策的目标。美国在里根当总统时通过了一条法令,一切政策都要进行经济效益分析,这是将经济利益看成人生目标的一个典型例子。

财富不等同于快乐,这原是日常生活中很普遍的现象。有许多富有的家庭,为了财产,纷争不断。财富原本应该带来幸福,可是因为处理不当,反而成为烦恼的原因。有的人因为外遇,从而引发一系列感情纠纷。不论有多少钱,也弥补不了感情纠纷所带来的烦恼。有些企业在初创时期,几个合伙人同心协力,把事业创办起来,收入越来越高,企业十分红火。可是钱多了,在讨论各人的贡献时各执己见,分毫不让,最后闹得不欢而散,甚至把企业搞垮。这样的例子不胜枚举。我国历史上也有许多类似的例子,开国皇帝带领着一帮人造反,自己当上皇帝以后彼此猜忌,弄出一大堆烦恼。这就是能共患难而不能同欢乐,把好好的家搅得七零八落。这些故事无非说明,追求金钱也好,追求权力也好,它们都不是最后的目标。表面上看起来,有了钱,有了权,快乐也就到手了,其实不然。金钱或权力的追求要得法,不能无视别人的需要,否则金钱或权力反倒成了烦恼的源泉。

财富能帮助你获得快乐,还是给你带来烦恼,这就看你是做财富的主人还是做财富的奴隶。贪污上百万的人,因为贪心,一味追求的是对他已经没有太多用处的钱,钱驱使他去做损害良心的事,在心里留下阴影,挥之不去。钱一点也没有增加他的快乐,相反,增加的是负罪感。可是他一旦成了钱的奴隶,便不能自拔,这当然是一些极端的例子。在日常生活中也能看到许多人做钱的奴隶的例子。并不太缺钱的人为了钱而争吵，说明他已经当了钱的奴隶，被钱指挥去做有害于快乐的事。一文钱害了七条命的故事至今还在发生。

一个人一旦成了钱的奴隶，他的喜怒哀乐全都由钱来决定。如果他中了头奖，就会高兴得发狂；如果财产遭受了损失，就会哭得抢天夺地。他没有自己的生活目标和方向，钱成了他的一切，活着就是为了钱。

这样的人最可悲的是不会正确地用钱。本来用钱买东西是使人高兴的事，但是对这些人而言，花钱使他痛苦。他更无法懂得如何通过买东西使得双方都得到快乐。

快乐和财富的区别，可以从富豪们所追求的事物中看出来。拥有很多钱的人未必见得很快乐。欧洲皇室里都雇有小丑取乐就是证明。皇家贵族有很多钱，有很大的权势，物质方面他们什么也不缺，但是缺少快乐，所以要请小丑来助乐。中国的皇帝也一样，除了三宫六院七十二妃，还要有会奉承的太监，他们起的作用和西欧宫廷里的小丑差不多，博取皇上的欢心。这个例子也许可以说明财富不等同于快乐。

要想说服一个人财富不等同于快乐，似乎是很困难的。最常见的一个理由是没有钱一定使人烦恼，许多烦恼是直接因为没有钱而造成的。的确如此，在市场经济中没有钱连活命都困难，怎么能叫他感到快乐呢！有许多烦恼似乎是因为没有了钱而间接造成的，例如夫妻纠纷、婆媳矛盾往往因钱而引发。其实，与其说是没有钱造成的矛盾，还不如说是因为对钱的看法错误而引起的。钱多到一定程度，能够维持正常生活以后，钱和快乐并没有直接的关系。

我们也可以反过来想一想，人世间的许多烦恼未必见得都和没钱有关。富人的婆媳关系未必都好，穷人的婆媳关系也未必都坏，钱不能决定一切。其实，财富或物质享受并不等于快乐，这已经有大量研究证明。虽然快乐很难定量，无法精确地测定，但是各国学者想了许多方法来解决这个问题。他们得到的结论是快乐和人均收入基本无关。美国的人均收入在过去半个多世纪以来增加了将近两倍，但是自认为快乐的人数在

30%左右波动,并没有显著变化。不同收入水平的国家之间,百姓的快乐感觉也不能说明它取决于经济条件。例如新加坡的收入水平是印度的 82 倍(1998 年),但是两国人民的快乐水平却一样。倒是一些非经济因素和快乐有明显的相关性。从 1972 年以来的调查说明,美国已结婚的人中有 48%的人感觉快乐,而没有结婚的人中这个比率只有 24%。澳大利亚的调查也显示婚姻具有类似的效果。另外一个与快乐有较密切关系的因素是宗教,有宗教信仰的人自我感觉更快乐一些。财富虽然与快乐的关系不大,但是失业却是快乐的大敌。[1]

研究什么是快乐和如何使人快乐不是什么新课题,但是如果把研究经济学的方法移植到研究快乐上来, 我们会发现许多过去没有看到,或者没有重视却又十分重要的方面。我这里想说的就是用帕累托改进的经济学道理来研究全社会的快乐。过去总认为快乐是个人主观的事物,不存在全社会的快乐。但是应用帕累托改进的原理,可以发现,一个全新的领域有待我们去开发。

帕累托改进是说,一种经济行为或经济政策,如果没有任何一个人受损,而至少有一个人受益,这就是帕累托改进。这个概念有非凡的重要性。在平等自愿基础上的商品交换就是帕累托改进,整个市场经济就是建立在此基础之上的。不断进行帕累托改进的结果就是全社会的财富增加。所以商品经济能够使人民生活改善,物质享受增进。不过在经济学里应用的帕累托改进只限于可交换的商品或财富。因为商品和财富是可以客观地用价格来度量的。如果一种政策使少数人受损,多数人受益,只要将多数人所受的利益分一部分给受损的少数人, 本来不是帕累托改进的,也可以变成帕累托改进。但条件是损益可以量化比较,少数人得到的补偿应不低于他们受到的损失。

当谈到快乐的帕累托改进时,这种补偿的办法就不能采用,因为快乐不可以量化,无法衡量比较,而必须用不折不扣的帕累托改进,即确实

① 以上资料转引自黄有光:《经济与快乐》,台湾茂昌图书有限公司出版,第 74~76 页。

没有任何一个人变得不快乐,而至少有一个人更快乐一些。

快乐和财富还有一个很大的不同,就是我们可以合理地假定没有人不喜欢钱,在经济上有所改进肯定是受欢迎的。但是快乐就比较难以确认。有时候好心办了坏事,甚至是极糟糕的事,这种情况也是有的。我们要防止发生这样的不幸,所以要研究其中有什么规律可循。

前面提到过的小丑和太监为皇上取乐的例子,不符合帕累托改进,因为太监和小丑往往用丑化自己的方法让人高兴,这里至少有一个人受损。但是让人高兴未必一定要叫自己受损,自己高兴的同时也让别人高兴的办法多的是。我们每个人可以比较一下自己各式各样的朋友,他们中有的人特别好相处,既风趣又幽默,和他们谈话感到高兴和快乐;而有一些人,相处起来别别扭扭,格格不入,说的话不知不觉就得罪了人。我们都愿意做一个自己快乐也能使人快乐的人,可是这样重要的本事却从来没有任何人教过。我们从小学到大学,甚至拿到博士学位,天天教的本事中没有这最最重要的一项,只是教我们如何读,如何算,如何懂得一门专门技术以谋生。这样的教育其目的在很大程度上是为了赚钱,而不是为了快乐。可是人生最终的目的是快乐而不是赚钱。由于教育的扭曲造成了全世界人际关系的扭曲。小到邻居间的纠纷,大到国际争论,都和从小所受的教育的扭曲有关。如果我们想要建立一个充满快乐的世界,必须让每个人都懂得快乐的帕累托改进,自己快乐的同时也让别人快乐。

市场经济承认个人追求自己利益的正当性,并且在不妨碍别人利益的条件下鼓励个人追求利益。这样的结果是造就了一批富翁。他们的钱根本用不完,但是市场经济的流行观念要求他们继续为赚钱而努力,他们忙得没有时间去花钱,去享受钱能给他们带来的快乐。也有一些人认为只要花钱就是快乐,沉迷于酒色,对人对己都没有好处,其实钱并没有给他们带来真正的快乐,他们反倒成了钱的奴隶。人生的目的就是赚钱和花钱,这就是一切,为钱而奔走,被钱所控制,是钱在指挥他,而不是他指挥钱。当然也有一些富人,懂得人生真谛,能够享受一个平衡的生活,在赚钱的时候得到快乐,在花钱的时候也得到快乐。不但自己快乐,也让人快乐，对人对己都有益处。人们给小费，就是为了使一笔交易更具有双方快乐的效果。

人被钱指挥的一个例子就是在自助餐厅用餐往往吃得过饱，损害了自己。本来吃饭是一种享受，绝不应该花钱买罪受。可是大多数人却在自助餐厅吃饭时吃得发撑。他们养成了一种习惯，就是花钱就要尽量对得起自己所花的钱。在自助餐厅花钱买的是吃饭的权利，既然有这份权利就要尽量用足，而忘记了吃饭的原来目的。吃得发撑，吃得难受，对自己没有丝毫的好处，对餐厅更是一种浪费，对人对己都是有害无益。可是大多数人都容易进入这一误区，忘记了花钱的真正目的，而被钱控制了自己。

人往往忘记了生活的目的是寻找乐趣而不是自寻烦恼。比如说，市场经济造就了一批富人，这些富人的存在对其他人的快乐是不是有所帮助呢？答案很可能是否定的。但是我们不能剥夺富人，这在第四章第六节里已经讨论过了，因为剥夺富人的结果是断绝了一切人致富的希望，这显然不符合大家的希望。富人的存在既然不可避免，我们只能寻求如何在有富人的条件下，大家仍然比较快乐。

其实因为有了富人而感觉不快乐，纯粹是自找的。调整的办法在于自己，别人帮不上忙。这就是排除妒忌心理。妒忌是人类心理中最坏的成分，即使它在某些情况下会有好的作用，[①] 但是对自己而言肯定是有害无益的。所以要培养人们自觉摆脱妒忌的能力，在社会上要尽量避免妒忌情绪被激发。对于富人而言，要懂得自我约束，万万不可颐指气使，在穷人面前摆架子。摆架子满足自己的虚荣心，是极其低级趣味的心理，别人在表面上奉承你，背后却戳你的脊梁骨，讥笑你。因此摆架子的成本是很高的。一个社会如果富人都摆足架子，迟早会叫富人付出高昂的代价，那个成本就更高了。

相反，如果富人都能自我约束，平等待人，进而富于同情心，帮助穷人，得到穷人的感谢，那么全社会的快乐就可以大量地增加。

① 赫·舍克《妒忌论》第322页中提到，人因为妒忌而告发同伴做坏事，也许是妒忌有利的一面。

市场是平等的。如果由于市场的作用而让自己成了穷人，不要埋怨别人。市场为每个人提供了同样的机会。这次失败了，下次再来。如果得到别人的帮助，应该知恩图报，寻求机会来报答，万万不可以把得到帮助看成是自己应该享受的权利，漠视别人的好意，得了帮助还"理直气壮"。如果这样的话，谁还愿意帮助别人呢？我们比较一下由政府向富人征税去帮助穷人，和由人民自发地组织起来通过社区活动来帮助穷人，二者的结果是不同的。前者容易培养穷人的依赖思想，甚至得了帮助还"理直气壮"。后者通过人和人之间的直接接触，得到帮助的人向帮助自己的人表示感谢，一个正常的穷人和富人之间的关系容易培养起来，社会的快乐总量可以增加。我们必须承认，人和人永远不可能完全平等，即使在提倡平等的市场制度中，不平等仍然是不可避免的。即使将来人类发明了新的制度，不平等还是在所难免，这可以说是一个哲学命题。既然如此，如何处理穷人和富人(或有权人和一般人)之间的关系就是一个永恒的题目。

近年来社会平等的问题在各国都得到重视，解决的办法多半是发挥政府的功能，通过转移支付(征税)来缓解人与人的差别。但是我认为这样的副作用很大，应该发挥社区的作用，让人们有机会直接接触、互相帮助。我们可以读一读伟大的人道主义作家查尔斯·狄更斯的《大卫·科波菲尔》，他所构想的富人和穷人的关系就是富人乐善好施，穷人知恩图报。

当然，如果一个社会中有一部分人被歧视(或者说被专政)，他们的基本权利得不到保障，他们被人欺侮而无处申诉，而另一部分人可以欺压别人而不受惩罚，能够为所欲为，这样的社会将得不到稳定，迟早会发生变化。权利的不平等是不可以的，但是结果的不平等则是不可避免的。

2. 自己快乐，给人快乐：人生最重要的学问

现在我们来讨论如何在不需要牺牲任何一个人的快乐的条件下，至

少有一个人增加快乐的方法,也就是快乐的帕累托改进。

孔子说:君子成人之美。这不需要你付出什么,只要不跟人捣乱,或者顺水推舟,顶多出一把小力,帮助别人做成一件好事。自己没有损失,而帮助了别人实现自己的希望,当然使得全社会的快乐总量有所增加。

说起来,成人之美似乎很容易,故意跟人捣乱,损人不利己,是只有心理障碍的不正常人才会做的事,可是事实上这一类的事司空见惯。如果我们有机会到政府机关去办事,你很可能会碰到一位不愿意合作的人给你出难题,把一件本来很简单的事变得极其复杂,把一挥手就能办好的事让你跑上一个礼拜。无疑,这种人所做的事是增加了全社会的痛苦,而不是增加快乐。尤其奇怪的是,一般人都深恶痛绝的这种行为,但一旦自己有机会坐上政府经办官员的位置,也会做出同样叫人讨厌的事情。这是一种很奇怪的心理现象,为什么一个人改变了地位就会做出自己原来也深恶痛绝的事来?我猜想是因为人都有控制别人的愿望,认为能够控制别人是一种享受。平时没有这种机会,一旦自己坐上了能够控制别人的位置,就想利用一下这个机会;也可能是自己的地位变了,立场变了,看问题的角度不同。最常见的一个例子是挤公共汽车,自己还没有挤上去的时候总觉得车里面还有地方,要求车里的人再挤一挤。一旦自己挤上了车,就变了立场,叫还没有上车的人不要再挤上来了。有人幽默地称公共汽车上车的踏脚板为变心板。

成人之美确实要有一些肚量。我们常说祝你幸福,万事如意。这比成人之美还容易一些,因为自己不用费什么力气,祝愿一下就可以了。可是我们是真的祝福人家吗?如果此人各方面都不如自己,出于同情心,希望他能够改善自己,这还容易做到;如果此人各方面都比自己强,一种暗底下的妒忌心理往往会起作用,人家遭到不幸还会幸灾乐祸。个人之间如此,国家之间也如此。祝福一个比我们更富有的国家更富有,我们有这份肚量吗?看来成人之美确实并不容易。

学习别人的优点,是能够增加全社会的快乐的。一个人的优点受到表扬,当然觉得高兴,进而有人学习自己的优点,当然更使人高兴。对于另一方而言，向别人学习，对己无损，反而还有利，何乐而不为呢？学习使双方都感到高兴，所以全社会的快乐总量增加。

同样的道理，真心诚意地表扬一个人，也有同样的效果。见到别人有优点，就应该说出来。表扬别人，自己并不受损，但是别人会感到高兴，所以全社会的快乐总量也能够增加。女人都喜欢有人说自己漂亮，实在不漂亮，也可以说她的衣服漂亮。当然称赞别人必须是真心诚意的，否则会使旁观者感觉肉麻，减少了别人的快乐。当事人并没有感到痛苦，但是旁观者减少了快乐，这叫做负的外部性。善于发现别人的优点，彼此爱慕对方的优点，不但对自己有益，也使别人高兴。这和彼此吹捧有一点不同，后者可能怀有不良动机，最后使别人或当事人不快乐，否则的话，这没有什么不妥。

慈善事业就是一种快乐的事业，帮助别人的人和被别人帮助的人都感到快乐。钱比较多的人出钱帮助经济上有困难的人，出钱的一方因为帮助了别人，做了一件有意义的事而感到高兴；接受帮助的一方因为解决了困难而高兴。所以社会的快乐总量将有所增加。这里有一个条件，就是帮助别人必须完全出于自愿，不能有丝毫的勉强。否则他会因为出钱而感到痛苦。接受帮助的一方必须知恩图报，不可以得了便宜还卖乖，或者认为理该如此。这样的要求并不高，绝大部分人都能做到。

慈善事业并不是富人的专利，钱少的人一样能做慈善工作。钱多的人可以多出，钱少的人可以少出，没有钱的人可以出力。总之，只要帮助了需要帮助的人，就是从事了慈善事业。这种事业能使双方都感到快乐，因而社会的快乐总量增加。所以说，慈善事业是快乐的事业。

3. 不让全社会的痛苦有所增加：给你所爱的人以自由

前面讨论了使全社会的快乐能够增加的办法。任何与此相反的行为都会导致相反的结果，即是社会的快乐总量减少。

表扬别人使人快乐，那么批评别人将使人痛苦。批评是不是就错了呢？确实，批评要慎重，这多少会伤害别人。只有为了防止出现更大的伤害，批评才是应该的。有的伤害涉及当事人本人，从善意出发，批评或劝阻他不要做对自己不利的事。但是做一件对自己不利的事是奇怪的，有时是本人一时糊涂，做错了事。旁边有人提醒他是完全必要的；也有的是各人判断事物的不同所造成。比如结婚这件事，父母的判断就可能和当事人的判断不同。这种不同常常引起严重的冲突，甚至导致家庭悲剧。其他如选择学校或专业，选择职业，也都是引起意见不一的原因。这一类的批评就要慎重，更不可以采取行动去干涉别人。

有一些批评是因为有人做了有损于公众的事，例如大家都在排队，有人加塞。对这种行为当然应该批评。即使这种正当的批评也要适度，不可以得理不让人，而要从善意出发。还要体谅别人，也许别人确有紧急情况，来不及排队。比如说一声："同志!如果您没有特别要紧的事，请跟大家一起排队。"这种从善意出发的批评人家容易接受。一个社会既要有宽容精神，又要有批评。从善意出发的批评就是这二者的结合点。

可惜的是我们常常介入意气用事的批评和反批评，事物本身的是非退居次位，变成了个人对个人之争，甚至发展成为人身攻击，其结果是快乐总量的减少，对谁也没有好处。可是这样的事却经常发生。

宽容比复仇更能增加社会的快乐，因此我们主张宽容。然而这是有巨大争议的问题。鲁迅曾经说过"一个都不宽恕"，他还提倡打落水狗。我们传统的教育是对敌人要狠，对阶级敌人非但要打倒，还要踏上千万只脚，叫他永世不得翻身。道理很简单，如果对坏人宽容，坏人得不到惩罚，坏人还会继续做他的坏事，后人甚至还会学他，这个世界岂非要倒退。难道我们对希特勒要宽容吗？对各种灭绝人性的行为可以宽容吗？

用什么态度对待坏人坏事，这是有巨大争议的问题。既有以德报怨之说，也有以怨报怨之说，二者都有它们的理由。我同意孔子所主张的"以直报怨"。关于这一点，在本书附录十三"以直报怨"中再作仔细讨论。宽容并不等于以德报怨，它更接近于以直报怨，虽然二者还是有一点区别。举例来说，对于犯了死罪的囚犯，根据以直报怨的精神，死刑还是要执行的，但是处死应该有宽容精神。比如宣判死刑以后至少要等待三五年后才执行，有的等待20多年（这相当于死刑没有立即执行，最多也只是死刑缓期两年执行）。不可以用残酷折磨人的方法处死。临刑前应该让犯人有一个平和的环境，给他认识自己错误的机会。西方国家还要有牧师为他祈祷，请求上帝宽恕他。即使对于犯有严重罪行的人，死了以后也不能有所歧视，应该让人们有机会去纪念他，这就是宽容，是一个文明社会应该有的风气。在野蛮社会里，对死刑犯是没有宽容的，有的只有复仇。不但要出其不意立即执行，还要选择使犯人最痛苦的方法折磨他致死，还要煽动群众的复仇心理，把处死的过程让群众亲眼看见，犯人死了以后还要对尸体加以鞭挞和侮辱。同样是执行死刑，有宽容和没有宽容的区别是非常清楚的。

说起死刑，这是万不得已的事，它使全社会的痛苦增加。不但犯了死罪的人要经受极大的痛苦，而且他的父母子女都要受到煎熬。如果死刑犯的子女还小，他们将变为孤儿，他们将痛苦一辈子，甚至因为缺乏家庭的关爱也走上犯罪的道路。死刑犯本人虽然是罪有应得，但是所有其他的人都是无辜的。为什么要有死刑？不是因为复仇，而是为了立一个典型，防止可能有人重复他的错误。然而总体而言，究竟死刑所造成的社会正效应和负效应相比，哪个更大一些，是很难说得清楚的。因此现在越来越多的文明国家倾向于废除死刑，他们这样做以后并没有增加严重犯罪的人数。如果我国立刻废除死刑还有困难，至少要大幅度地减少死刑的人数。我国的人口只占全世界的1/5，但是每年处死的犯人超过全球处死人数的一半。如果按每百万人口中被处死的犯人计，新加坡排在全球第一。

对待死刑的态度只是宽容精神的一个方面。宽容尤其表现在如何对待信仰和见解不同的人上。宗教的历史清楚地说明宽容如何导致了社会的进步。过去，大多数宗教都没有宽容精神，对异教徒的态度是很严厉的。无数次的宗教战争都是因为在信仰上缺乏宽容而造成的。宗教改革的主要特点就是宽容精神进入了宗教，能够容忍各种不同的教派，甚至不同的宗教。英国哲学家罗素曾经说过:“为自由的斗争是从宗教问题上开始的,也是在宗教问题上得到一个几乎彻底的胜利。”① 现在除了极少数几个国家,其他国家都容许不同宗教的同时存在,而且这极少数国家都面临来自内部和外部的压力。阿富汗的塔利班政权严格禁止异教,2001 年 9 月该政权审判八名外国人,他们在阿富汗传播基督教。按照塔利班的法律,传播异教的人要处死刑。这种极端的事例现在越来越少了,但是一个政府干涉人民宗教自由的事例还是层出不穷,其主要原因是害怕宗教会威胁政权的稳定。其实正好相反,不给人民信教的自由,这些人就变成了政权的敌人;给了他们自由,他们本来是朋友。1948 年 12 月 10 日已经在联合国大会上通过的《世界人权宣言》中前两条就说:人皆生而自由;人人皆得享受本宣言所载之一切权利与自由。一个国家禁止宗教信仰的自由,那他肯定会在国际社会中自我孤立起来。

宗教信仰虽然越来越自由了,但是其他各种信仰的自由,其程度却反而远远赶不上宗教。特别是政治信仰在许多国家里受到严重干扰。政治信仰的不自由,一方面与宗教不自由有类似的原因,即人们倾向于反对和自己信仰不同的人, 更重要的是信仰自由可能威胁到政权的稳定,特别是那些依靠单一信仰来维持政权的国家,所以政府害怕政治信仰的自由化。但是政治信仰的自由究竟是有利于政权稳定还是不利于政权稳定其实是没有定论的。压抑信仰自由的政权固然能维持表面的稳定,但是终究会遭到人民的反抗。最稳定的政权是一个权力多元化,信仰自由化,各种力量均衡,而且这种均衡能够经常调整的一种结构。

宽容和自由密切相关。平等的自由和全社会的快乐总量有关,但是特权者的自由却会牺牲全社会的快乐。平等的自由,其特点是每个人都享有同样的自由。要做到这一点,每个人必须尊重他人同样的自由。换句话讲,每个人的最大限度的自由是不侵犯他人同样的自由,越过了这一点,别人就不自由了。每个人既是他自己,又是别人的环境。每个人要想得到最大限度的自由,必须置身于没有人干涉他自由的环境中。当他作

① 罗素:《社会改造原理》,商务印书馆 1959 年版,第 14 页。

为别人的环境时,他必须遵守不干涉他人自由的承诺。最后得到的结论是:每个人得到最大自由的条件是每个人不干涉他人的同样的自由。这看起来是一个矛盾的结果:最先是每个人希望得到最大限度的自由,结果却是每个人不得干涉他人的自由。自由本来似乎是为所欲为的,而结果我们了解到它是约束自己的。从这儿也可以看到,是什么人最反对自由主义,是那些想限制别人自由的人,是想扩大自己的自由超过普通人的自由限度的人,或者说,是那些拥有特权的人。

这样的自由可以公平地分配给所有的人,每一个人都能享受到平等的自由,不需要任何一个人为此作出牺牲。这应该说是一种极其公平的、容易被接受的道理。然而事实上大家要得到公平的自由并不容易。原因是各式各样的,其中最普遍的恐怕是认识的错误,即认为互相爱护是人际关系的原则,而没有注意到自由才是更为根本的原则。因为我们经常可以看到侵犯至亲好友的自由的事。所以应该告诫说:给你所爱的人以自由。

我国家庭中最经常发生的纠纷,多半起源于干涉别人的自由。父母干涉子女的婚姻,这是有历史的,这似乎变成了父母的法定权力。因而酝酿成悲剧的故事从梁山伯与祝英台到现在还连绵不断。现在又多了一些会引起纠纷的事项,例如子女上大学选择什么专业,毕业以后找什么工作等等。应该说,父母干涉子女的事都不是出于坏心,但是出于好心并不能成为干涉别人自由的理由。我国的父母多半不明白这个道理。父母总认为孩子幼稚,看事物有误。这确有可能,但是像结婚找对象这样的事,父母的观察也未必一定准确,你能担保你为别人挑选的对象就一定能白头到老、美满幸福吗?用一个未必一定对的理由去做一件一定错的事,显然是有问题的。当然,父母可以向子女提出建议和劝告,但是没有权利干涉他们的自由。孩子在家庭中的独立地位,在西方社会中远远比东方社会中强一些。做一点国际比较或许容易发现我们自己的问题。

夫妻之间的问题也往往由于互相干涉自由而引起。夫妻是一种最亲密的关系。但是不论这种关系有多亲密,也没有理由互相干涉自由,哪怕是完全出于爱护。当然,夫妻有相互忠诚的义务,夫妻间的自由并不意味着有外遇的自由。我国古训说:夫妻要相敬如宾。准确地讲,就是不干涉对方的自由。比如说,有的人喜欢吃完早饭再刷牙,有的人则相反,他们各有各的理由。如果互相干涉,就可能成为吵嘴的原因。夫妻间的问题往往因琐碎小事引起,最后弄得不可收拾。许多离婚夫妇并没有什么原则性的矛盾,就是因为互相干涉自由。

平等人之间相互干涉自由,则引起争吵,不平等的人或组织之间干涉自由则引起一系列的不幸。其中包括政府对人民的自由加以干涉。政府是爱护人民的,可是政府常常会不必要地干涉百姓的自由。尊重给你所爱的人以自由的原则,可以防止许多不必要的矛盾。

何宗思提出,也给你不爱的人以自由。这是完全正确的。因为自由是每一个人的天赋权利,没有任何人有权去干涉。不论这个人是你爱的或不爱的,你都没有权利去干涉他的自由。你自己一定也不希望有人来干涉你的自由,不管这个人是爱你的或不爱你的。

我们要进一步问:是不是也要给敌人以自由?这是一个值得仔细思考的问题。有一些敌人就是因为你干涉了他的自由才成为敌人的。如果你给了他自由,他就不再是敌人,而变成朋友了,何乐而不为呢?历史上有许多战争,包括前面提到的宗教战争,就是因为干涉别人的自由而引起的。如果大家明白,任何人的自由都是不容干涉的,也给“敌人”以自由,成千上万的生命就不会无谓地牺牲了。历史上的事已经过去,让我们把握未来吧,千万不要愚昧地去干涉别人的自由!这里我们看到,尊重别人的自由有多重要,这能大大减少社会的痛苦。人类社会所造成的痛苦大多数是无谓的互相干涉造成的。尤其是21世纪以后,人类社会变得越来越富有,争夺资源、奴役人家百姓的战争的可能性越来越小;而企图强加于人、干涉他人自由的危险却变大了。我们不得不警惕。

还有比干涉他人自由更为荒唐的事,造成了社会痛苦的增加。损人不利己,甚至损人损己,使全社会的痛苦增加,在中外历史上是屡见不鲜的,最近的例子就是文化大革命,其特点是人与人斗,寻找各种似是而非的理由，和别人过不去。有些心理不正常的人把与人斗看成其乐无穷，目的是没有的，斗争就是乐趣。当然，他们之所以感到快乐，大概因为享受到了胜利的乐趣，与人斗而得到快乐的前提是能把别人整倒。所以这种人是将自己的快乐建立在别人痛苦的基础之上。可是很难保证每次斗争你都能够取胜，平均起来应该只有一半的取胜机会，除非你有永远得胜的特权。运用这种特权使人痛苦而不是让人快乐，实在是极其扭曲的变态心理。

历史上每次战争都给百姓带来巨大的痛苦。有没有人得到了快乐？不能说绝对没有，但与遭受痛苦的人比，肯定是少得多。“一将功成万骨枯”确切地描述了战争的结果有多少人快乐，有多少人痛苦。这就是我们要拒绝战争的最根本的理由。赞成战争的理由无论有多么崇高，多么正义，多么动听，与全社会快乐的原则比起来都是次要的。我们接受几千年的传统教育，把正义看成至高无上，值得为之牺牲。这种教育并不能说全错了，但是有严重的问题。原因很简单：什么是正义？你有你的正义，他有他的正义。各方对正义的理解不同，就会发生冲突。而且因为正义是至高无上的，是不容怀疑的，一旦发生冲突就没有商量的余地，战争就很难避免。历史上的许多战争的双方都是为正义而战，即使是为了掠夺和奴役，也要找一个正义的理由，否则强盗的队伍是乌合之众，不堪一击。越是双方坚信自己在正义一方，越是没有调解的余地。当今这种无法调解的一个例子就是以色列和巴勒斯坦之间的冲突。各方面的理由都充足得无以复加。尽管双方的领导人逐渐认识到这样下去是没有出路的，但是为正义而战的传统思想，妨碍了双方群众去调整心态。

第二次世界大战美军攻打日本本土的冲绳岛的战役，是一个用事实来说明“正义”如何误导作战的军民，造成惨重损失的例子。1945 年 4 月，日本大势已去，太平洋全线受到了盟军的全面进攻。作为飞机坦克粮食的石油供应已不能保证，物资供应极度缺乏，飞机的配件已经配不齐，5 月 8 日日本的盟国德国已无条件投降。在这种完全没有希望的形势下，日本困兽犹斗，不肯投降，反而使用了同归于尽的自杀飞机，即所谓神风突击队。这些飞机都是用最粗糙的零件拼凑起来的，因为它只作一次性使用。驾驶飞机的飞行员只经过最简单的训练，他们都是一些年轻充满热情的可爱青年，但是被忠于天皇的“正义”所误导，愿意用生命去效忠天皇，去杀死敌人。但是事后揭示的事实说明，他们和每一个普通人一样，是热爱生命的，并不愿意去死。他们只好天天酗酒，麻醉自己。自杀飞机使美国军舰遭受了巨大损失。

最惨烈的是日本军国主义强迫当地的和平居民抵抗到底，不许他们投降。当盟军地面部队占领了绝大部分土地后，日军驱赶剩下的居民近千人，逼迫他们跳海自杀。他们中有许多人不从，当地的一个村长拿起一根木棍，亲手把自己的母亲打死，然后逼迫全体居民投海。他们对待俘虏更是残忍。冲绳岛战役日本死亡 10.5 万多人，美军死亡 7 600 多人。战争结束时，双方基本上没有战俘，一方面是不投降，另一方面是杀战俘，所以几乎没有战俘能活到冲绳岛战役的结束。阿尔巴尼亚的独裁者霍查教导他的人民：宁可站着死，不愿跪着生。这句话说起来很轻松，做起来如何，看一看冲绳岛的故事就知道了。不投降从来都是值得称颂的事，可是没有人计算一下它的代价是什么。我并不是说投降好，而是强调是不是也应该看看它的代价有多大。全社会的快乐总量如何才能更多一些？

日本军国主义灌输忠于天皇的愚昧思想，造成了日本国民巨大的无谓损失。天皇宣布投降以后，陆军省的主战派还在正式宣布投降的前夜，即 1945 年 8 月 14 日夜发动武装政变，妄图阻挠天皇投降命令的传播。如果这些人得逞，双方军民还要有几十万人作无谓的牺牲。投降宣布以后有上百人在日本各地切腹自杀，他们对天皇的愚忠使自己走上了毁灭之路，不但作了毫无价值的牺牲，而且还把这种错误的精神当做正义来宣扬。

以上说的是两个国家之间的战争。国内战争是不是好一点呢？并不见得。远的如秦国名将白起（？—公元前 257），长平之战大胜赵军，活埋俘虏 40 万人；近的如“文化大革命”中两个都是革命派的互相残杀，斗“走资派”，杀“阶级敌人”，对真正革命、坚持真理的人士，如对张志新的残害，都是骇人听闻的。那些残害别人的人，做起来不觉得理亏，自认为自己代表正义的一方。我们不免叹息：正义啊！多少罪恶假你之名而畅行无阻。所以我的朋友郭梓林提出“不为正义而战”。他说，在我们的生活中，绝大多数的冲突，都不是正义与非正义的冲突，不要轻易地提出“为正义而战”。只有这样，我们的生活才会越来越好，我们的国家，我们的民族，才有繁荣富强的希望。其实，即使是正义与非正义之争，各人对正义的理解不同，冲突就在所难免。更何况战争本身就是最缺乏正义的事情。我们凭什么把好端端的一个人杀死了？难道为了所谓的正义就可以做最不应该做的事吗？谁赋予正义这么大的权限，在它的名下可以为所欲为？连杀人都变成合理的事情？正义本来是一个崇高的词，而战争是要杀人的事，怎么能把这两个词联起来呢？然而确实有人喜欢战争。“一将功成万骨枯”，就有人为了功成不惜万骨枯，他们以正义为理由煽动别人去送死。张曙光教授说得好：“为正义而不战。”战争只有在一种情况下才是正当的，就是为自己的生存而战，而且相信战争的结果确实能够改进自己的处境。反对战争的道理适用于一切人。如果大家都遵从这个道理，世界上就不会有侵犯人权的战争。但是自古以来侵犯人权的战争就是以正义的名分来进行的。其结果必然引起反抗侵犯人权的战争，这时候为生存而战的战争才成为正当的。

如果我们懂得，全社会的快乐才是我们真正应该追求的东西，过去的大部分人间悲剧原应可以避免，正在等待着我们的更多悲剧也才不至于发生。

4. 博爱：全社会快乐总量的极大化

许多人一辈子就忙着赚钱，所谓“人为财死，鸟为食亡”。这样做不算错。因为在市场经济里，一个人没有钱连生存都会有问题，不赚钱怎么能行。但是赚钱不是目的，享受才是目的。而除了靠钱得到享受，还有许许多多不用钱也能够得到的享受。有些享受即使有钱也得不到，跟钱完全无关。婚姻、家庭、健康等和钱的关系很弱，而快乐和周围人群对自己的态度有很强的关系。所以追求快乐就变成了一个社会问题，要从全社会的角度看如何追求快乐。我提出来的目标是使全社会的快乐总量极大化。

一个人快乐与否往往和他周围所处的环境有关。所谓的环境主要是人的环境。如果没有人跟他捣乱，他就会活得快乐一些。反之如果人人跟他过不去，找他的毛病，诬蔑他，侮辱他，搞斗争，让他妻离子散，家破人亡，他自己再有本事，再懂得怎么追求快乐，也都没用。所以说一个人快不快乐不光和自己懂不懂快乐有关，更和周围环境、和周围的人有关。或者说，和周围的人懂不懂帮助别人得到快乐有关。因此，快乐是一个社会学问题，不光是个人问题。每个人不仅要为自己追求快乐，还要懂得帮助别人追求快乐，最后是全社会快乐总量的极大化。

我是一个经济学者，常常用经济学的方法分析事物。如何使得全社会财富极大化？经济学的道理其实很简单，就是双赢，就是在不损害第三者的前提下，双方都得到利益，也就是帕累托改进的意思。**如果大家都能够不损害别人，追求自己的利益，同时又能够双赢，社会的财富一定会极大化**。要做到不损害别人，不是靠每个人的觉悟，而是靠法治，靠每个人都能得到同样的人权保护，所有的交易必定都是双赢的，损害一方的交易是做不成的。由于逐渐建立了保护个人的法律环境，18 世纪以后财富飞速增长，人口增长的速度比过去几千年增加了十倍，寿命延长的速度增加了 50 倍。

我们把经济学双赢的道理搬到追求快乐上来，**每个人在不损害别人的快乐的前提下追求自己的快乐，或者在追求自己快乐的时候也帮助别人快乐，全社会的快乐就能够极大化**。（此处的快乐不仅指观感上的，更包括心灵上的）我们的最终目标不仅仅是自己快乐的极大化，而且是全社会的快乐极大化；不仅仅指目前快乐的极大化而且是终身快乐之和的极大化。其方法就是自己快乐，别人也快乐。自己快乐似乎是个人的私事，其实不然。每个人都快乐就变成了社会性的事了。我们碰到的每一个人都是快快乐乐的人，这有多好！他们都有乐观的人生，愿意与人为善，我们生活在这样一个社会中当然是幸事。所以不要小看了自己快乐这件事,它非常值得我们去追求。但是不要忘记也要给别人带来快乐,切不可损人利己得到快乐。

把经济学的方法应用于快乐时有两点不同。一是快乐不能度量,而财富是可以度量的。我的财富可以和你的财富相比较。如果我的财富减少一点点,而你的财富可以增加许多,那么全社会的财富是增加的。反过来也一样,如果你的财富减少一点点,我的财富能够增加许多,那么全社会的财富也是增加的。但是快乐的量无法比较。不能说你的痛苦增加一点点,同时我的快乐增加许多,全社会的快乐能够增加。我们只能说,不降低任何人的快乐而使一部分人的快乐增加,可以使全社会的快乐总量增加。每个人都这样做可以使全社会快乐总量极大化。换句话讲,不同人的财富增减可以彼此抵消,而不同人的快乐增减却不能抵消。因为财富有客观的度量,不同的人的财富是可以比较的。快乐只是主观感觉,没有客观度量,不能比较,增减不能抵消。

第二个不同是财富可以观察,可以比较,可以用法律保护。而快乐不可见,没有办法用法律来保护。所以快乐增减的动力在于道德,只有通过道德的启发,关心他人的快乐,帮助他人得到快乐,才能够实现全社会快乐的极大化。市场经济通过以自由平等为基础的法律,可以实现双赢的合约安排,最后使全社会的财富极大化。但是快乐的极大化可不能用法律来帮忙。就我国的情况来看,法治尽管不完善,但立法、司法都不断在进步,所以财富的生产比较顺利。可是在道德方面,全社会缺乏共同的理念,上下左右都在骗人。大多数人只知道赚钱,甚至不顾廉耻,更谈不上互相尊重、同情、互助。其结果就是财富增长了十几倍,而大家感觉到的快乐并没有增加,可能反而减少了。这可能是中国社会当今的头等大问题。

追求全社会快乐的极大化,不大可能有人反对。反之,使得全社会痛苦极大化应该是不受欢迎的。怎么会全社会痛苦极大化?其实很简单,就是让几个人之间,或一个团体内部,彼此想方设法使别人痛苦。当大家都这么做的时候全社会的痛苦就越来越多,最后趋向于极大化。这样愚蠢的事我们中国人在40年前干过一回,就是以"阶级斗争为纲"的文化大革命。有一些人以别人受罪为乐,奉行的哲学是与人相斗其乐无穷,把自己的快乐建立在别人的痛苦之上。"文革"这场大"闹剧"不只是经济走到了崩溃的边缘,而且是全社会痛苦的极大化,这才是文革运动的实质。许多人被斗得求生不能,生不如死,估计有上十万人自杀身亡。其中绝大部分是对社会有重大贡献的社会精英,如老舍、傅雷、容国团、翦伯赞、吴晗、邓拓等。一个社会从人爱人变成了人斗人,世界被颠倒了。学生不让上学,干部不让工作,专业人员不让做自己的专业,统统都赶到农村去接受再教育。到底是谁得到了快乐?不知道。这个10亿人用了10年时间干的一件大事,至今没有认真地总结经验教训。今天我们谈快乐的学问,不能不从反面,从痛苦的学问来全面地认识怎样追求快乐,这不仅仅是个人快乐的极大化,而且是全社会快乐的极大化。中国人付出了空前的努力,从文化大革命走了出来,现在我们在经济上获得了空前的成功。可是我们从来没有总结文化大革命的教训。我们应该从政治的、经济的、文化的、道德的角度来总结文化大革命的惨痛教训,并让它成为全人类的财富。

从道德的角度来看,我们从文化大革命得出什么结果?那就是人斗人的结果是全社会痛苦的极大化。孙中山和许多哲人都提出博爱的观念。博爱从来都是人类的最高理想。可是它过于笼统,缺乏量的概念,尤其是没有告诉人们如何能得到博爱。现在我们提出**全社会快乐总量的极大化,其实就是博爱,**不过这个提法告诉了每个人如何行动能够达到博爱。它可以在每个人的日常生活中一点一滴地实践。只要是自己增加一点快乐而没有人在快乐上受损;或者给别人一点快乐,也没有任何人在快乐上受损,这就是博爱。因为它能够使全社会快乐的总量极大化。全社会没有任何人在快乐上受损,而至少有一个人增加了快乐,全社会的快乐是只增不减的。一个总量只增不减,越来越大,就是极大化。

博爱,或者快乐总量的极大化,不但是社会应该争取的道德目标,也是政治目标、文化目标和经济目标。政治家制定政策应该以全社会快乐总量极大化为目标。损害人们快乐的政策是不可行的。发动战争是最有害于快乐的事，除非战争比和平能够带来更多的快乐。慎用死刑，慎用一切刑罚，是符合快乐总量极大化的目标的。经济政策也应该以快乐的增加为目标，片面追求财富，不顾及人们的快乐感受往往是经济政策出毛病的原因。

追求不损人的快乐，并帮助别人快乐是每个人的人生目标。这没有什么深奥的道理，每个人都能够明白。这样的人生目标不但适用于个人之间，同样适用于团体之间，国家之间，民族之间，因为它符合博爱的基本原则。人类进程有几千年的经验教训，但愿我们能够理解博爱的定量化，并付诸实施，使全社会享受越来越多的快乐。

附录一　作者近年发表的部分有代表性的文章

1. 伦理观的演进与经济发展

伦理观念源远流长,它最初的出现远早于交换成为一种制度。道德是保持社会稳定与和谐所必要的行为规则,而人与人的冲突无一例外地与人的自利动机有关,所以道德自古以来就与抑制自利有关,牺牲自己的利益并有利于他人成为道德的同义语。世界上各个民族、各种文化对道德的解释,仔细分析起来有相当多的差别,但牺牲自利以帮助他人则是各种道德观中的共同成分。当今世界各国的法律差别极大,但一个人不论到哪个国度去旅行,只要遵循本民族的道德规范,一般就不会触犯他国的法律,并不需要对人家的法律作专门的了解。

在人类社会的早期即已出现的道德观,它以约束个人的自利为特征,对建立以交换为基础的商品经济起了阻碍作用,因为交换是以自利为前提的。

交换最早发生的年代现已无从查考。在中国,交换逐渐频繁以至于出现了货币也发生在很早的年代。公元前 11 世纪西周开国时就已经有金属货币出现,然而在以后的 3 000 年内交换给人们带来利益却并未成为每个家庭生活必须依赖的方式。相反,衣食住多半仍取诸当地的资源,尤其是土地,只有盐铁等少数商品必须通过交换才能得到。虽说在明代,甚至远在宋代,在中国的大城市中交换已经很发达,然而对于占当时人口90%以上的农民,交换仍是偶尔为之的活动。甚至到“文革”时代,广大农村的经济自给率仍非常之高,河南产棉区几乎家家户户都有纺织机,穿衣仍是不求人的,商品经济非常不发达。

能给人们带来巨大利益的交换不能发展成为一种制度,其直接的原因是历代帝王都采取了重农轻商,甚至打击商人的政策。

秦始皇一统天下之后,迁天下豪富12万户于首都咸阳;汉高祖也“徙齐楚大族昭氏、屈氏、景氏、怀氏、田氏五姓关中”。当时的豪富多半是大地主和生意人。所谓“七科谪”就是秦始皇征集逃犯、赘婿和商人(包括三代以内曾经过商的)去攻打南方三郡。汉初规定商人不得穿绸衣、骑马、乘轿。汉武帝时叫杨可去征富商大贾的财产税,弄得中等以上的商贾大部分破产。秦汉以后,打击商人的政策一直未断。且不说新中国成立以来大陆对资本家出身的人在升学、提级、参军等方面的歧视,也不说“文革”期间将全国农村集市一扫而光,就在十多年前的改革初期长途贩运仍属非法,而今低价购进待价而沽仍被当作投机倒把。

今天从商致富虽不致被强制迁往首都,但致了富的人多半有如履薄冰之感。他们最安全的策略是趁早收敛起来,免遭不测。但外国资本在中国发了财比较能得到政策上的保护,如果投资环境好,他们还有扩大投资的意愿,否则还是把利润汇回国去免生是非。重农抑商政策的背后是伦理观在起作用。伦理是一种最基本的意识形态,靠了它,人们作出一种政策是正确还是错误的判断;人们认为是错误的政策,即使政府强制推行,也难于贯彻和持久。打击商业活动的政策之所以能经历几千年而不衰,自然有其伦理学上的原因。

自古以来,中国最具有影响的哲人都认为出于自利追求物质欲望是可鄙的。孔子只是说:“不义而富且贵,于我如浮云。”老子则说:“不贵难得之货，使民不为盗。不见可欲，使民心不乱。”到了宋代，哲学家朱熹提出“存天理，灭人欲”，“文革”时则发展为“狠斗私字一闪念”。

确实，如果人人都无私欲，当然天下太平。然而这里包含着一个基本的矛盾：如果人人都没有了私欲，还有什么可追求的呢？因私欲膨胀造成了社会的不安定，最终加害于每个社会成员，使他们最初追求的欲望不能满足，因此欲望才要加以限制。如果把欲望从根本上取消掉了，还有什么目标要去追求呢？精神满足虽然不同于物质满足，但是它确实又常常依赖于物质条件。为革命牺牲是一种精神满足，那是因为自己的牺牲能使别人得到物质满足。如果所有人都无求于物质满足，精神满足即使有的话，也要大打折扣。而且，人类历史的发展是物质欲望不断被更多更好地满足的过程。如继续寄希望于劝人放弃物质欲望来达到社会大治，不妨回顾一下历史的总趋势。“毫不利己，专门利人”，从动机来看当然是高尚的；然而从效果看，提倡这种行为并不能达到提高社会道德水平的目的。因为这种行为提供了另一批人白占便宜的机会，从客观上鼓励了另一批人的道德沦丧。如果全国大多数人都做到“毫不利己专门利人”，其余少数人正好可以肆无忌惮地膨胀其私欲。相反，如果每个人看守住自己的利益，不让别人轻易占有，那么这个世界虽然不够美满，但至少不是混乱丑恶的。这正好是市场经济运行的基础。

所以损己利人的原则绝不可用来作为制度设计的前提，只有当人与人处于不对称地位时，这种道德原则才有必要。例如富人和穷人，强者和弱者，处于危急情况下和不处于这种情况的人，这时候需要富人、强者等等牺牲自己的利益来帮助穷人、弱者，这才能使社会福利有所增加，社会更协调地发展。然而，毫不利己专门利人不能成为普遍适用的制度原则。交换能产生正和结局，已如前所述，是由于各方发挥相对优势的缘故。谁具有某种产品的生产优势，这是通过价格竞争来选拔的，不是任何人钦定的。所以公平竞争是一个必要条件，但这个条件等价于交换双方必须平等和自愿，同时要求交换信息的充分流通。交换双方如果地位不平等，一方可以控制另一方,则交换或许不会发生,因为特权一方不必通过交换来实现自己的利益目标;或者交换使一方受损,因为他没有退出交换的自由,此时虽然有交换发生,实际上只是改头换面的剥夺,官商结合就是这种不平等交换的典型例子。在交换发展过程初期往往有特权阶级的参与,因而破坏了交换的名声,使得大大有益于全社会的交换被群众抵制。此外,即使是没有特权,交换的一方也常试图用欺骗手段牟利,这些都阻碍了交换制度的顺利建立。地位平等和选择自由不仅是交换中人的应有权利,它还具有更广泛的含义,这就是人权。当今各国中人权较好、个人受到尊重的国家交换也比较发达,这并非巧合。然而在古代,普遍认为社会秩序与个人自由是互相冲突的。要保持社会秩序,必须对人的自由加以限制。由谁来限制?由社会中有权威的人士。所以,社会必须分为受治于人者及治人者、劳力者与劳心者、小人与君子、奴隶与贵族。无论东方哲人孔子或西方哲人柏拉图,费尽心智也没有能设计出一个人人平等而且有秩序的社会。

孔子的道德观具有永恒的价值,但他的道德观不需要人权的支持;换言之,在人与人不平等、一部分人享有特权的社会中,可以用他提倡的教化来使人人都安居乐业。但是可悲之处也正在此,用忽视一部分人的利益的方法去保证社会秩序,这个秩序未必能长久维持。中国两千多年中发生的无数次农民起义正说明了这一点。如何安排一个既有人权保障又有社会秩序的人际关系,是向人类社会提出的最严峻的挑战。到目前为止,民主和法制被认为是最接近于解决这个问题的答案。

西方一些国家经过几个世纪的内部调整,大体上做到了社会权力的平稳交接和公民权利的受尊重。然而利益集团对政治施加影响,使真理被歪曲,事实被掩盖,丑闻不断发生,更不用说有利于社会进步的长远措施极难贯彻。越来越多的人认识到这样的社会制度不是一个理想的制度。可是出路何在?没有人知道。幸而人类的智力还没有穷尽,只要人民的智力不被窒息,希望总归是有的。

一个发展中国家的经济要能增长发展，有两个条件是必不可少的，一是全体成员有干劲，由懒洋洋的人组成的社会不可能有增长；二是百姓的干劲要用在正确的地方。

在大跃进的年代里，干劲是有的，但用错了地方，最后导致失败。干劲既可出于自利的动机，也可出自建设祖国，或为公的动机。有人认为为公的动机不可能持久，并举中国、前苏联的经验为证。但我认为为公的动机激发人们苦干，如果苦干的果实能回报给全体百姓，且每个人相信别人也在无偿地为公工作，则这种动机可以持久。从长期来看，中苏等国经济发展受阻的原因，恰是不能保证干劲用在正确的地方，或者说，为公的动机不能保证干劲用在正确的地方，或者说，为公的动机不能保证上面第二个经济增长的条件一定能满足。

这里要用到微观经济学中极重要的一条理论，即均衡价格系统是唯一能引导资源最佳配置的信息系统。而均衡价格是这样形成的：出于自利的消费者在市场上寻求索价最低的供应者；出于自利的生产者在市场上寻求出价最高的需求者，在竞争条件下达成的成交价格就是均衡价格。没有出于自利的生产者和消费者就无法形成均衡价格。前苏联和中国的经验都证明，在计划经济的初期经济发展是比较成功的，因为当时的价格继承了原有的市场价格，它很接近于均衡价格。在经济获得最初增长之后，价格必须作出相应调整，以继续引导资源在新情况下的合理流向。1997 年诺贝尔经济学奖金得主库兹涅茨在研究各国经济增长的实绩后，得到的六点结论之一，就是在经济高速增长时必伴有相对价格的剧烈变动。在一切“为公”的经济中，价格被视为无足轻重，而且常常固定不动。结果计划人员失去了衡量效益的依据，使经济陷入日益严重的混乱：经济结构扭曲，虽然每年都有巨额投资，但长期短缺的产品始终调整不上来，该进口的产品在出口、积压的产品越产越多。这种缺乏效率的现象并非计划人员的低能，而是失去了一切计算效益的根据，即一套正确的价格。其根本原因正是大家都为公，不在价格上计较，无法形成一套均衡价格。

前面论证了从自然经济过渡到商品经济时道德观念必须作相应的调整,要承认人追求自身的利益是正当的,合乎道德的。这种道德观与传统道德观(德行必须是克制自利)相比,是一个重大的转折。历史越悠久,传统文化的根底越深厚,完成这个转折也越困难。而且在转折中还可能走向另一个极端,即私欲膨胀,把传统道德中应继承和发扬的部分统统反掉了。

自利的行为是正当的,但有其严格的界限,即不能影响别人的自利,这是显而易见的,几乎用不着任何解释。可是在从传统经济转向市场经济的过程中,大规模地发生欺骗、毁约、假冒、贪污,这差不多已成为规律。究其原因,正是因为市场经济要求肯定交换中的自利动机,人们在改造传统伦理观时不分青红皂白,把一切克制自利的观念统统加以否定。

这里需要特别指出的是,要区别市场运行和市场规则。市场运行是由自利的动机所驱动,而市场规则则不能靠自利的动机去维护。放松市场管理(deresulate)是指市场运行应该自由,而市场规则却是丝毫不能放松的。

一些国家在改革过程中引进了市场机制,由于没有正确区别市场运行和市场规则,发生了物欲横流、道德沦丧的令人担忧的倾向,于是一些学者和政治家惊叹人心不古,甚至谴责商人追求利润,咒骂金钱的万恶,恨不得回到古朴的自然经济时代。殊不知在市场经济条件下道德仍旧可以保持一个很高的道德水平,做到路不拾遗、夜不闭户,尤其重要的是交换活动中的守信和诚实。

在这样一个社会中,经济纠纷很少,交易成本极低,资源流向合理,经济效率极高。一些经济发达的富裕国家已经出现了这种变化的开端,也许由于缺乏必要的理论指导,这一变化进展得似乎并不很顺利。可见,不论是发达国家或是发展中国家都需要研究伦理观演进和经济发展的关系。

近年来出现的全球性环境问题，更使这一问题变得具有紧迫性，因为全球环境问题的解决不可能是每个国家、企业、个人追求自利的结果，而只能基于共同的责任感。它类似于市场规则的维护，但又不尽相同。我们需要更多的知识确定道德演进的方向，了解道德观念强弱的因素，研究非道德行为的对策、道德与传统文化及科学发展的相互作用、新道德行为规范与人权及法律的关系。我想这是向各国社会科学工作者提出的具有重大现实意义的新课题。

2. 市场经济随时存在着向混乱无序社会倒退的倾向

根据物理学中熵增加定律，如果一个由许多个体组成的总体不输入能量和信息，它将逐渐退化到混乱状态，这种状态也是最稳定的自然状态。当能量和信息输入之后，在一定条件下它会自行组织起来，演进到较高级的形态。生物进化，从单细胞生物演进到灵长类动物，是一个不断组织化的过程，是从紊乱无章进步到条理化的过程。一旦生物死亡，它将腐烂变质，重新回到最原始的无组织状态，也就是没有任何外界帮助而能自动保持稳定的状态。

人类社会也经历了从自然稳定状态，即动物状态，过渡到家族组织、公社组织、奴隶社会、封建社会，最后进入商品经济社会，这也是一个不断组织化的过程。这个过程是依靠巨大的能量输入(个人和集体为改善生存环境而作的努力)和信息输入(知识的积累)而实现的。

最近我从北京去非洲出差，由于北京机场的延误，在新加坡转机时未赶上接续航班。但在我下飞机之前航空公司已将我的旅行计划作了修改，改订了新的航班座位，将我的行李从几千件行李中挑出来，通知边境管理站发给我临时签证，并有出租汽车在出口处接我去旅馆住宿，旅馆通知我可以免费享受哪些服务(住房、三餐饭以及 5 分钟国际通话)，甚至再次离境时免缴机场税的通知都准备好了。这一有条不紊的一环紧扣一环的服务链是市场经济的特征，它并不是简单地靠金钱维持的。我在新加坡逗留了24小时，总共消费约300美元，但我并未为此花上一分钱，我身上没有新加坡货币，也没有去银行换汇。

然而这种高度组织化的社会并不是社会稳定的自然状态，当维持市场的规则被破坏之后，社会将回复到它的原始状态。美国是一个高度组织化的商品经济社会，但在洛杉矶骚乱时，出现了哄抢商品，彼此争夺的无序状态，在地震时也出现过类似的现象。

我国不少国际倒爷在俄罗斯经商时也遭到抢、偷、骗、付假钞票，而警察不但不管还要索贿。按理说俄罗斯是一个文化水平很高，社会组织良好的国家，可是现在却变成了一团乱麻。

在索马里事情更是典型。内战和饥荒已弄得民不聊生，国际社会出兵解救。可是加拿大部队花了大量人力物力修复的一座桥梁，在一夜之间被几十名小偷扫荡一空，可拆卸的和剩余的材料无一遗留；国际红十字会的18万现金不翼而飞；部队厨房里的面包、炊具、罐头无法幸免盗贼的光顾。这些例子说明，即使组织良好的人类社会也随时存在着向无组织倒退的可能性，只是机会没有出现，这种可能性暂时没有变为现实。

这原本不是什么新发现。正因为人的自私恶习阻碍了社会向组织化的发展，所以自古以来道德教育就告诫人们不要自私，要为公。儒教、佛教、基督教、伊斯兰教，东西文化中无不将自私看作道德的最大敌人。"毫不利己，专门利人"就是这一信条的现代翻版。可是市场经济却不是靠为公组织起来的社会，恰好相反，它是依靠每个人追逐私利而维持其运作的。何以同样的自利到了市场经济制度下不但不起破坏作用，反而成为推动社会繁荣的动力呢？其中关键的一点是各人追逐自利的过程中不得影响他人的自利权利，换言之，自利成为社会中每个成员的普遍权利，只有少数人能享受的特权被人人都享受的人权所代替。

从这一点来看，传统的道德观在市场经济时代要作重大的调整。例如反对追求物质欲望应调整为允许个人发财；将个人利益与社会利益对立（存天理灭人欲）调整为二者利益的基本上一致；从三纲五常的等级制调整为尊重社会上每一个成员的平等权利；从退让保守调整为进取创新；强调一些虽然传统道德中也具备但重视不够的要素，例如己所不欲勿施于人、守信用、遵守公共规则、爱护公物等。

我国从计划经济体制转换到市场经济体制中道德观相应要作重大调整，这也许比价格调整、所有权调整等都更困难，然而也更重要。自利原是人的本性，用不着教育也用不着提倡，只要允许自利之门一开，它便会像洪水一样冲刷涤荡每一个角落。现在我们见到的欺诈、贪污、嫖娼、走私、贩卖人口、假冒伪劣等等坏事都是市场搞活之后的新事物，许多人惊呼市场制度成为罪恶之源，然而回复到人人受穷的旧制度显然也不是出路，因而感到迷茫。

问题是我们有没有可能建立一个道德高尚的商品经济社会？答案是肯定的。事实上不少发达的市场经济国家已经接近于做到这一点，表现为人民群众遵守公共秩序、关心社区公益、热心环境保护、各种非盈利性基金会纷纷涌现，以及对社会丑恶现象的揭露。对我国而言，新道德建设之所以格外重要，不仅因为人们追求的理想除了物质享受还有包括道德在内的精神环境，更由于前面提到的，人类社会随时随地都有退化到混乱无序状态的可能。以为市场经济可以肆无忌惮地追求私利是极大的误解。

维持市场经济高度组织化，防止它退化的要素是法治和道德。维持法治是政府在市场建设中首要的职责，而道德则要靠政府、学校、宗教团体、新闻媒介、知识分子的共同努力。

我们常说，市场经济建立在经济活动自由化的基础之上，只有这样，社会上存在的一切潜在利益才能彻底地被挖掘出来，因此才有取消管制(所谓“放”)的导向性原则。然而与此同时，市场所需要的法治和道德却丝毫放松不得，否则市场运作就失去了规则，最终难免像死亡的有机体一样，腐烂变质，退化成为最原始也是最稳定的社会形态。

3. 启动人们心中的道德资源

我国接受了市场经济制度之后,生产大幅度地上升,人民的物质生活水平空前提高,整个经济呈现出充沛的活力(也许少数国有企业例外)。然而在这大好形势之中也包含着深刻的危机。

什么危机?贪污、腐化、假冒伪劣、诈骗,更不用说偷窃、强盗、勒索等刑事犯罪。这是整个社会的危机,靠这种歪道国家不可能强盛,百姓不可能幸福,市场经济制度也不可能持久。可是社会一旦陷入这一困境就很难摆脱,因为人人都靠黑心赚钱,只有你一个人讲道德守法律,倒霉的不是别人,而是你自己,至少在短期内难逃厄运。在这种环境内,想要快挣钱,只有比别人心更黑,胆更大,于是社会的道德水准会螺旋式地迅速下滑,最后堕入无底深渊。这可不是危言耸听,可以从世界上找到现实的例子。幸亏我国现在两种势力还处于相持阶段,讲道德守法律的人还可以活得下去,他们宁可自己受穷,也不向颓废倾向屈服,他们是民族脊梁,中国的前途要看他们的信仰和原则能否逐渐占据上风。

在这场胜负未卜的斗争中,政府的作用具有关键地位,因为政府与任何别的人或组织相比具有大得多的权威性。如果政府本身腐化日甚,健康势力日衰,前途就极其可虑;如果每一名官员严守公共秩序,礼貌服务,用高标准的道德水准要求自己,身体力行,形势立刻就可以改观。因为人们心中具有巨大的道德资源,一旦这个资源被启动,其力量无与伦比。

何以见得?只要看每次传媒报道一些道德崇高的人,像舍己救人的徐洪刚、好军嫂韩素云等,他们无不受到全社会的热烈称颂就可得知。他们原本都是极普通的人,然而受到的尊敬超过了军政显要。越是在风气日废的环境,人们越是对道德崇高的人怀有发自内心的崇敬之情,说明人们盼望道德的重建,这是一股无形的,然而又是巨大的力量,是一种潜在的道德资源。

在各国的政治历史中,也常发生在关键时刻道德感召力战胜财力军力雄厚的集团的事情。前菲律宾总统阿基诺夫人以一名家庭妇女的身份当选总统,其根本原因是她比任何一位别的竞选人拥有更多的道德资源。相反,不论一个人或一个集团势力有多大,如果道德破产,表面上的力量一夜之间就可化为乌有。

启动人们心中的道德资源不是靠说教,而是靠行动。徐洪刚、韩素云都没有发表过豪言壮语,没有写下不朽之作,他们以行动向人们展示了自己崇高的内心世界。政府要在道德上起榜样和模范作用,只有靠每名官员的身体力行,而且越是高级的官员其影响也越大。用道德树立起来的权威才是千秋万代不会动摇的真正的权威。

4. 市场需要道德支持

市场的运作要动力,这个动力来自参与市场各方追求自利的动机。生产者生产能赚钱的商品,并寻求出价最高的顾客;消费者消费能提供最大满足的商品,并寻求索价最低的供应者。双方追求自利并无任何不妥。正因为追求自利的巨大动力,市场经济才具有非凡的活力。农民们背井离乡,不远千里进城谋职;出租汽车司机一天工作十几小时;市场上熙熙攘攘的众人无非为利禄奔走。正是这种无穷尽的积极性,使得人类社会在市场经济的组织之下,激发出空前的生产能力,在短短 200 年内人类的生活水平普遍提高到超过了古代帝王将相才能享受的程度。寿命的延长、教育的普及、科技的发明无一不是市场经济的产物。我们瞄准了市场经济作为经济改革的目标,就必须肯定追求自利是正当行为;如果我们继续把"毫不利己,专门利人"作为信条,等于抽掉了市场经济的发动机,市场将无法运转。

利己既然是正当行为,似乎讲求道德已无必要,因此,有人提出"道德干预了市场运作",要求道德退出市场,这实在是极大的谬误。

市场经济中利己是正当的，但有其严格的界限，即是不能损害别人的利己行为。利己原是人类原始的本能。从古代原始部落，到奴隶制封建制，利己的动机从来没有休息过。但在那漫长的历史时期，人类社会的生产力即使有所增长也是有限得很，倒是争权夺利、钩心斗角、巧谋智诈以及由此而引起的社会动乱构成了历史的主要图景。只是到了市场经济阶段，人类发现了平等自愿的交换可以使双方都达到自利的目的，从而使整个社会繁荣富足起来。可见市场经济与以前历史阶段相比较，自利行为的根本不同点在于自利是否同时尊重了别人的自利。所以市场是以无例外地尊重每个人的自身权利为特征的。

我国以市场经济为取向的改革，说明了市场经济必须有法治作保证。这一点几乎已被一切人所接受。但法治是否要道德的支持似乎还存在争议。依我看来，道德是法治的基础，如果没有道德的支撑，法治并不能独立地支撑市场，这基于以下三点理由。

第一，与道德相抵触的法律很难贯彻。例如我国传统观念历来认为劫富济贫是正义行为，打土豪分田地从来都是理直气壮的。现在法律强调个人财产的不可侵犯性，这在许多农村就很难行得通，所以哄抢承包户财物的事屡禁而不止。再如我国人民一直认为天上飞的地上走的都算无主之物，人人得以占有，所以禁猎珍贵野生动植物的法律极难贯彻。要扭转这种局面，光强调法律不能解决问题，因为法不责众。这说明必须从道德教育入手才能解决法律执行中的困难。让一部分人先富起来，就是重要的道德教育，人与生态界的均衡也属重要的道德教育。只强调法治而忽视道德，只会给法治增加困难。

第二，法治是成本极高的奢侈品，而道德则是没有成本的公共服务。谁都知道，打官司是花销极高的活动。一个国家全靠法治而没有道德的事先预防，将有一大笔人力物力用于征询、寻证、诉讼、法庭及监狱的维持，而这一切都是非生产性活动，国家将不胜其负担。事实上，法律应该只起威慑作用，使人在侵犯别人利益之前不得不三思而行；相反，道德却是每个人发自内心的约束，它不需要人监督，更没有诸如监狱之类的执行费用。如果一个社会道德风尚很好，就根本用不着法律来管事，这样的社会是经济效率最高的社会。

第三，道德和法律之间还有一段空白地带，换言之，不道德的事未必都犯法。举例说，开会不守时，叫别人久等，这是不道德的，但并不违法。商品质量低也不等于违法，因此，光有法律而缺乏道德约束，社会仍会出现许多令人不快而又无可奈何的事。

当今我国市场经济正快速向前推进，已经出现了许多违法求利的事，更多的是不道德的商业行为，如果不重视道德的作用，后果将是十分严重的。肃清蔑视道德作用的谬论，重视道德教育，此其时矣！

5. 从交通堵塞看道德的发生和巩固

我国许多大城市的交通堵塞问题日益严重，究其原因，固然和道路容量不足有关，但更重要的是秩序混乱，不信的话只要站在十字路口的红绿灯前观察几分钟就会发现这个结论正确。堵车的关键地方通过能力降低了一半以上，交通焉能不堵。

为什么汽车到了十字路口要减速？因为不论大小汽车、自行车和行人，都是争先恐后，寸步不让，见缝就钻，彼此互不相让，其结果就是彼此妨碍，降低速度，有时甚至堵得谁也动弹不得。这种心理导致了损人不利己的结果，因为自己把别人和自己统统都堵在里面。见缝就钻，寸步不让并不能使自己得利。这里产生了一个引人深思的问题，为什么人们要按照使自己和别人都遭受损失的方式行事？

在制度经济学中有一条重要的原理，即当个人改变行为不能扭转局势时，人们会选择不利于自己的制度。在混乱的十字路口，如果某人决定改变一下自己的行为，采取礼貌谦让的态度，结果将如何呢？他原本是一位先知先觉者，可是他一个人的礼貌谦让不会改变其他人的行为，马路上仍旧是一团混乱，他温良恭顺地站在旁边反倒成了傻瓜，最后他只好和其他人一样，冲向那已经乱成一团的道口。这一原理深奥又简单。如果我们和司机们谈谈道路的堵塞问题，他们会十分确切地总结说，司机和行人的文化水平还没有达到那个层次。每个人都明白个中道理，可是任何人对此都无能为力。

人原来是万物之灵，可是陷入这样的困境居然找不到解决的办法。根据考古学家的考证，人之异于动物还不在于学会了直立行走和使用工具，而是从互相争斗转变为互相合作和自我制约，换句话说，是道德的出现使人类最终脱离了动物，但这个过程耗费了几十万年之久。如果我们听任交通堵塞的状态自生自灭，经过十年、二十年，通过反复的协商和调停，人们也会慢慢地改变行为方式，但这并不是我们所希望的。我们能够找到别的更好的出路吗？

这里就要政府来起作用了，是的，政府已经在起作用了，在道口设了红绿灯，配了交通警，制定了交通法规，但这些还不够，因为当前堵车就是在红绿灯下发生的。光有硬性指令而缺乏道德的自觉，堵车照样难免。我们需要在法规之外再增加尊重他人的自我制约，也就是要求政府在道德的层次、文化的层次上来解决交通问题，要通过他们的表率作用唤起全体市民的觉悟。

前面说了，普通人的行为改变不了全局，但领头人的行为却会产生广泛的影响。在家庭里家长是领头人，在学校里老师是领头人，在社会上官员是领头人。不难设想，如果一国的政府官员个个严于律己，它的社会必然有一种向上的道德风气；如果政府官员人人见钱眼开，苟且偷生，它的社会很可能是盗贼蜂起，人心思乱，这就是中国古话说的“上行下效”。官员们的带头行为比写几百篇文章，开几十次大会更有效得多，正因为如此，许多国家都制定有关政府官员的道德守则。我国将来或许也会制定。

良好的道德风气难于建立和稳固，在博弈论中称之为不稳定均衡。在一个大多数人都充分尊重别人、信任别人的社会中，恰好容易给少数不义小人钻空子，因为“君子可欺以其方”。少数人钻空子得了利，可能诱致更多的人学他们,道德风气很快就会垮下去。

在交通礼让的例子上,如果官员们不能严格要求自己,而是以高人一等的态度,甚至运用政府的特权,带头破坏大家应该共同遵守的交通规则,那么交通混乱的状态更无望解决。可惜我们经常可以看到法院、公安、检察等执法部门的小车,鸣着警笛,呼啸而过。政府是应该拥有某种特权的,因为他负责管理公共事务,所以交通规则中允许救火车、警车等在执行紧急公务时可以例外地不遵守交通规则。可是这种特权对许多人而言极具诱惑力,所以有时不是紧急公务的情况下,也动用警车开道。究竟什么情况下应该用警车,什么情况不该用,局外人根本无从判断,只有靠这些拥有特权的部门自觉执行,相反,如果执法部门带头不守法,要谈道德表率作用则更是缘木求鱼了。

6. 自由主义和自由主义经济学

自由主义经济学是一种反对政府管制的经济学,但它并不是全盘拒绝政府,因为市场也有失效的时候。人民需要公共产品的服务,个人之间的交换会产生外部性,货币的发行要由政府管理,垄断行业会使资源配置偏离最佳,尤其是市场的规则要由市场之外的政府来监督实施。因此,不能把自由主义经济学理解为拒绝政府作用的经济学,但它和管制经济学确实有原则上的不同,它的哲学基础是自由主义。

自由主义有一个很坏的名声,它几乎等同于无组织无纪律。在一个社会中如果每个人都信奉自由主义,想来必定是一个混乱不堪、无法治理的社会,这正是根据一般人对自由主义的字面理解所作的推论,可是事实上这是一个极大的误解,它完全歪曲了自由主义的精髓。

自由主义是一个社会就其整体而言的价值原则,而不是某一个人的行为方式。自由主义是要保证在社会内每一个人都享有充分的自由,为了实现这一点,就要求每一个人都不得妨碍别人的自由。如果每一个人都不顾别人的自由,只顾自己的自由,事实上这个社会就会变成谁也没有自由的社会,而这正好和自由主义的初衷相背离。所以,准确地理解自由主义应该是社会内每个人都尊重别人的自由,从而使每个人都能享有最充分的自由。和自由主义相对应的另一种观念则认为要使社会能得到治理,每个人都要放弃个人自由。

把社会组织原则或价值原则混同于个人的行为方式, 还不止于对自由主义的错误理解。在市场经济中承认每个人都有追求自身利益的权利,这也是一种社会原则,而不是个人的行为方式。为了使每个人都有追求自身利益的权利,就要求每个人在追求自身利益的同时也要尊重别人的利益,不能因自身的利益妨碍别人追求利益的权利。所以市场经济是以尊重别人自身利益的权利的原则,来实现每个人自己的利益。市场经济一方面有巨大的活力,另一方面又有良好的秩序,正是这种组织原则保证了每个人都能实现自身利益。

再一个例子就是个人主义,它也是社会普遍承认的一种价值原则,而不是个人行为方式。这样来理解自由主义和个人利益会给我们一个全新的社会图景,而自由主义经济学正是这些价值原则应用于经济研究而得到的一系列结论。

7. 钱! 可用损害良心的办法赚钱,损害健康的方法花钱吗

在自然经济时代,人不需要钱。从吃饭、穿衣到栖身都靠自己的劳动,顶多在盖房子的时候请邻居来帮一下忙。那时没有商品交换,钱也没有用处。

可是到了商品经济社会,人须臾离不开钱。很自然地,人们必须设法赚钱,再用赚来的钱去购买自己生活所需要的物质和服务。由于钱的重要性,庸俗肤浅的人误将钱当成了人生的目标,变成了钱的奴隶。于是就出现了这种现象:用损害良心的办法赚钱,用损害健康的方法花钱。钱本来可以帮助一个人实现幸福,可是一旦人变成了钱的奴隶,钱就把一个

人从精神到肉体彻底摧毁了。

每当在电视新闻节目中看到法庭宣判一些人因为抢劫、贪污、诈骗、偷盗等原因而被判处死刑时,我往往产生一种强烈的好奇心——此时此刻这些人心中有什么感想?也许他已吓昏了头,什么思想也没有了;也许这是一个好面子的人,虽然吓得哆嗦,还要勉强装成一副好汉的样子。但我猜大多数人一定会后悔他过去所做的一切, 如果有机会让他重新选择,他会安分守己,平安度此一生。

投身于当金钱奴隶的人,大多数还不至于发展到那样可悲的境地。或许他的所作所为因侥幸而没有被发现, 可是他逃脱不了良心的责备,因而只能躲躲闪闪,总是生活在黑暗之中。

人要做金钱的主人,在赚钱的时候又为别人作了贡献,使别人的需求得到满足,使赚钱成为愉快的事;在花钱的时候不但自己身心得到满足,也让别人赚了钱。

市场经济是造就一个尔虞我诈、充满危险的社会,还是造就一个和谐幸福的社会,取决于我们是心甘情愿做金钱的奴隶,还是立志做金钱的主人。

8. 做好事不留名

报纸电台经常报道许多雷锋式的人物,他们做好事不留名,甚至故意隐姓埋名,问他们的名字还不肯说。这好像已经成为一种程式,如果做好事而自报家门,这件事就不值得表扬了。

要求做好事的人不留名,未免对人过于苛刻。对全社会而言,这种要求有什么必要呢?我们希望的是大家都来做好事,并不在乎他留不留名。如果一个人为了出名而去做好事,只要他做的真正是好事,这又碍着了谁呢?报纸电台表扬好人好事,为的是鼓励人们去做好事,现在又不希望做好事的人留下姓名,岂不是自相矛盾吗?

少数人沽名钓誉，把不是好事的事打扮成好事，或者索性制造假新闻，欺骗大家，这样的“好事”当然被大家反对。但除此以外，我们没有必要对做好事的好人提出不要留名的苛刻要求，所以我们应该去揭露冒充好事的欺骗行为，而不是鼓励做好事不留名。

9. 不让有钱的人有势，不让有权的人弄钱

我们改革开放的巨大成果并不是均匀地分配给每一个人的。20年来，由于各人能力、机遇、努力的不同，也由于各人接近权力的程度不同，不知不觉之中社会结构已经发生了巨大的变化。现在主导着社会演变方向，支配各种资源的人与20年前相比已整个地换了一批。也许我们每个人回想一下自己，看看邻居以及亲朋好友中的变化，能更真切地体会到这种变化的真实性。

这种不声不响的变化还在不断地发展之中，它将导致什么后果，这是每一个有头脑的人所关心的。社会学家将这个问题称为社会分层，然而研究社会分层的目的何在，依什么标准来划分，这些标准有没有统计资料可供操作，似乎各有各的说法，并无统一的认识，因此对这个问题的研究没有什么突破。从经济学家的眼光来看，研究社会分层的主要依据是看资源是受什么支配的，是由市场支配还是由权力支配。研究社会分层的目的是了解公平和效率的状态，寻找同时可以改进公平又有利于效率的措施。社会分层划分的标准要从分配资源的途径入手，了解消费、投资这两大项最终产品的去向中有多少是通过市场分配的，有多少是通过市场以外的渠道，即权力渠道分配的，特别是个人收入的分布状况以及其中通过市场得到所占的比例和通过权力得来所占的比例。在计划经济时代，从表面上看大部分消费品仍通过市场交换(要用钱去买)，但人们用来购买消费品的收入却并非由一个劳动市场来提供，而是由计划渠道决定。各个级别的工资额只有国务院才有权决定，某人应该定在哪个级别

上由单位领导说了算，至于投资更不关老百姓的事，所以那时的资源基本上是由权力支配的。社会分层就分为有权阶层和无权阶层。

在进入建设市场经济的时代之后，越来越多的资源由市场支配，于是社会分层又分为有资本阶层和无资本阶层，但按权力分配资源的规则没有停止起作用。两种分配方式还在争夺地盘，但即使是纯粹的市场经济仍有相当大一部分资源是由权力分配的，这部分主要是政府开支。

人类社会的存在必须依靠物质消费。在物质财富的生产和分配过程中，形成了人们控制和支配资源的规则。所有权的确立是支配资源最基本的规则，依所有制划分有公有制社会和私有制社会。当然，纯粹的公有制和私有制并不存在，但以公有制为主还是以私有制为主却是界限分明的。在公有制社会中，资源按权力的大小来支配，所以人们竞争获取权力，于是产生了官本位，连和尚也有处级科级之分。由于权力的供应有限，一个单位只能有一个领导，因而权力的竞争带有排他性，这种竞争给社会带来的效益和成本抵消之后往往为负，这就是内耗。当然也可能为正，如果竞争的规则能挑选出好的掌权人来支配资源。

在私有制社会中，资源的配置由市场所形成的价格决定。价格是一种客观的信息，是由众多的消费者和生产者共同形成的，没有人能垄断价格。然而价格的背后却是谁拥有用于支付价格的金钱的所有权，于是在市场制度中人们转而追求金钱，所不同的是金钱或财富是可以被创造出来的，不像权力的供应那样有限且具有排他性。经济学证明了竞争性的市场制度能最有效地利用资源，结果是市场制度促使社会财富空前增长，同时将人们分成了富人和穷人，有资本阶层和无资本阶层。

社会分层，无论按权力或按金钱分，都被认为是有害的。其实我们不可能建立一个不分层的社会，因为社会分层实际上是对资源的控制，不分层的社会是一个无控制、无规则的社会，它根本是不可能存在下去的。社会的公共事务必须由权威方面出面管理，这就会出现有权阶层。即使是无政府主义者也承认警察是必要的，一旦有了警察就必须有税务局，它从百姓那里征税以维持警察的费用，于是政府就出现了。同样地，即使是最激进的社会主义分子也不敢提出绝对平均主义的主张，因为一个失掉了激励机制的社会是没有前进动力的，所以以资产划分的社会分层是社会发展所必需的。

这正是使人们困惑的地方。我们既讨厌社会分层现象，又不能没有这种分层，我们究竟要的是什么呢？

要寻找这个问题的答案，我们要回顾市场制度的运营原则。这个原则很简单，即地位平等的交易双方在自愿的基础上对各自拥有的商品或服务进行交换。我们所厌恶的社会现象正是破坏了这个原则，譬如，交换双方由于权力不等，在交易时不具备平等的地位，换言之，交易依赖于权力。例如某些买卖只许一定的人做，普通人不得进入，又如某些商品指定必须从某一厂家采购，或者对某些商品排斥它们进入市场，或者用一些似是而非的理由禁止某些商品的使用等等。我并不否认，以上种种限制有不少是必要的，但我们必须注意，一旦由于任何一种理由让权力进入了市场，权力就可以与金钱交换，这是一切市场出毛病的根源。

社会分层为有权和无权，又分层为有资和无资，这都不可怕，甚至还是必要的。可怕的是把权力运用到市场中去，用来和金钱相交换，其结果是有钱的人变得有势，有权的人变得有钱。有钱人得势并非公共管理的需要，也不是因为他们有公共管理的才能；有权人的钱并不是在市场上通过平等自愿的交换赚来的，而是用公众赋予的管理权去交换得来的。所以我们要防止的是有钱的人有势和有权的人借权弄钱。

可是事实上这两点很难做到，权和钱的勾结是任何一个使用货币的社会极难防范的事。政治家竞选需要大笔开销，穷人根本不可能去竞选；一个富人犯了罪可以花钱请精明的律师为他辩护，有罪可以变无罪，这些都是权钱勾结，可是又是合理合法的。更不用说，一切政府管市场的地方都有贪污的机会存在，可是政府又不能不管市场，这些都是尽人皆知的事实，所以说权钱的勾结是极难防范的。

但是一个清醒的政府应随时提高警惕，防止各种方式的权钱勾结。禁止有偿新闻，肃清收费评奖，不许择校收费，杜绝买卖文凭以及最近国务院发布的禁止对经济型小轿车在交通规则上的歧视，都有利于防止权钱勾结。但剩下的问题还很多很多，值得在每一项政策出台以前以及对已经出台的政策都要仔细想一想，这样做是否会让权钱勾结钻了空子。

10. 个人和社会的致富之道

——你跑步追上一辆公共汽车，可是刚要跨步上车时售票员把车门关上，按铃启动，扬长而去。

——你写信时忘了写对方的邮政编码，虽然你知道这个编码。

——你不知道邮政编码，因而没有写，结果信被邮局退了回来。

——马路上有人吵架，大家驻足观望，抱着无穷的兴趣，必欲穷其所以才肯走。

——红灯抢行，十字路口乱作一团，彼此挤得动弹不得。

——警察把乱设摊位的小贩的货物掀翻在地，甚至把小贩的三轮板车扔上卡车拉走。

——开会时因某人未到，大家等上十几分钟。

……

这些现象是我们每天都能见到的，已经司空见惯，谁也没有想到它们之间有什么关系。但是从经济学家的眼光看来，这些现象是使中国成为穷国的根本原因。

中国为什么穷？这根本不是新问题。革命家、政治家、学者和一切怀着“天下兴亡，匹夫有责”责任感的热血青年和耄耋老人都曾思索过这个问题，各人也都试图对此作出回答。可是，究竟什么才是正确的答案呢？有人说，中国之所以穷是因为帝国主义的侵略，因此要解决穷的问题先要打倒帝国主义（可能首先要肃清内部同情帝国主义的分子，因而以阶级斗争为纲）；也有人归纳为科学技术落后，因为它是直接的生产力，因此首先要发展科技；也有人归结为教育落后，甚至归结为方块汉字造的孽。

一个国家穷并不可怕,可怕的是受了穷而不知道穷的原因,更可怕的是错怪了穷的原因。

从经济学的基本观点来分析,穷是因为许多生产潜力不能发挥,因为人们的劳动没有用在生产上,甚至用在了抵消别人劳动成果的努力上;更因为各式各样的浪费普遍存在,耗掉了社会巨大财富,可是每个人对此又无能为力。要解决这些问题,有许多是国家领导的事,普通老百姓很难主动去纠正。但也有许多纯粹是老百姓的事,只有百姓们自己明白是如何把自己弄穷的,才能改正。上面的一些例子,正是属于这一类。

在美国,而且不仅是在美国,在一切富国里,我们可以看到的是:

——公共汽车司机(司机往往兼任售票员,所以没有售票员)会等待跑来的乘客,对于行动缓慢的老年人更有耐心和关怀备至。这样一方面减少了乘客的候车时间,避免了浪费;另一方面,创造了一个和谐和宽松的人际环境。

——写邮政编码已经成了每个人的习惯,因而提高了邮局对信件的分拣速度。

——万一你不知道编码,也可以放心地把信寄走,绝不会退回给你。邮局代你查编码所花的时间肯定比你自己去查少得多,因而从整体上提高了社会效率。

——我在国外生活多年了,从来没看到过有人在公共场所吵架,更没有看到过聚堆看热闹的人,因为人人讲礼貌,人人都没有那么大的火气。你踩了别人一脚,当然会说一声“对不起”;你被别人踩了一脚也会听到一声“对不起”。怎能吵起架来?再说,在一个充分活跃的市场经济内,到处都有招人的广告,上班时间是非常灵活的,所以每个人的时间都有转化为金钱的可能,绝没有理由把宝贵的时间花费在无谓的活动上。

——十字路口是道路通过能力的限制口,要提高道路的通过能力,避免在十字路口堵车,应该加快车辆在此地通过的速度,而不是减速通过,要做到这一点必须每个人严格遵守交通规则。从感觉上看,似乎红灯前不抢行是耽误了时间,实际上与人方便的结果是自己方便。人虽然是万物之灵，可是要觉悟到不抢行反而减速等待，在这一点上学习速度是非常之慢的。

——富国里同样有犯规的小贩，但确实只是个别的，人人遵守规则，形成了一个有教养的社会风貌，是文化环境的一个组成部分。警察遇到犯规的商贩，用文明执法的原则来处理。在西方，失业是社会的一大难题，政府的重要职责之一就是创造就业机会。政府借钱给做小本生意的人，更不会去没收他们那点微薄的资本。小贩是需要教育的，但是粗暴的态度并不能教育人，倒是引起愤懑的反应，严重时会引发犯罪。

——守时是发达国家的基本特点，飞机正点起飞，火车正点发车，商品准时交货，开会准时出席。一个交换频繁、联系复杂的商品经济社会，缺少了守时这一共同规则，它是无法运转的。开会有人不准时出席，会议不会让多数人等少数人。

上面这些例子只是无数类似事件中的一小部分，它们的共同特点就是妨碍了一个国家的财富的创造、积聚，并造成已经创造出来的财富被浪费。它并不属于法律管辖的范围，人们这样做并不犯法，甚至也谈不上是道德问题，可是大量这类事件的最终结果是社会变穷。这类事件的起因，责任在于我们每个老百姓，不论你是一名售货员、司机、教师、电话接线员、政府办事员，改变一下你办事的原则都可能使社会的财富有所增加。当每个人都这样想时，国家就富起来了，你所支付的同样的劳动就会得到更高的报酬。

11. 道德建设中言教不如身教

大家都认为道德的特征是为了他人而牺牲自己的利益，因此它是反功利的，然而大多数人也许并未意识到，归根到底道德的基础是功利主义的。换句话说，只有别人得到了利益，自己才值得去牺牲利益，而且别人所得的利益比之自己失去的利益更大，这才是道德的正常依据，因此履行道德义务不是为了虚无缥缈的目的去当苦行僧。如果一项道德准则将使一切的人受损,这将不成其为道德,恰恰是反道德的。如果我们不能透过道德在表面上的反功利看到道德实质上的功利主义,我们将永远无法掌握道德的精髓,而且必定会在评论道德问题时陷入混乱。

如果我们生活在一个道德高尚的社会内,会感到安全、祥和、融洽、幸福,这种气氛只有由周围人群的道德觉悟来提供。相反,如果我们生活在一个缺乏道德的社会内,周围是一批目光短浅,自私自利,当自己陷入困境时,也不会有人伸手帮忙,甚至乘人之危、趁火打劫的人,我们将感到紧张、不安,要处处提防坏人,要为自己的亲人担忧,这将造成一个令人焦虑的环境。试比较上述两种情况,我们将进一步认识到道德的功利特征,它对功利的要求与直接的功利主义仅有一点不同,即道德提供的利益是通过集体行为而实现的,但受益的仍是个人,是集体中的一员,而绝不是抽象的"集体"。集体不可能感到融洽和幸福,只有个人才会有这种感觉,正像集体不会感到饥饿,或身上发痒,只有个人才会有这种感觉一样。

道德环境是由集体中的每一个人提供的,当每一个人提供这种道德环境时,往往要作出某种牺牲。当一位少女路遇歹徒时,路人出拳相助,这使他可能经受某种牺牲,但他维护了一个道德环境。如果人人都有出拳相助的道德,这个社会内将无盗贼的容身之地,因而是一个安全、融洽的社会。相反,若周围都是怕事之徒,眼看着少女落入魔掌,也宁可袖手旁观,无动于衷,则必然盗贼蜂起,无法无天,最后这批怕事之徒难免终有一天同样落入魔掌。所以道德实质上是一种公共服务,它由社会的每一个人提供,又被每一个人享用。商品和劳务也为个人服务,但那是通过双方自愿的交换来实现的,而道德则是单方面提供,并非建立在即时的交换之上的。出拳相助的义士并不要求任何回报,但当每个人都当义士时,每个人又都有机会享受社会的道德服务。

下面的例子可以更形象地说明道德是公共服务的意义。领一群小学生到公园去玩,教师告诉孩子们,在公园里不要乱扔果皮纸屑。当孩子们来到一所卫生很差、满地肮脏的公园时，孩子们会忘记教师的叮嘱，而和以前扔了脏东西的人一样，随便扔脏物。这说明，当人们没有享受到别人提供的道德服务时，他也不愿意提供这种服务。相反，如果孩子们来到一座卫生良好的公园，甚至不用教师的提醒，孩子们也会自动地保持公园的清洁。这说明，而当人们受到别人提供的道德服务时，他也会愿意向别人提供这种服务。

这一例子有力地说明了何以道德建设身教重于言教。身教是以自己的行动去为别人提供道德服务，别人享受到道德服务时，也会参与这种服务。光说不练，叫别人应该如何如何，自己却不照着去做，叫人怀疑你想“剥削”别人的道德服务；自己不服务，却想坐享别人的服务，结果很可能被人嗤之以鼻。光有言教而无身教，比之没有言教更坏，因为别人有一种被欺骗的感觉，而当欺骗盛行时，社会将面临道德崩溃的危险。

重大的丑闻对社会道德有极恶劣的影响。当林彪事件败露之后，中国社会的道德水平一落千丈，因为天天手里摇着“红宝书”，声称无限忠于毛主席的全国人民的副统帅竟然是一个阴谋家！人们普遍感到受了欺骗，因而再也没有什么可以相信的了。“他可以骗人，我为什么不可以？”社会弥漫着欺骗时，人们做坏事的胆子变大了，因为“这么大的骗局都可以瞒天过海，小恶谅必无碍”。美国前总统尼克松因在水门事件中说谎而下台，此事虽然没有林彪之事那么严重，也具有极大的破坏作用，如果不逼尼克松下台，道德危机将不可避免。加拿大短跑选手约翰逊在奥运会采用服兴奋剂的手段得了金牌，同样是一大丑闻，因为他愚弄了全世界的观众，使人们怀疑奥运会颁发的奖牌究竟有多大价值。这些事实从反面论证了身教的重要性。

一个人向社会提供道德服务，未必能唤起全社会的回响，因为一个人的道德行为并不能为社会中的每一个人所享受，这正是道德建设中带根本性的难题。要进行道德建设，要宣扬好人好事，这样可以鼓励人们奋发向上，逐渐形成一个互相提供道德服务的环境，这说明道德教育应以正面教育为主。但如果对光是享受别人的道德服务，自己却规避道德义务的人不加以批评，道德环境就很容易被破坏，因为乘机捡便宜的人会越来越多，形成了风气就难于扭转了。道德建设固然要宣传雷锋、焦裕禄这样的英雄人物，但这仍是言教，顶多只是间接的身教，直接的身教要靠社会有影响的人物带头。家庭中靠家长，学校里靠老师，社会上是靠各级政府领导。因此，每一个家长、老师、领导都要有道德责任感，要处处作出表率。一位士兵跳入冰水中救人和一位政府领导跳入冰水中救人的社会后果不可同日而语，没有道德责任感的人没有资格当教师或政府领导。彼得大帝一世在俄罗斯寒冷的深秋跳入冰冷的水中去救援受困的士兵，因而罹病，几个月后去世。他一生功过不论有多少争论，但他的人格力量无疑是伟大的。

重大的社会丑闻将对社会道德水平构成威胁。同样的道理，当社会处于某种特殊环境之中时，如果一部分人破坏了道德约束，可能导致道德崩溃，例如在最近发生的洛杉矶地震时曾出现大范围的抢劫。在战争临近，政府不能实施有效的社会管理时，也会出现类似的现象。相反的例子也出现过，即人们普遍期望更高的道德环境将出现时，全社会的道德水准可以在一夜之间明显地提高。1949 年上海解放前夕，国民党仓促逃离，由于普遍的贪污腐化，欺骗百姓，上海已处于道德崩溃的危机之中，但解放军进城后，纪律严明，秋毫无犯。共产党的新作风、新思想立刻给广大群众带来道德环境的新期望，一夜之间道德崩溃变成了道德升华。一个普通的农家妇女也敢于站出来和破坏公共秩序的壮汉作斗争，社会上的坏人坏事便无容身之地。这些正反例子说明了道德是需要实践的，因此，身教重于言教。

12. 对出租车司机说一声“谢谢”

市场经济建立在交换的基础上，这是一个每个人通过自己的职业为别人服务的经济体系，它不是万事不求人的自给自足经济。但是每个人为别人服务都不是无偿的，职业就是为别人服务，它同时又是自己的谋生手段。市场经济中每个人为他人服务，又享受他人的服务，是一个我为人人，人人为我的社会；是一个人人都买，人人都卖的社会。在一个发育充分的市场中，种小麦的农民从面包房买面包吃，因为这是效率最高的生产方式。农民只管种小麦，磨坊专管磨面粉，面包房专管烤面包，可能还有专门生产包装纸、发酵粉等等的企业。这种分工精细的社会结构，组成了高效率的生产，整个社会得以富裕起来。

由于市场经济中物物交换几乎被废止，一切交换都以钱作媒介，于是产生了拜金主义。其特点是以为有了钱便有了一切，忘记了交换实质是人与人在打交道，于是有钱的人颐指气使，没有钱的人仰人鼻息。从事一项职业仅仅是为了谋生，而不是为别人服务，于是每个人在自己的工作中为别人服务的高尚感和愉快感消失了，对职业失去了兴趣，更谈不上对职业的爱好和从爱好产生的光荣感。这是一种歪曲了的市场经济，是散发着铜臭的市场经济，在这样的社会中生活，除了满足物质欲望外，没有愉快、信任、荣誉和创造。

发达的市场经济不是这样的。随着交换的普及和深入到每一个角落，相应地建立起了市场经济特有的文化。这一文化的最基本之点，就是通过相互的服务，建立起和谐的人际关系并进而把这种人际关系推广到交换以外的领域中。在这样的社会中，金钱退居于从属地位，而服务的观念成为交换的主题。每人从事于某一职业，首先是为社会中的其他成员服务，其次才是为了赚钱；每个人在享受别人的服务的时候，首先想到的是感谢别人的服务，付钱只是市场经济所必须遵循的规则。这时候产生了对职业的热爱，把职业看成自己的事业，精益求精，不但有产品的高质量，服务手艺的高质量，而且伴随着有礼貌地待人接物。

因此我们在发展市场经济的时候千万不要忘记培养市场文化，对职业的尊重则是这种文化的基础。社会中的每一种职业都是崇高的，是值得为之献身的。在一个具有强烈敬业精神的市场经济中，每一个人不但能享受丰富的物质生活，而且能从交换中享受到信任、友爱与和谐，这一切要从培养对职业的崇敬出发。当你享受别人的服务时，不论你为此付出了多高的价格，你仍要对和你交换的人致谢；当你坐出租车下车付款的时候，不要忘记说一声"谢谢"，你不会失去什么，相反倒是体现了你的修养和风度。

13. 为什么要讲宽容

我从来不上网，因为没有时间。不过从发给我的电子邮件中也知道有许多评论我的文章，好的坏的都有，这很正常。有人骂我是伪学者、伪君子、被政府收买了等等。我并不计较这些，也懒得去反驳。另一方面又有人把我抬上天去，把我变成了圣人。其实我二者都不是。我是一个普通人，也有七情六欲，需要和错误思想作斗争，也经常拿不定主意，摇摆不定。

说我是伪君子的人，有一些是我认识的。其实他们是很有热情的青年人，但是缺乏宽容。这件事使我想起了反"右派"。那时候的积极分子除了少数想入党，踩着别人当梯子向上爬的人之外，大部分都是有热情的青年人，凭这份热情他们不惜冤枉好人。近一些的文化大革命，此中也有许多热血青年，抱着解放全人类的热情，横扫一切"牛鬼蛇神"，叫他们永世不得翻身。这些人和现在的热血青年虽然政治倾向正好相反，但是有一个共同点，就是缺乏宽容的精神。主张专政的人不讲宽容还情有可原，为什么追求民主的人也缺乏宽容呢？民主最最需要的正好就是宽容。可以说，没有了宽容就没有民主，这二者几乎是等价的。我们向往民主的朋友们如果不明白这一点，用绝对和严厉的态度追求民主，如果他们"事业有成"，中国就要吃大亏了，再一次大规模冤枉好人的类似于反"右派"的运动完全有可能发生。我们往往以为"文革"等罪恶是一些坏人干出来的，殊不知他们绝大多数不是天生的坏人，从好的出发点也能干出坏事来。而且一件事是好是坏在当时是很难判断的。宽容是一剂良药，它能防止因判断错误而干坏事。虽然宽容本身也可能犯错误,那就是纵容了坏人。如果我们不得不做选择的话,我宁可选择因宽容而犯错误。从历史的经验来看,不宽容而犯的错误远远超过因宽容而犯的错误。

民主这个词是翻译过来的,不是土生土长的。中国从来没有民主的生长土壤。可惜这个词翻译得很不准确。民主容易被误解为人民当家作主。如果这样理解民主,结果必将是内乱纷争,因为谁都是人民,都有理由当家作主。你是人民,要当家作主,我也是人民,也要当家作主,岂不就争起来了吗?把民主理解为协商和宽容,与专制的一个人或一个集团说了算不同,争论就有了解决的可能。有人批评中国人民主讲得太多,宪政讲得太少,这批评是对的,就因为民主这词没有点到要害。当然叫喊民主也是有用的,对主张专制的人会有一点限制。

进而言之,我觉得主张宪政还不够,宽容才是最后的精神。没有宽容的宪政必定是争争吵吵的议会闹剧。只有本着宽容精神的协商合作,才能得到良好的政治。当然,宽容是有前提的,这就是人与人的平等。宽容是指放弃对别人指责的权利。奴隶对奴隶主就谈不上讲宽容,因为他根本没有指责主人的权利。而且奴隶对奴隶主反抗是正当的,强求他们讲宽容,难道要他们永远当奴隶吗?所以任何人和人不平等的关系将排斥宽容的可能性。当人和人已经处于平等地位时,或者说,在已经有了人权和民主的社会中,彼此之间既可能互相宽容,也可能互相苛责。所以说,宽容是人权社会中人与人相处的最重要的原则。现在我们还不是人权社会,但是在将来我们应该建立一个什么样的社会这个问题上应该有共同的认识,而且也应该从现在起就培养宽容的精神。

在学术问题上,在政治问题上,宽容是必需的。不论别人发表什么样的意见,哪怕自己认为是错误的,也应该抱着宽容精神。因为正确和错误往往并不容易判断,自己认为正确的未必真的正确,认为错误的未必真的错误。历史上这一类的经验教训实在太多了。这个道理显而易见,但是往往被多数人所忽视。甚至有些非常有水平的学者都在这方面犯错误,写文章挖苦人,其实是损人利己,从让别人痛苦中获得自己的快感。

对待强盗、小偷、杀人犯要不要宽容？这是另一类问题。就事论事，应该以直报怨，该制裁的要制裁，该处罚的要处罚，但是要与人为善，从教育出发，给人改过自新的机会。但是从更全面、更历史地看问题，还是要有宽容精神。这些人之所以去偷去抢，难道社会就没有责任吗？收入分配的不公，司法的不畅通，教育的不普及，社会风气的错误引导都对此有一定的责任，所以以德报怨是有道理的。初看是过于纵容，于事无补，但是从历史的眼光看这是解决问题更为根本的办法。全世界反对恐怖主义有没有效，就看是否有宽容精神。或者说，现在反恐怖之无效，正因为缺乏宽容的反省精神。以德报怨看似不合理，但是它是许多宗教能够存在几百年甚至几千年的原因。基督教主张别人打你的左脸，你再把右脸给他打。这确实是很不合理的，但是这个主张持续了几千年，有很强的生命力，它有内在的合理性。

过去两国交战，战胜者拿俘虏当奴隶，甚至在凯旋庆典上大批屠杀俘虏。后来发现这样做对自己并没有好处，以后就改为要求战败国割地赔款。第一次世界大战对战败国德国就是这样处理的。但是德国百姓在巨额赔款的压力下，民不聊生，希特勒趁机上了台。相反，第二次世界大战对战败国德国和日本没有要求战争赔款，相反还给予了巨额重建援助，结果这两个国家基本上变成了和平国家。第一次海湾战争对伊拉克要求战争赔款，弄得伊拉克百姓痛苦不堪，学校里连教科书都没有，因为缺乏起码的医药，产妇和婴儿死亡率大幅度上升，而独裁者萨达姆却依然挥霍无度。攻打科威特是萨达姆作的决定，可是惩罚却由伊拉克的老百姓来承受，的确是极大的不公。这种尖锐的对比使得萨达姆的形象更为可恶。其实这才是第二次海湾战争的真正原因。说萨达姆有大规模杀伤性武器，因为没有事实根据，萨达姆不会服气。萨达姆已经接受了联合国各种苛刻的、甚至是侮辱性的检查要求，没有发现任何可疑的蛛丝马迹，仍然认定他藏有大规模杀伤性武器，不论是谁也难以咽下这口气。对萨达姆这种无根据的指责，以及他受到的种种屈辱，促使他拒绝投降，决心抵抗到底，最后造成后来骑虎难下的局势。如果对他的指责集中在对人民的独裁压迫,他或许会服气。但是这样又违反了不干涉国家内政的联合国宪章。反省对待恐怖主义的结果,以及对比第二次世界大战后对战败国的处理和第一次海湾战争对伊拉克的处理,它的基本经验教训就是对广大人民的制裁不可能收到预期的效果。国与国之间的问题,集团之间的问题,或者说,一切政治问题,只有宽容才能够解决。

许多国家都发生过独裁者对人民大范围的屠杀,成千上万的人被莫须有的罪名严刑拷打,判处死刑或者流放。有许多人就此从人间蒸发,再也找不着了,在苏联、拉丁美洲、非洲等地都发生过。凡是发生过这种事情的地方,都面临着如何对待过去参与屠杀的集团的问题。如果以牙还牙,以眼还眼,这样冤冤相报何时了;如果轻描淡写,一笔带过,不对残害人民的专制者加以惩罚,又怎么能防止以后的类似行为?所以一旦发生大批量的杀人事件,处理起来总是非常困难的。

在国际间发生的这类事件,有国际法可用,可以以残害人类罪起诉。但是在一国之内,只能援用本国法律,而国内法律一般没有针对这类罪行的条款。所以就得就事论事,个别解决。一般情况下,受害人总是要求严厉惩罚加害人,这样的结果难免冤冤相报,社会难以恢复到和平正常的状态。但是如果不加追究,又不能防止以后类似事件的发生。起诉一个政权比起诉一个个人更复杂,因为政权是一个组织,牵连到众多的个人和单位。在整个犯罪过程中各有各的责任。此时,解决的办法多半是只追究主要领导人的责任。就像整个文化大革命,虽然受牵连的人不少,直接参与的人也不计其数,但是就文化大革命这件事而言,最后只追究了四个人,就是“四人帮”。其中对于个人只追究刑事责任,而不追究政治责任。大规模罪行的主要责任者都是显赫的政治家,对他们起诉,与其说是为了报复,不如说是为了教育后人。所以要达到的目的是他们个人真诚地承认错误,做出最能表示改悔的行动。这样的要求虽然不高,但是对于过去在万人之上的领导人来讲,绝不是容易的事,必须经过内心的剧烈斗争,放下架子,当着大众的面忏悔。这样的事只有在原来的政权大势已去的情况下才有可能发生。倒不是说这些人不可能良心发现,而是说良心只有在巨大压力之下才能被唤起。

对于受害一方来讲,虽然恢复正义的要求完全正当,但是万事有其限度,即使是追求正义也得有限度,过了头就会造成新问题。所以抱着宽容的心态是必需的。追究过去是为了将来,否则是没有意义的,往者不可悔,来者犹可追。我们对文化大革命采取了相当大的宽容态度,才有今日的繁荣。如果无穷无尽地追究过去,彼此纠缠,我们今天可能还没有从过去的斗争中缓过劲来,还有什么建设可谈？当然,宽容不等于文过饰非,不吸取过去的教训。否则,“文革”的灾难,大规模对人的侵犯,无缘无故地被整,可能会再次降临。应该说这种危险是确实存在的,而且在个别情况下还确实发生着。我们不得不为此担心。

14. 经济学中人与人的关系

经济学原是研究人与人在交换中的行为及其后果的一门学问,因此,人与人的关系理应是经济学中最基本的、要明确加以界定的前提。可是中外比较经典的经济学教科书中没有任何一书对这个问题有最起码的交代,这实在是一个严重的疏忽。由于这一疏忽,经济学对一些基本的经济问题无法作出回答,有些重大分歧在所难免。特别是在制度转型中所出现的现实和理论问题,都不是一般宏观、微观经济学所能够解决的,它需要从人和人的根本关系中去思考。

经济学很好地假定了人是理性经济人, 意思是经济学中所研究的人都被假定是精打细算、计较自身利益的生物。尽管这一假定并不符合实际,因为人又是阶级人、宗教人,而且人有七情六欲,并不是一台计算机,所以往往做出远远偏离理性经济人行为规范的事来。但经济学的这一假定确实把人的复杂行为大大地简化了,使得研究起来十分方便。而且人在市场中的行为确实相当接近理性经济人,这已有大量计量经济学的研究可以证明。然而,每个个人都是理性经济人的假定只是解决了个人如何确定自己行为目标的问题,并不能回答人与人之间的关系是本着什么原则来处理的问题。例如囚犯难题就提出了一个经济学未能回答的问题:人从自我利益出发,未能实现社会目标。根据威廉姆森在《资本主义经济制度》一书中的假设,人都是机会主义者,因此,才有交易费用的巨大开销。既然人人都是机会主义者,任何不稳定的利益均衡都难以维持,人在这种不稳定均衡中采取投机决策就可以得利。在囚犯难题中双方都不承认是最有利的结局,但这是一个不稳定的均衡,任何一方改变策略立刻可以得利,并将这种对双方均有利的不稳定均衡转变为对双方均不利的稳定均衡。社会的公共秩序乃至道德规范都是一种不稳定均衡。虽然任何社会中都有少数人采取机会主义态度投机取巧获利,但除了在战争、地震等重大灾害时,社会仍能稳定在一定的秩序和道德水平上,并没有一垮到底。市场是一种制度安排,是一种人和人关系的协调原则。经济学在这方面除了一个理性经济人的假定外并未对人与人是什么关系作出更多说明。

要回答这个问题首先要清楚地定义所谓"关系"指的是什么。集合论里对元素之间的关系作了严密的定义。下面我们试图说明,经济学中假定了参与经济活动的每个个体之间具有等价关系。

集合论中规定的"关系"是指两个元素之间凡是可以判明或者存在,或者不存在某一属性的,都属于"关系"。反之,无法判明是否存在某一属性的,就不是集合论中的关系。例如"小于或等于"是实数集合内的一个关系。因为我们可以判定任意两个实数是满足"小于或等于",或不满足"小于或等于"。相反,"比之更美"就不能构成关系。因为我们往往无法判定某甲比某乙更美还是某乙比某甲更美。美的比较缺乏客观性,使"比之更美"不能构成一个关系。

"等价关系"是一种特殊的关系,它满足三条公理,即自反性、对称性和传递性。自反性是说该集合内的元素自己和自己有这个关系。对称性是说该集合内如果甲和乙有此关系,则乙和甲也有此关系。传递性是指甲对乙有此关系,乙对丙有此关系,则甲对丙也有此关系。比如说,全体实数集合中“相等”即同时满足这三项公理的一个关系。因为X必与它自身相等，如X=Y，则必有Y=X；如X=Y，Y=Z，则必有X=Z。因此，实数集合中的各元素具有等价关系。不难证明，在经济学中序数效用理论的无差异关系也是一个等价关系，也不难证明实数“小于或等于”就不是等价关系，它不满足对称性。从X小于等于Y，不能得出Y小于等于X。同样，序数效用理论中效用选择的优先也不满足等价关系。

在以个人为元素的集合中，“爱”是一种关系。爱满足自反性，因为我们认为每个人都爱自己，但不满足对称性，否则就不会有单相思。也不满足传递性：老太太爱儿子，儿子爱妻子，但婆婆未必爱儿媳。因此爱不是一种等价关系。

经济学中隐含的人与人之间的关系是一种等价关系。首先，关于理性经济人的假设必须推广成为“每个人追求自身利益到极大限度，该限度就是别人同样的自身利益”。经济学研究的是一种交换的经济而不是互不相干的自给自足经济。理性经济人并不是在不和别人发生关系中去实现自身利益的极大化，而是通过交换来实现的。于是便发生了别人也是理性经济人，也要通过交换实现自身利益极大化，如何协调双方利益的问题。等价关系所要求的就是上面的那句话“每个追求自身利益到极大限度，该限度就是别人同样的自身利益”。这种关系首先满足自反性，自己追求利益极大化时不会妨碍自身的利益。它又满足对称性，每人追求自身利益的限度是不妨碍别人的同样的利益的，所以它和对称性不发生抵触。最后，它也必须满足传递性。最惠国待遇中的普惠制就是传递性的例子。WTO成员国中任何两国间的贸易优惠条件自动提供给所有的成员国。自由通航就不满足传递性。内地和香港能够自由通航，香港和台湾之间也能够自由通航，但是大陆和台湾之间却不可以。像这样的关系就不适用于微观经济学的分析和结论。仅当集合中每个元素都照此原则处理与别人的关系时，现代经济学才得以建立。反之，如果每个人只顾追求自身利益而不顾他人同样的权利，只许我赚钱不让你得益，这便成了欺骗经济或霸道经济或特权经济，此时就失去了公平竞争的前提，经济学中的需求线和供给线便不会出现。人们看到的不是在边际价格上成交,而将是巨大的价格差异,它们不是由于信息不充分,而是由于欺诈、压迫和诱惑。经济学的全部结论都要因此而修改。正是由于每个人都尊重别人追求自利的权利,所以每个人都被置身于一个自身利益受到尊重的环境中,才能最大限度地发挥自身的才能去创造财富。

在经济学中隐含的人与人之间的等价关系,还假定每个人的以"自由主义的态度对待别人"。以"自由主义的态度对待别人"就是一种关系,但特别要注意的是我们不能以简单的字面上的含义去理解自由主义。字面上的自由是无约束,但如果每个人都试图无约束地自由行动,结果将使得每个人都没有行动的自由,而这恰恰和自由主义的初衷相背。所以以"自由主义的态度对待别人"的确切含义是把自己行动的自由扩大到这样的限度,即不影响别人同样限度的自由行动。因此,在这个集合中每个人都享有最大限度的自由,同时却不会导致各个人自由行动的互相妨碍。因此,自由主义的确切含义是:每个人限制自己的行为,不妨碍他人的自由(和自己相同的自由)。此时每个人因为没有人妨碍他的自由而得到了最大的自由。这是一个惊人的结果——原来自由主义是限制自己的自由。

市场经济建立在交换的基础上,而交换又以牢靠的财产权为前提。所以私人财产权的不可侵犯性是市场经济所必要的。从人与人对等的观念看,财产权的不受侵犯等同于不得侵犯他人的财产。在全社会内,每个人的财产要得到保障,其条件就是每个人都不得侵犯他人的财产。我们常常强调财产的保护,而不强调不得侵犯他人的财产。其实这是二而一,一而二的。如果没有任何人侵犯我的财产,我的财产自然得到了保护。谁最容易侵犯私人的财产?是强盗小偷,但是那都有政府管着。真正会大规模侵犯财产的恰恰就是政府。所以说,财产保护的问题实质上是对政府行为的制约。政府常常用各种借口侵犯私人财产,比如大规模充公,更换货币并限制以旧换新的数量,用低价强行收购百姓的贵金属。凡是发生过这种事端的社会,很难重新建立起市场经济制度。

这样一种关系显然满足自反性。自己对待自己允许最大限度的行动自由,并不干预到自己的自由。它可能不满足对称性,因为甲以这样的态度对待乙,乙可以以同样的态度回报甲,也可以以相反的态度对待甲。在后一种情况下就不满足对称性。但经济学中所研究的人际关系要求乙以同样的态度对待甲。同样的道理,这一关系也可能不满足传递性。然而经济学要求的是满足传递性的关系,否则经济学中的一系列结论都将被动摇。如果"每个人都以自由主义态度对待别人",则此种关系显然满足等价关系。和这种自由主义等价关系相对立的是管制关系。管制关系不可能是等价关系,因为社会中有管制者和被管制者。这二者之间显然不满足对称性。

自由主义的等价关系为每个人提供了一个自由选择的环境，这个环境正是每个人为别人提供的。由于这样一个自由选择的环境,交换才得以在有利于双方的条件下进行，每一个交换都成为一个帕累托改进,提高整个社会经济效率的分工才得以发展。光有理性经济人的假设及自身利益极大化的等价关系而没有自由主义的等价关系,经济仍是僵化的。

自由经济和管制经济是截然不同的两种经济观点。持前一种观点的人认为,要想把经济搞好,经济活动的自由选择是必要的。人可以在不侵犯他人自由的条件下尽量扩大自己的自由。此种哲学的法学表现就是无罪推定。只要法律上没有禁止的事都是可以做的,因为每个人都可以在不侵犯别人自由的条件下尽量扩大自己的自由。持后一种观点的人则认为经济只有加强管制才能正常发展,否则经济就要出乱子。此种哲学的法学表现就是有罪推定。除了法律上允许做的事,其他的事都不可以做。人只有在规定的范围内活动才算合法。

交换给双方带来利益,本来应该是自发的行为,不需要有政府或者其他组织的领导。市场经济制度也应该能够自发地产生。但是事实上市场经济在人类历史的很晚阶段才出现。究其原因,就是因为人与人的关系远不是对等的,是不平等的。一直到欧洲文艺复兴之后,出现了人权思想的萌芽,又经过英国和法国的几次对皇权限制的斗争,人身权和财产权逐渐得到确认,这才有了市场经济。在中国,皇权始终统治着中国。在这种体制下,人的权利按照等级划分,根本不是等价关系,市场经济就无从谈起。如果不是东西方思想文化的交流,很可能中国至今仍然是几千年以前的老样子。可以说,市场经济是进口品,有点半生不熟。国内至今所制定的大部分法律也是从西方移植的,如证券法、公司法、银行法,都是如此。但是中国缺乏作为市场经济基础的人权观念,没有土生土长的自由、平等思想。所以这些法律的贯彻往往碰到许多困难。

我国(也包括俄罗斯等转型中国家)在迈向市场经济中普遍面临着市场混乱、道德滑坡甚至黑道横行的严重问题。原来计划经济的意识形态原则是不计个人得失,共同献身于一个伟大的目标,而市场经济的原则变成了人人追求私利。经济学家介绍的理性经济人假设,只承认了人是追求自利的理性生物,而没有强调在这个追求自利过程中人与人的等价关系。因而在制度演变、法制设计、伦理基础的建立中出现了巨大的混乱。可见,将市场经济中人与人的关系放在一个十分清晰又可以判别是非的基础之上具有非凡的重要性。正是由于人与人之间有等价关系,才有法律本身必须保证的人与人之间的平等,才有在执法过程中在法律面前的人人平等。经济只有建立在这样一个等价关系基础上的法治环境之中才能繁荣昌盛。

15. 金钱如何毁人,又如何造福于人

我在 2005 年 2 月 20 日的《新京报》第 B34 版读到一则真实的故事,讲一个美国人中了头奖,得到 3.14 亿美元。可是金钱没有给他带来快乐,相反,带来的是无穷的烦恼,最后差不多家破人亡。这个故事太深刻了,它引起我们认真的思考:我们追求的是什么,我们怎么才能够得到幸福?

中了头奖的人名叫杰克, 本来就是一位百万富翁, 开着下水管道公司,手下有 100 多名员工。他出身贫寒,全凭自己的辛勤劳动取得了成

功。他有一位结婚40多年的恩爱妻子，有一个视为掌上明珠的外孙女。他是很典型的美国人，诚实、善良、勤奋、爱家，经常去教堂。他得奖以后决定扩大自己的企业，改善自己的生活，并花钱帮助本州有困难的人。这些都非常符合常理。

然而平静的生活一去不复返了。当地和附近的人知道他发了大财，不管认识不认识的，都想从他身上捞一笔，不过各人用的方法不同。有的胡搅蛮缠，有的拍马奉承，有的威胁恐吓，有的软磨硬泡。不管杰克走到哪里，都有人事先埋伏在那儿，想方设法和他接触，他被弄得烦恼不堪。好在他不缺钱，花点小钱打发他们走是他可以作出的最佳选择。没想到这么一来招来了更多的人。他专门请了三个人为他处理这些乞助信件，照样忙不过来。他无法正常生活了，他变得烦躁不安，容易发脾气。他看透了人的丑恶的一面，再也没有过去那种平等、互助、彼此关心、互相帮助的气氛。他逐渐变得看不起人，盛气凌人，整个世界在他的眼里已经变了形了。而外界对他的看法也转了一百八十度。他不再是一个君子绅士，而是一个狂人。

由于有了花不完的钱，他与众不同了，他不再是一个普通人了。以前他去教堂，只是诚心诚意地祷告，请上帝宽恕他的错误。现在他敢于向上帝挑战了。他经常说的一句话就是：我的钱比上帝还多，你们必须按照我的话做，你们应该为我欢呼，庆祝我的成功。当地小镇本来有一个小教堂，比较破落寒酸。杰克得奖后答应花百万美元重建教堂。可是教堂建成后，大家讨厌他的趾高气扬，宁愿去又窄又小的老教堂而不愿意去杰克花钱修的新教堂。钱，并不能收买人心，人们都有自己的评价标准。

然而最不幸的是他视若生命的外孙女的遭遇。杰克的女儿因为丈夫自杀身亡，自己又得了癌症，把女儿从小就寄养在她的父亲家。所以杰克夫妇把孩子抚养大，对待外孙女比自己亲生的还要宠爱。杰克常说外孙女布兰迪的世界就是他的世界。杰克中奖前，布兰迪16岁，在高中念书，是一个健康快乐的普通女孩。她有自己的同学、老师，相处得无忧无愁。可是自从外公中了大奖以后，她用外公的钱摆阔气。请吃请玩是小事，更拿外公的钱买豪华轿车,拿钱雇用同学当司机,一次就给500美元。送同学礼品,其中有时髦服装,甚至大钻石戒指。这种摆阔行为招来了一批趋炎附势者,想办法讨好她,奉承她。她的世界跟她外公一样,整个地变了。她的朋友换了一批又一批,逃学成为家常便饭。逃学干什么?到处无目的地游荡,甚至闯祸。好在有钱,闯了祸拿钱摆平,这就是她的生活。后来她结交了一批最危险的吸毒者,她的男朋友因为吸毒过量死亡,最后她自己也走到了同样的结局。这使得杰克痛不欲生,可是杰克并没有真正懂得是什么导致了他外孙女的死亡,他认为那些教唆布兰迪吸毒的人是罪魁祸首。他不明白真正的祸根是钱。当人们做钱的主人时,钱给人带来幸福,而当人们变成钱的奴隶时,钱给人带来灾难。

据统计,大额奖金的多数获得者都没有从奖金中得到快乐。不但获奖者本人,连那些相关的人多半也是倒霉的多,像杰克的外孙女布兰迪,还有布兰迪的男朋友那样。大奖开奖时,一大笔钱从天而降,这给社会极大的购买力,它应该造福社会,应该使全社会增加许多快乐。可是事实上结果往往是相反的。为什么?我想这是因为大多数人还是习惯于做钱的奴隶,被钱所驱使,钱使人失去了理智,变得疯狂。几亿美元的钱如果用在最需要钱的地方,比如看病没有钱会使生命遭到威胁,上学没有钱会使一个天才被淹没,高回报的投资项目因为没有钱而被搁置等等,这个时候的钱能为全社会创造多少快乐!可是事实上像杰克那样的经历,不但没有给社会创造更多快乐,反而制造出许多痛苦,这是多么令人遗憾。大家都认为赚钱很难,殊不知用钱同样很难,特别是当钱很多的时候。当今我们这个社会有越来越多的人富起来了,懂得怎么花钱值得这些新富起来的人好好想一想。

16. 道德与法治

市场经济下的道德问题在10多年前和现在相比较已经有了很大的

不同,10多年前所阐明的与一般人对道德的认识不同的地方仍然成立。它的基本观点就是"私心不但不应该反对,反而是应该保护的。尤其是要保护别人的私。因为自己的私本来就有自己在保护着,问题往往是自己侵犯了别人的私。也可能是别人的私心膨胀,侵犯了我的私。总起来看,是彼此因为私心膨胀而彼此侵犯。所以道德问题的核心是克制自己的私心,不要损人利己"。强调保护彼此的私心是从传统的计划经济道德观改变到市场经济的道德观中一个必须重视的观念改变。事隔10多年之后有什么需要补充的呢?应该说,在基本观点方面有一点重要的补充。

在这过去的10多年中,经济得到高速发展。社会的组织化程度在提高,个人和社会的关系,不但有个人和个人之间的,而且越来越多地发生在个人和集团之间,发生在个人和企业之间,个人和政府之间,个人和各种团体之间。个人侵犯集团的利益的事情发生得越来越普遍。贪污腐化就是最典型的例子,这是个人的私心损害了社会的利益。贪污腐化从表面上看,并没有任何人受损,只不过是财富的转移,从一些人的手中转移到另外一些人的手中,社会的财富总量没有净的损失。从表面上看也没有谁遭受了物质损失,也正因为这样,这一类的问题更难于解决。拿法官受贿来讲,牺牲的是社会正义,得来的是社会的无序,使道德的问题更难于解决。有些案件法官也没有受贿,只不过因为有外界的压力,作出了违背良心的判决。像这一类的事情,虽然没有财富的损失,但对社会的道德损害极大,因为社会失去了方向,百姓失去了信心。各人各奔自己的前程,忙着发财,不再关心全社会的大是大非。这正是当今中国道德问题的特点。一方面经济增长很快,另一方面大家对前途失去信心,都感觉会有什么变化将要发生,等着这一天的来到,过着过一天算一天的日子。这实在是一个危险的社会。共产党的领导人多次说过,贪污腐化会亡党亡国,这不过是从党的执政地位来考虑,不肃清贪污腐化共产党就会下台。其实它的危害性远不止于此。它使社会分散化、原子化,失去凝聚力。除了钱能够调动人的积极性,其他社会公益、社会正义、公共利益都不在关心之列。相反,一个人过于关心社会的正义反倒是危险的,因为侵犯了政权的垄断性。个人积极参与反贪污是一件危险的事业。这样的例子已经很多了。

在这样一个背景之下，道德问题越来越成为社会问题，而不是个人之间的问题。用是否侵犯个人利益来解释道德的是非已经远远不够。这引起我的思考：到底什么是道德？我并不想放弃道德的功利主义解释。因为给人类带来痛苦的规则绝不可能是符合道德的。道德最终必须落实在每个人的利益上，这个利益不仅仅包括物质的，也包括精神的。反之，给社会带来痛苦的规则肯定是不道德的。比如斗争哲学，把斗争本身看成是追求的目标，提倡人与人斗，斗得别人妻离子散，寻死上吊；斗得大家饭也吃不饱，把时间都用在使别人痛苦上。到最后，斗人的人也被斗了，社会成为一个巨大的制造痛苦和悲剧的机器，造成全社会痛苦总量的极大化，这就是"文革"十年的社会。这种道德肯定是错误的。

现在政府当局提出了建设和谐社会的目标，这是一个重大进步。怎么达到和谐，还是一个需要进一步思考的问题。个人之间没有彼此利益的侵犯，当然是和谐的一个条件，但是还远远不够。和谐还需要社会有公认的一致准则，这个准则不但说在口头上，而且表现在行动上。千万不可以说的是一套，做的却是另外一套，这样还不如不说。因为说假话直接破坏了社会所公认的准则。尤其是如果这是当局的行为，则将导致道德的沦丧，使人无所适从，人心涣散。

什么是当今社会的公认准则？这方面已经有大量讨论，而且结论也越来越清楚。那就是正义、人权、自由、平等。一个社会如果不能高举这些旗帜，甚至于害怕这些原则，和谐是不可能实现的，道德也必定是缺失的。

附录二 关于作者及其作品的部分报道和评论

1. 经济学家:智慧与责任

王 骏*

记得在一个狂风不止的初冬，茅于轼先生应邀为北京大学理科博士生讲课,在一教201阶梯大教室,人头攒动,暖意融融。茅于轼先生的讲题是“经济学与数学规划”。讲毕，主持人总结说:“茅先生是一个数学功底很好的经济学家(也许,有些经济学家数学不太好),同时也是一个很有思想的经济学家(也许经济学家不一定都有思想),今天的讲话突出反映了茅先生的第一个特点。”当时课下因有较多学生围着茅先生请教，我一直想问主持人乃至茅先生本人但又最终未问:茅先生的第二个特点如何得以充分体现呢?

眼前这本《中国人的道德前景》应是从某一侧面充分展示了茅先生的思想性吧？我想显然是这样的。

如同大家早已熟悉的茅先生的其他作品,《生活中的经济学》、《微观经济学十讲》等,在这部著作中,茅先生依然显得那样柔和、敏锐、理性,像一个洞察一切的智慧老

* 王骏,北京大学科学与社会研究中心副教授,哲学博士。

人，悠悠静静地述说着身边发生的一件件小事乃至日常琐碎之事，从中点拨出一个个惊人的道理，于不知不觉之中，我们被点化、开悟了。很难想象如此慈祥可亲的老人的脑中竟有如此"现代"、"开明"、"先锋"的思想；很难想象如此充满思想哲理的观点竟可以从吃喝拉撒一类日常行为中被透彻说明；从不敢想象，类似于"毫不利己、专门利人"的最高道德形式竟内含着如此矛盾的悖论从而无法成为一个社会中普遍遵守的道德基础；也从没有想到，道德是一个常新的命题，市场经济是最"道德"的。

……

的确，我们实实在在是处于是非模糊和道德迷茫之中，我们确确实实不知道什么是"真正"的道德，市场经济下的道德与传统儒家道德有何区别，到底是谁妨碍了我们成为真正有道德的君子，我们又该如何才能有效地建立起真正的道德社会。茅先生的书带给我们心灵上共鸣和思想上启迪的同时，也深深给我们以震撼和冲击，使我们忍不住想跳起来，想大喊：原来道理如此！

我们一直很敬佩经济学家，因为他们很聪明，但茅于轼先生给人的感觉是智慧与责任。《中国人的道德前景》告诉我们，作为一名经济学家，他不仅应具有智慧、学识等，还应时时牢记自己的责任、义务，他应对社会存在及人类文明怀有深深的关怀并为之而努力。智慧与责任缺一不可，因为经济学家也是知识分子中的一员！

真希望再见到茅于轼先生，真希望茅于轼先生再来北大讲课，再次让后生们好好领略他的"第二个特点"，并让后生们感受经济学家的智慧与责任。

也希望中国多几位这样的经济学家，真的！

2. 经济学家的道德眼光

冉云飞

经济学家谈道德是免不了的，经济学创始人亚当·斯密还写过《道德情操论》一书，其著名的论点便是：人们追求自身福利最大化的过程便是道德的建立过程。时下许多经济学著作都涉及道德问题，如高希均的《天下哪有"白吃的午餐"》、汪丁丁的《我的经济学思考》、厉以宁的《经济学的伦理问题》和张宇燕的《说服自我》，等等。

张宇燕认为经济学家在扮演论辩者角色时，要像樊纲那样坚持"道德中立"或"价值中立"几乎是不可能的，"从某种意义上讲，推崇'价值中立'本身就已违背了'价值中立原则'"。那么，与其坚持所谓的"道德中立"或"价值中立"，不如将市场经济条件下出现的道德演化用经济学家的眼光透视出来。我认为茅于轼先生的近著《中国人的道德前景》正是这方面的成果。

这本书不作空洞的说教，也没有意识形态化的道德理想主义的余毒，而是结合改革开放以来司空见惯的生活现象，对"道德问题进行理性的分析，用大家都同意的简单逻辑来分析各种道德主张的矛盾性和一致性……而不是在纯粹的形式逻辑里兜圈子"。它用睿智而明白的思想来解剖经济生活中与道德相关的常识问题，使我们明了过往的一些道德是建立在一种什么逻辑和心理基础上的，从而明了今日一些道德说教者所谓的道德沦丧和堕落，有的只不过是市场经济给道德带来的必然变化罢了。譬如，我国历来对"自私自利"视若洪水猛兽，还主张"毫不利己，专门利人"。但按茅先生对《镜花缘》里"君子国"纯粹"利他"行为的分析，"君子国"由于最终被"小人"利用会变成不折不扣的"小人国"："如果人是利他的，则任何理想都不可能建立起来。"

茅先生有的论述不只是有理，而且大出常人意表。比如以前一些冠冕堂皇的道德训喻，我们只是朦胧地感到有些不大对劲，但就是弄不明白不对劲在什么地方，经茅先生明示，大有醍醐灌顶之感。在谈到集体利益和个人利益关系的时候，茅先生的喻辞妙不可言而又切中事理："人可能会感到饥饿，或身上某处发痒，而集体或国家则不可能有这种感觉。至于利益，不论是个人的或集体的，最后必然像饥饿或发痒那样，落实到个人，为个人所感觉到。换句话说，不存在不能落实个人利益的国家利益或社会的集体利益。"当然,他不是说不需要集体利益,比如公民应纳税或服兵役,要遵守法律和公共秩序,但是不能用集体利益来把个人利益"集体"掉,"不需要斗私批修,不需要动员这部分人去斗那部分人,不需要公开个人隐私,不需要放弃言论自由、人身自由、信仰自由、学术自由、通讯自由、婚姻自由和在市场上的选择自由,虽然这些自由有时候会导致不良后果,但取消这些自由的后果更为悲惨"。我们不可能在一篇小文内将茅先生所阐述的观点全部囊括进来,但将一些他所论述的重要结论告诉目前尚未读到该书的读者,应该是我们先睹为快的人的义务。在论述道德观的萌芽时,茅先生论证出"私有制是道德之神";说到职业道德,他说:"目前微笑服务做得最差的恐怕要数政府官员了,这种微笑在中国几千年的历史中从来都是缺乏的。"他认为"市场经济条件下,最为讲究的是信用",而"财产关系的稳定是整个社会信用关系稳定的基础",财产关系不稳定,就会出现无恒产者无恒心的"超前消费"和"今朝有酒今朝醉"的道德堕落。

市场是需要道德支持的,与市场经济相配套的新道德的建设是当务之急。茅先生说:"当前有少数被宣传的故事中否认个人利益,宣扬人格依附,反对独立思考,提倡盲目信仰,这引起了群众广泛的议论。从事宣传的干部自以为在为国家做好事,实际适得其反。"这实在应该引起人们的深思。

3. 道德:经济抑或不经济

陈国强

也许是从小受过较多德育教化的缘故,平时对道德之类的书籍总是甚少留意。然而,经济学家茅于轼的新著《中国人的道德前景》,却着实让我转变了一回观念。

与一般文学、史学、社会学、经济学等等学科门类相比,道德不啻是一项十分独特的领域,这是一片极易陷于枯燥冗长的沼泽地。所幸,与常见的道德说教大异其趣,《中国人的道德前景》(以下简称《前景》)是从经济学的角度来讨论道德问题的,因此,书中充满了别开生面、引人入胜的丰富内容。

熟悉的人都知道,茅于轼先生专长于微观经济研究,他颇谙"生活中的经济学",善于将生活的点滴经验与市场经济的运作规范联系起来,将经济学还原为事理常规。其"家常式"的经济随笔,说的虽是日常琐事,却往往折射出一些惊人的启示。他的《生活中的经济学:对美国市场的考察》是这样的"点化大众"之作,《谁妨碍了我们致富》保持了同样的风格,《前景》一书仍然保持了这样的风格。

关于本书的内容特点,作者有这样一段"夫子自道"。他说:"本书讨论道德问题着重在两个方面,一是对道德问题进行理性的分析,用大家都同意的简单逻辑来分析各种道德主张的矛盾性和一致性,指出每种主张隐含的出发点是什么,它可以推广到何种程度,其界限何在;二是大量结合我国经济改革以来出现的各种社会现象展开理性分析,而不是在纯粹的形式逻辑里兜圈子。"因而不仅报刊上有趣的新闻报道充当了本书的有用素材,许多司空见惯的现象也成了他讨论问题的出发点。

作者对道德概念的诠释就是一个很好的例子。在一般的认识中,道德是利他的美德,比如奉献、牺牲、助人等等,可以说,道德自古以来就与抑制自利有关,牺牲自己的利益并有利于他人是道德的同义语,换言之,道德是反功利的。然而,作者以其经济学家的眼光判断,道德的基础其实是功利主义的,何故?因为只有别人得到了利益,自己才值得去牺牲利益,而且别人所得的利益比之自己失去的利益更大,这才是道德的正常依据。所以,"履行道德义务不是为了虚无缥缈的目的去当苦行僧,如果一项道德准则将使一切的人受损,这将不成其为道德,恰恰是反道德的"。作者指出,"如果我们不能透过道德在表面上的反功利看到道德实质上的功利主义,我们将永远无法掌握道德的精髓",他进一步论证,道德实质上是一种公共服务,它由社会的每一个人提供,又被每一个人享用。他说,商品和劳务也为个人服务,但那是通过双方类似于契约的自愿的交换来实现的，而"道德则是单方面提供，并非建立在即时的交换之上的"。然而道德也可以看成是个人和社会订立的不成文契约。

道德是利他的——虽然其基础也是功利主义的，而经济则始终与自利相联系。自利给经济以动力，并使人类从中受益，因而无论怎样限制，自利行为总是绵延不断，但在社会经济活动中，行为的公共原则也是一个无法回避的东西。在减少冲突，保持交易秩序方面，道德力量制约着自利的极端化发展。可以说，在市场经济条件下，经济的自利性与道德的利他性是一对矛盾统一体，这一饶有趣味的课题历来吸引着众多的经济学家。现代许多获得诺贝尔经济学奖的经济学家，如阿罗、布坎南、弗里德曼等都发表过关于道德的看法。本书作者选择同样的课题，其观察思考的立足点却是中国实际。

作者的关注焦点在于：市场经济下要不要道德？道德观念是否需要重整？传统的儒家伦理是否需要注入新的道德要素？经济与道德能否相容？如何相容？

近 20 年来，随着改革开放进程的步步深入，中国社会发生了剧烈的变革。在从计划经济向市场经济过渡、社会加速转型的过程中，国人传统的道德观念是否需要作相应的调整呢？作者对此的回答是肯定的。的确，再用过去强调的道德原则来要求新一代人，实际上很难被接受，而且这一套原则在逻辑上包含着严重的缺陷，真正要贯彻到底是行不通的。在茅于轼看来，这种调整也许比价格调整、所有权调整等都更为困难，然而也更重要。他对此还有一个担心，"历史越悠久，传统文化的根底越深厚，完成这个转折也越困难。而且在转折中还可能走向另一个极端，即私欲膨胀，把传统道德中应该继承和发扬的部分统统放弃掉了"。

市场经济之所以具有非凡的活力，关键在于追求自利的巨大动力。我们选择了市场经济作为经济改革的目标，就必须肯定追求自利是正当行为，如果我们依然把"毫不利己，专门利人"作为信条，就等于抽掉了市场经济的发动机，市场将无法运转。但是，既然利己是正当行为，是否讲求道德就无必要，道德应该退出市场呢？茅于轼称这是个极大的谬误，他认为,市场经济中利己有其严格的界限,即不能损害别人的利己行为,所以市场是以无例外地尊重每个人的自身权利为特征的。市场经济是法治经济,这一点已被多数人所接受。但法治是否要道德支持,似乎还存在着争议。依茅于轼的看法,道德是法治的基础,如果没有道德的支持,法治并不能独立地支撑市场。他举了三点理由:一是与道德相抵触的法律很难贯彻。例如不少人认为天上飞的地上走的都算天赐之物,人人得以占有,所以禁猎珍贵野生动物的法律就极难贯彻;二是法治是成本极高的奢侈品,而道德则是没有成本的公共服务。如果一个社会道德很好,就根本用不着法律来管事;三是道德和法律之间还有一段空白地带,换言之,不道德的事未必都犯法。因此,他的结论是,市场经济离不开道德的支持。

其实,即使是在自由主义经济学家那里,"市场"也不是一种可以任意脱离规则的东西。布坎南就说过:"只有在法律的、政治的公共机构框架内,市场的运转才成为可能。"这里的框架除有形的法律、政治层面的制度外,应该还包括了道德等无形的制度,可见,经济与道德不仅可以相容,而且应该相容。那么,这两者到底如何相容呢?茅于轼开出了自己的处方:启动人们心中的道德资源。他说,越是在风气日废的环境中,人们越是对道德崇高的人怀有发自内心的崇敬的心情,说明人们盼望道德的重建,这是一股无形的、然而又是巨大的力量,是一种潜在的道德资源。启动这种资源不是靠说教,而是靠行动,特别是政府官员的行动。他的理由十分简单却又耐人深思:普通人的行为改变不了全局,但领头人的行为却会产生广泛的影响。在家庭里家长是领头人,在学校里老师是领头人,在社会上官员是领头人。"不难设想,如果一国的政府官员个个严于律己,它的社会必有一种向上的道德风气。"的确,谁能举出一个反例呢?

4. 茅于轼在北京大学提出道德新概念

鄢圣华

我国著名经济学家、天则经济研究所所长、中国社会科学院研究员茅于轼先生日前在北京大学讲学时谈到中国市场经济的道德前景。茅于轼从经济学的角度思考道德问题,新意迭出,令人耳目一新。

一、道德的核心:等价关系

人们谈道德一般是从利益的角度来谈的,道德的特点是牺牲自己的一些利益,即人们对利欲的节制。但是,节制利欲并不否定人们利益追求的合理性。实际上,人不追求利益是不行的。如果人人抵制利益,就没有解决人类所面临的问题的可能性。茅于轼先生以我国古代的一部小说《镜花缘》里君子国发生的一个做交易的故事来阐明这个道理。由于交易双方都是君子,都以对方的利益为原则,结果发生了争执。付银的一方硬说自己的银子成色欠佳,分量不足,要多付,而收银的一方则嫌银子成色超标,戥头又过高,不敢多收银子。结果交易无从达成。无奈付银人已走远,收银人只好将他觉得多收的银子秤出,送给了过路的乞丐。茅于轼先生说,我们常常错误地认为,如果关心别人的利益胜过关心自己的利益,争论就不会发生。其实,若人皆从别人的利益为行为的出发点,得到的也不是一个和谐的社会。无私的君子国里人们讨价还价没有可能,形成不了价格,不存在具有双方同意的均衡点,而在现实的商业世界中,虽然交易双方都以牟利为目的,但通过讨价还价,达成协议,这种交易具有双方同意的均衡点。由于君子国内不能实现人与人关系的均衡,从动态变化的观点看,它最终必定转变成"小人国"。因为君子国最适宜于专门利己毫不利人的"小人"们生长繁殖。当"君子"们吵得不可开交时,"小人"们跑来用使君子吃亏的办法从中渔利。因此,茅于轼指出,道德的核心是人与人之间利益的等价关系或者平等关系。这种等价关系表现在三个方面:①人们在经济利益上的对等关系;②人们在基本权利上的对等关系;③在经济利益和各项基本权利面前,人人机会均等。没有均等的机会,就谈不上"等价关系"。

从最本质的方面观察,人自利并不错,问题是自利有一个限度,这个限度就是别人同样有自利的权利,不得侵犯别人的自利。那种借集体主义抹杀个人利益的做法是错误的。不存在不能落实为个人利益的国家利益或集体利益。如果有什么情况集体利益要求牺牲个人利益,仅仅是因为有更多的个人利益需要这样做。也不能借口少数服从多数而剥夺少数人的基本权利,因为少数人的基本权利若得不到保障,最终可能连国家领导人(如刘少奇)的基本权利也得不到保障。

二、道德形成于人际互动关系之中

道德不仅不反对个人利益,相反,一个人正是出于利益的考虑才有道德的要求的,道德产生于人与人的互动关系之中,是一个反复的相互学习的过程。通过这个过程,人们懂得了:虽然我有所牺牲,但对人人(包括他自己)都有利。人们在无数次的两败俱伤(因不遵守道德所致)的教训中学会了相互尊重,学会了必要的节制或牺牲。但道德的维持在人际关系中不一定是稳定的,如果有人犯规占便宜,均衡就打破了,就会出现相互提防,相互欺骗的局面,又需要反复学习,从受伤害的教训中回归到道德的路上来。要别人守规矩,自己也得守规矩;犯规占了便宜,别人也会以其人之道,还治其人之身,结果对双方都不利。如果大家共同遵守道德规则,社会将处于协调与和谐之中,如果别人都遵守,只有一两个人不遵守,这一两个人便可以捡得便宜,因为别人都是君子,君子可欺以其方。但如果一切人都效仿这一两个人的话,社会道德就荡然无存,人类将重新变为野兽。只有每个人都遵守道德,学会必要的节制和牺牲,个人和社会都最终能从中得益。从这一点看,道德是一种交换,一种特殊的交换,是个人与全社会的交换。当人们享受到别人提供的道德服务时自己也愿意提供这种服务;当别人没有提供这种道德服务时,自己也不大愿意提供服务。

因为道德是一种公共服务, 所以处于公共权力中枢地位的政府及其官员的行为对道德状况的影响是巨大的。茅于轼认为,地位越高,影响越大,故有“上行下效”的说法,没有“下行上效”的说法。皇权政治总标榜统治者“光明正大”,而事实上是“满口的仁义道德,满肚子的男盗女娼”,要老百姓守规矩,自己却大搞愚民政策,大要欺骗手段,皇权政治成为社会道德败坏的总根源。其实,任何个人或集团都要受到利益上的制约,都要恪守道德准则,没有人可以例外。因为不受规则约束,不受权力牵制的个人或集团必然会损害别人的利益。中国有句俗话:打铁先从本身硬。领导以身作则,群众才可能跟上。光说不练,群众会怀疑领导想欺骗大家,并从中得利,道德水准非但不能提高,反而可能恶化。政府及其官员当反求诸已,在制度设计中保障任何人都受到规则、权力的实实在在的牵制,如此方能正本清源,建立以法治为基础的道德的社会。

三、中国道德的再造之途

文化大革命结束以后,揭开了我国历史上崭新的一页:人们变得更富裕了;人际关系的范围大大扩展了,其内容也更多是利益往来;西方的观念大量地进入等等。社会似乎世风日下,出现了道德的迷茫。再用过去强调的道德原则来要求新一代人,实际上很难被接受。事实上,新的道德观正在酝酿之中,道德观的变化使新道德观的扩张成为一个无法超越的必然过程。如果不对旧的道德观念加以重新调整,必将与社会的发展和经济的增长格格不入。茅于轼从以下几个方面提出了我国道德再造的途径:

第一,传播平等观念,促进新道德的确立。茅于轼说,平等是专制、特权的对立物。专制主义思想、特权思想不清除,政府行为就可能有意无意地强化个人崇拜、盲目顺从的思想,成为确立新道德的障碍。不清除专制主义思想和特权思想,而欲建立新的社会运行机制,势必矛盾重重。专制主义秩序是建立在不问是非,甚至违反人性的顺从上的。这种道德所酿成的悲剧绝大多数是盲目顺从造成的。在专制主义社会里,强权大于真理,人们被强权强制性地解除了理性的武装。一个不分是非曲直,盲目顺从强权的民族实在是没有理性的可怜的生物之群。

第二,加强制度设计,保障人们基本权利上的平等。茅于轼认为,在制度设计中,平等不仅在伦理上,而且在逻辑上都是唯一可以被每个人都接受的原则,这个概念的出发点就是人人生而平等,即人在基本权利上平等。

第三,建立、完善市场体制,保障平等基础上的竞争。人们在经济收入分配上如果出现不公平或者扭曲,就必然导致道德败坏。可惜现在有许多人认为收入的扭曲是人们过分追求自己利益的结果,他们没有看到这些现象的最终原因在于特权过多地干预了经济,造成了不平等的竞争环境。我们可以看到,凡是政府直接管理经济的地方,如分配平价外汇,分配进出口配额,审批低息贷款,调拨平价物资,核准土地使用,分配住房,分配紧缺商品的机构,都是最容易滋生腐败的地方。因此,必须减少政府的直接干预,逐步取消对垄断行业以外的价格管制,使商品交换尽量不经过"公共权力"这一环节,腐败自然无从产生。收入分配就不至于被扭曲。茅于轼说,完善市场经济体制,保障"平等"竞争,就会为新道德的确立准备好条件。

第四,健全权力制约机制,优化社会组织环境。茅于轼认为,人类赖以生存的社会组织的变化,在道德观念的选择上发挥着极大的作用。在专制政治下,占统治地位的是专制主义道德观,讲究盲从和愚忠,而在民主政治下,则讲究平等。专制主义道德阻碍了人类本身的发展,是不适应社会组织演变的道德观念,最终必将被淘汰。我国正在逐步确立市场经济的组织模式,这有利于以平等为基础的新道德观的确立。但腐败现象、特权现象在我国还严重存在着,这与市场体制所要求的平等精神是不兼容的。要从实际上遏制腐败、消灭特权现象,务必建立、健全权力制衡机制,使我国政治、经济组织制度不再成为滋生腐败、特权等不平等现象的根源。

5. 也谈中国道德的重建

茅于轼　鄢圣华

摘要：每个人的自利本性都是相同的，因而在人际关系中每个人的利益要求都是对等的。但人之自利应有一个界限，这就是不应损人之利（包括剥夺他人逐利的机会）。道德是行为主体不损人或在他人处于危难境况时予以救助的行为特性。政府在社会道德建设中最重要也是最起码的是要求人们"不损人"，表扬和提倡舍己为人的精神是一种更高的要求。法律和公共权力应打击严重的损人行为，成为维护道德的屏障。公共权力的"损人"示范必促使整个社会的道德状况恶化。专横权力的存在是社会道德沦丧的主要根源。在绝对权力体系中，从一般公民到国家元首的基本权利都有可能被剥夺。

一

人性自利，这几乎是一个常识。人在相互交往中都有自己的利益要求，他不可能不权衡利害。因此，在人与人的交往中呈现的是一种利益互动关系或者利益对局关系。每个人的自利性都是相同的，因而，在利益互动中，每个人的利益要求应该是对等的。

人们之间的利益互动关系可以分两种情况：①在利益互动关系中没有人处于危难境况，我们把这种关系定义为基本关系，它是人际关系的基本形态。所谓危难境况，是指人处于没有把握逐利机会的能力，甚至连生命都面临威胁的一种极端不利的场合和条件下。②有人处于危难境况，而其他人则没有处于危难境况，这种关系是人际关系中较为特殊的形态，故我们可以称之为衍生关系。

在人们利益互动之中，每个行为主体的行为都有一个是否道德的问题。要界定道德的含义，必须先弄清人们表达的道德概念有什么样的共同特征。

在基本关系中，我们说某人某行为不道德时，是说他掠夺或者损害了别人的利益(不唯指物质利益,而是多方面的)。从这样的表述出发,我们会发现,道德讲的是人们在基本关系中:①每个人都有自己的个人利益存在,因为若无自身的利益,就谈不上损害;②行为主体没有损害其他人的利益,这个其他人不仅指当事各方,还包括社会中的其他人。我们很难苟同只顾自身私利及集团利益而不顾别人、别的集团利益的行为是道德的。生活中,我们说一个人诚实无欺是一种美德,其逻辑前提是他诚实无欺,不损害别人的利益。因此,我们可以断言,在基本关系中,所谓道德,反映的是行为主体不损害他人利益的行为特性。

基本关系中的道德只是要求不损害或者不掠夺他人, 并不要求牺牲自己的利益,更不反对追求个人利益。相反,它尊重人们追求个人利益。损害、掠夺他人利益的利欲叫贪欲。损害、掠夺是贪欲驱使下的行为,应该受到谴责乃至惩罚。也就是说,人自利有一个界限,这个界限就是他自利时不应侵害其他人的自利机会或其他利益。

我们谈到道德时,还有另一种情形,虽然人们都有趋利避害或者自利的本性,但有时需要人不避危险或者不计私利而帮助别人。比如,溺于水中的人需要他人救命;老幼病残孕在乘坐拥挤的公共汽车上需要他人让座,如此等等。这些需要他人帮助的人所在的境况就是我们在前面提到的危难境况,不在危难境况中的人跟这种处在危难境况中的人的关系是衍生关系。衍生关系中讲道德则要求行为主体牺牲个人利益,以救护、帮助处于危难境况中的人。人性自利,但个人的力量非常有限,需要他人合作乃至救助。否则,人作为生物中的一类就可能灭绝。我们牺牲个人利益去救助危难中的人,是因为我们同样是人,万一我们有一天身处危难境况也可能无力自救,那时我们也希望得到别人的帮助。没有人承认见死不救是道德的。那些身处非危难境况中的人不应袖手旁观,更不应落井下石,而应伸出援助之手。

所以,道德是指人际利益互动关系中不损人(基本关系中)、救助人(衍生关系中)的行为特性。

经济学中著名的囚犯难题表明,人不应该只顾自己的利益,而不顾他人的利益。只顾个人利益的人必然会在行动上侵入他人的个人利益领地。人人都这样不惜靠侵害他人以自利,结果对大家都不利。

由于人的自利性或者利益要求是对等的,人们是否愿意践履道德,一般来说也取决于他的德行是否得到回报。我们不照顾到别人的利益,别人也不愿照顾到我们的利益。身教重于言教,再多的道德说教,也不如脚踏实地遵守道德的实际行动能感召人们提供道德服务。

显然,当人们享受到别人提供的道德服务时,自己也愿意提供这种服务;当别人没有提供道德服务时,自己也不大愿意提供道德服务。古人云:“德不孤,必有邻。”我们都希望生活在一个道德的环境里,没有一个人真正喜欢生活在一个充满掠夺、侵害、身处危难却无人救助的社会之中。

因此,道德的核心是人与人之间利益要求的等价关系或者对等关系。从上面的分析中,我们也容易发现,自利与道德并不矛盾,道德恰恰是人自利本性的必然要求。

二

判断一个人的行为是否合乎道德务必分清场合, 不应把衍生关系中的道德要求与基本关系中的道德要求混为一谈。尤其需要指出的是,政府应首先强调基本关系中的道德标准,不应将衍生关系中的道德要求错位到基本关系中来。不分境况、模糊地贩卖道德说教,非但不能有效地协调人与人之间的利益关系,反而会引起人们之间的利益冲突。长期以来由于极“左”路线的统治和影响,所鼓吹的道德标准都是衍生关系所要求的。当这些要求被运用于基本关系中时,很多人在无损于他人的情况下追求个人利益正当行为也受到批评,人们因而对个人利益、个人奋斗等概念讳莫如深。当市场经济的大潮席卷中华大地,允许人们公开竞争利益时,人们出现了道德的迷茫。许多人大讲道德沦丧,似乎今不如昔。真的今不如昔吗?不是,真正的市场经济中,市场交换的双方为自己的利益通过讨价还价拍板成交,利益达至均衡,双方的利益都增值,交易行为是互利互惠的行为,不允许任何一方受到掠夺或侵害。所以,市场经济是合乎人性的道德经济。当我们谈到道德滑坡,不应指向人们对个人利益的追逐,而应指向对个人利益的践踏。坑蒙拐骗、假冒伪劣、权钱交易等行为践踏的不仅是社会利益,也是个人利益。能还原为个人利益的所谓集体利益,若有,那是以集体利益之名行掠夺个人利益之实。挥霍公款者掠夺的是取之于公民的税收费用,任人唯亲剥夺的是其他人的录用机会。提倡集体主义应是出于保护个人正当权益的目的,不应将集体主义作为要求人们盲从的遮羞布。

基本关系中的道德强调尊重个人利益,反对侵害、掠夺行为。如何反对掠夺行为呢?在个人利益对局中,首先要靠道德自觉,加强自律。但是对于越过自利的边界掠夺他人的行为,一般的公民无足够的能力予以纠正,因而需要政府对利益对局中的当事人予以监督。故国家的功能之一在于反对掠夺,保护个人利益,为个人利益的扩大创造条件。不过,政府不可能动用法律处罚较小的道德失检行为,只有触犯了法律的不道德行为才会受到法律的制裁。如果对严重的不道德行为不予以制裁,势必刺激不道德行为的滋长蔓延,恶化社会道德状况,因而法律应是道德的屏障。警匪一家、司法腐败是对道德状况的严重破坏,这种破坏不仅使社会稳定失去了法律和道德的支持,而且使正直善良的人们一旦得不到政府的保护,就有可能导致公共权力沦为侵害、掠夺行为的帮凶。法律能否成为道德的屏障在于:

第一,法律本身是否支持了掠夺,若是,则法律本身就是“法之法”。

第二,司法是否独立,若不独立,无论法律字面上如何标榜维持道德,也只不过是一纸空文。

三

受掠夺者个人的力量不足以用来捍卫个人利益,因此,维持道德的最终力量是公共权力——它作为仲裁者以国家强制力为后盾来维系道德。也就是说,道德的推动力量归根结底是公共权力,权力对行为主体的制约是维持道德的保障。任何在利益对局中的人都不能逃脱权力的制约。人们常常会错误地认为,由于公共权力是超然的仲裁人,因而公共权力不需要受制约。公共权力的使用者是自利的人,权力不过是工具,所以公共权力的使用者也需要加以制约和监督。事实上,公共权力作为整体,其主体是政府,政府与公民也处于利益对局之中,政府作为行为主体,其行为也有一个道德与否的问题。政府、官员的权力行为都必须受到有效的权力制约。因此,我们任何时候都不应事先假定或者盲目相信公共权力及其使用者总是全心全意为人民服务的,相反,要使任何人、任何权力都总处在权力的对等制约之中。那些不受权力制约的权力是绝对权力,是应予以坚决反对的。

绝对权力的存在是社会道德沦丧的主要根源。绝对权力会破坏公共权力的公正性。因为权力一旦不受限制,它就会诱使绝对权力的掌握者践踏他人的尊严而逞一己之贪欲。更具危害性的是,绝对权力又总是以公共利益的象征身份出现,具有极大的欺骗性。绝对权力的不道德示范,会严重恶化道德环境,使人们相互之间的道德信任感减弱乃至丧失。歌颂、保存绝对权力而不实行权力的制衡与监督,是试图维持一个以权力参与掠夺的权力体系在这种权力体系中,不只是一般公民的个人利益得不到保障,甚至连国家元首的人权也可能被剥夺。比如,文化大革命期间,中国国家主席刘少奇就被剥夺了基本人权。

人与人利益要求的对等性不只是要求对处于利益对局中的每个行为主体实行权力制约和监督, 还需要给予每个人以追求利益的均等机会。一个社会,人们追求利益的机会为社会的政治、经济体制所决定。如果政治、经济体制没有给予每个公民以追求个人利益的均等机会,或者说偏私于某一部分人而对其他人不利,这种体制就维持了一个不公平的利益分配格局。体制的缺陷导致实践中的弊端,机会不均等必会引起利益分配的扭曲。公务员制度讲究公开竞争、考试选拔、录用人才,其目的是给所有具备同等知识条件和能力的守法公民以均等的机会，在参加考试的机会面前人人平等，在官职面前人人平等，防止少数人垄断官职。市场经济体制旨在将每个人置于人人机会均等的经济利益赛局之中。政府只是这一赛局中的裁判者，绝不应“下场踢球”，参与微观经济活动。公共权力一旦干预微观经济活动，或是直接对微观经济活动进行价格、原材料等的管制，或是直接参与经商，它就不再可能进行公正的“仲裁”，赛局中的竞争也就不再平等。因为公共权力本是公共的、大家都有份的，结果却被掌权者用来谋私，而其他公民没这个份。在这种不平等的竞争中，无权者就处于明显的劣势，因为仲裁者已不是他们个人利益的保护者而变成竞争者。裁判为自己打分必然会偏私。再者，权力直接管制微观经济活动，势必导致经营主体挖空心思进行收买权力的竞赛。另外，在“裁判者”可以“下场踢球”的情况下，公共权力出台的“公共政策”往往是有利于寻租的，往往有利于维护、巩固和扩大既得利益。偏私的经济赛局必然是纵容一部分人对另一部分人的掠夺行为，甚至很多人被剥夺了竞赛的机会。建立真正的平等公正的市场体制，确保机会均等，是我国道德建设的一个重要环节。

6. 现实关怀、道德忧患与民族复兴

——茅于轼学术思想初评①

王曙光

对于知识分子社会角色与功能的定位在很大程度上恰好折射出知识分子自身心态中的尴尬矛盾的局面：一方面，从擅长理性思考与冷静解析的知识者的角度而言，知识分子理所当然地要对整个社会的主流意识

① 凡引用茅于轼先生的著作均引自：《生活中的经济学——对美国市场的考察》，暨南大学出版社，1998 年版；《择优分配原理——经济学和它的数理基础》，商务印书馆 1997 年版；《谁妨碍了我们致富》，广东经济出版社 1999 年版；《中国人的道德前景》，暨南大学出版社 1997 年版。不再注明出处和页数。

形态秉持一种疏离的超然的姿态，也就是将自身"边缘化"的一种自觉而清醒的努力；但是另一方面，知识分子自身所充溢的渴望张扬人性的内在冲动，那种对自我社会良知的深刻体会和强烈的社会关怀意识，又逼使知识分子进入到一种相当入世的状态，他们不仅具有尼采所说的头脑冷静、思维缜密的日神风格，而且时时闪耀着一种以强烈的社会良心关怀现世的颇具浪漫主义风格的"酒神冲动"。综观茅于轼先生的学术历程，正是对知识分子双重性格与价值取向的最好诠释：他一面以极其理智渊深的专业知识者的身份深入研讨当代经济学及中国经济成长与制度变迁中的诸多理论与实践问题，寻求中国民族复兴之道；一面又以极大的道德激情和人文关怀去观照当代中国经济与社会转型期中面临的精神困境和道德重建。

一、经济学家的道德观照：以"斯密悖论"为开端

经济学历来被视为一种具有严格经验主义和实证主义性质的社会科学，因而在大多数经济学家看来，经济学应该处于一种完全超脱的摒弃"价值判断"的"道德中立"状态。在马克斯·韦伯看来，所谓"价值判断"，是指研究者"宣称他接受从某些伦理原则、文化观念或指导观点中所推演出来的实际价值判断"，而"道德中立"，是指两种极端的状态，或是认为"应把纯粹从逻辑上可推演的断定和经验事实断定与实际的伦理价值判断或哲学价值判断区分开来"，或是"主张即使不能用某种逻辑上的完整方法作出这种区分，但还是有希望把对价值判断的断定坚持到最低限度"。[①] 然而每一个经济学研究者都必然痛苦地感受到区分经验事实的陈述和价值判断是何等艰难。这就产生了一个令所有学者都感到尴尬的悖论：一方面，"科学经济学"的鼓吹者们总是顽固地维护经济学本身的纯洁性和道德中立姿态，认为经济学的根本宗旨是追求"具有科学意

① 马克斯·韦伯：《"道德中立"在社会学和经济学中的意义》，见《社会科学方法论》(中译本)，华夏出版社1999年版，第100页。

义的在逻辑上和事实上正确的结果”;另一方面,所有经济学赖以存在的理论预设却又与“经济科学不能把主观性评价作为其分析的主题”这种貌似公允的判断相左。货币主义大师米尔顿·弗里德曼在对肯尼思·博尔丁教授一篇文章的专题评述中,在论及“经济学中的价值判断”时,斩钉截铁地宣称,“经济学中不存在价值判断”,尽管他不否认“经济学的确涉及价值判断问题”,也不否认“经济学家的价值判断无疑会影响到他所从事的研究课题及其结论”。[①] 在中国当代经济学家关于经济学与道德问题的论争中,樊纲继承并发挥了弗里德曼关于经济学的“道德中立”观点,认为尽管经济学分析离不开道德和价值预设,尽管经济学家作为社会个体在其职业规范之外也不得不接受道德规范约束并具有道德关怀,但是,经济学的界限在于,它只是在给定的道德规范和价值体系下进行分析,它把人们的“偏好”、“价值观”、“生活目标”、“社会公德”等等当作外生的经济学体系之外决定的变量来看待,当作自己分析的前提条件加以接受。然后在多种给定的道德准则、社会规范范围内进行经济学分析,告诉人们如何行为、如何选择、如何决策、如何配置资源,才能最大限度地实现自己的目标,增进自己的幸福。[②] 对樊纲先生《“不道德”的经济学》有意或者无意的“误读”以及由此引发的“经济学与道德”问题的热烈探讨,成为中国20世纪末学术论坛上一道令人瞩目的人文景观。[③]在所有以经济学视角与方法探讨道德问题的著作中,茅于轼先生的《中国人的道德前景》(以下简称《前景》)无疑备受学界关注,被评论家认为是一部公认的极为严肃的充满道德忧患意识的警世之作。

经济学家“越俎代庖”“不务正业”介入道德领域,是自开山鼻祖亚当·斯密便开始的一种学术传统,斯密不但穷尽毕生精力创作了划时代

① 米尔顿·弗里德曼:《弗里德曼文萃》(中译本),北京经济学院出版社1991年版,第1页。

② 樊纲:《“不道德”的经济学》,载《读书》1998年第6期。

③ 盛洪:《道德、功利及其他》,载《读书》1998年第7期;罗永生:《经济学还是自由主义?》,载《读书》1998年第9期;姚新勇:《“不道德”的经济学的道德误区》,载《读书》1998年第11期;何怀宏:《在经济学和伦理学之间》,载《读书》1998年第12期;张曙光:《经济学(家)如何讲道德?——评〈中国人的道德前景〉》,载《读书》1999年第1期。

的经济学名著《国民财富的性质和原因的研究》(旧译《国富论》),而且以道德哲学教授的身份撰写了经济学名著《道德情操论》,从而遗留下19世纪中叶德国历史学派经济学家所提出的争论百余年而未决的著名的"斯密矛盾"[①]。此后的经济学大师,如哈耶克、阿罗、弗里德曼、布坎南、诺思、西蒙等,都阐述过对道德伦理问题的看法,制度经济学派的经济史学家诺思曾把包括道德在内的意识形态理论作为制度变迁理论的三大基石之一,布坎南则把经济学定位在"介于预测科学和道德哲学之间",而阿玛蒂亚·森在《道德与经济学》中亦对此问题多有阐发。茅于轼的《前景》继承了制度学派将道德视为影响社会经济进程的非正式制度的观点,确立了道德作为"公共服务"的性质,认为人类之所以能够在多次重复博弈中作出道德选择突破"囚徒困境",正是印证了道德作为"个人与社会单方面的不成文契约"的非正式制度的特征,这种契约以社会的微观行为主体自愿为整个社会作出提供道德服务的承诺为其付出,以回收并享受他人的道德服务为预期收益。如果在这种道德契约中原有的权责均衡被破坏从而产生对这种"公共产品"的滥用或"搭便车"行为,就会引起整个社会的道德蜕化与价值崩溃。从这个意义上说,"道德作为一种公共服务,其维持是一种不稳定状态",如果实施道德实践的预期成本过于高昂,则更多的行为主体将选择放弃道德诉求。道德的另外一个重要属性是"社会共识",茅于轼指出,从道德社会共识的属性出发,其基本因素是全人类的共同道德信仰,如仁爱、诚实,守信、慷慨、宽容等等。他辨析了道德的价值判断与理性判断的区别,认为"道德是非判断在很大程度上是理性判断,而道德之实践则纯属价值判断"。这个区分具有重大的理论意义。作为理性判断,道德完全可以成为经济学分析的对象从而被纳入经济学的理论框架,但是作为价值判断,道德是纯粹个人化的自我感受与自我甄选。正是在这个意义上,张曙光批评樊纲"把道德问题完全归

① 关于"亚当·斯密矛盾",可以参见:《道德情操论》译者序言,商务印书馆1997年版;陈岱孙:《亚当·斯密思想体系中同情心和利己主义矛盾的问题》,见晏智杰、唐斯复编著《陈岱孙学术精要与解读》,福建人民出版社,1998年版,原载《真理的追求》1990年第1期;梁小民:《亚当·斯密问题之解》,载《读书》1999年第10期。

结为价值判断,而否定道德是非的理性判断,因而得出经济学不讲道德"的片面论断(1999年)。

二、正式制度、非正式制度与道德的传统资源

正式制度与非正式制度的区分使得制度经济学的阐释空间空前地拓展,正式的法律规范和行为契约在制度形成和变迁中固然起到主导与决定性作用,但是道德社会约束、习俗等非正式制度在制度演进中的巨大影响亦不容忽视。而且,在很大程度上,正式制度的实践与履行往往有赖于非正式制度的强大的背景支持。茅于轼从道德规范与法律强制所导致社会成本的比较中得出结论,认为"法律的维持依靠刑罚,道德的维持要靠舆论批评"。但是从其维持成本来看,通过刑罚和法律来维护正义显然要比用道德约束来维持正义付出的代价更大,而且,从实践效果而言,道德约束的效果并不逊色于法律强制。因而,"道德约束从成本效果的经济分析角度来看,是最重要最有效的保持社会秩序和个人幸福的措施"。道德与法律担负着不同的社会治理功能,在茅于轼看来,"道德高尚的社会根本不需要动用法律。法律是行为的规范,但是最好是看而不用,道德也是行为的规范,它却每时每刻都在起作用"。道德作为一种社会共识,是"每个人发自内心的是非判断,丝毫也不带有来自外面的强制性,也正因为如此,道德才具有不可规避的约束力"。从成本收益角度分析,"一个人的道德水平可以用他愿意为道德行为支付的代价的高低来定量地衡量",从整个社会的福利最大化角度而言,社会为激励道德行为,启动道德资源应"尽可能降低履行道德义务所支付的代价",从而在整个社会的道德博弈中鼓舞微观行为主体尽力为他人提供道德服务,从而整个群体的福利达到帕累托改进。茅于轼从社会成本角度对道德规范这种非正式制度的推崇, 不但反映了他本人强烈的道德忧患意识和社会使命感,而且折射出整个社会在制度转型期面临道德规范的混乱与道德意识的迷茫时对于道德秩序的普遍呼唤与强烈渴求。

茅于轼对于道德之社会整合功能的强调旨在说明道德以其较小的社会成本实现了社会机器的和谐运转,比之于强制执行严密监督的法律实践而言具有效果和代价的双重优越性。但是,这种认为"道德高尚的社会根本不需要动用法律"的价值判断在残酷的人类道德现实中从来没有真正实现过,如果把道德作为整合社会的唯一力量则必然导致"泛道德主义",在这个意义上,茅于轼对于道德功能的强调与推崇引起了学者的恳切的批评。有的学者认为,现代社会面临的激烈的社会转型和频繁的人员流动势必引起人们行为方式的巨大变迁,传统的道德评价机制和制约手段并不足以有效维护社会秩序与社会公平,因而法律作为一种正式制度在多元道德规范并存以及道德规范力量呈弱化态势的情形下有不可替代的作用。[①] 以契约合作为特征的现代社会不同于以道德习俗等非正式制度维系的传统社会, 这一差异导致社会整合力量及手段的差异。有的学者认为,道德自律与法律约束不仅不可偏废,而且必须使二者一致,由于制度是以集体行动控制个体行动,因而所有制度设计与建设必然以人性恶为前提假设,而一个道德社会的最终形成,固然离不开道德教化与宣传,但更关键的还在于形成适当的制度安排有效地扼制和惩戒不道德与激励道德,加大不道德的机会成本和道德的预期收益。[②] 茅于轼本人也反对"道德万能论"将道德功能绝对化的趋向,但他对于道德的局限性因其著作论述重心的原因而未加详述。

传统道德与现代价值体系的激烈冲突是处于转型期的任何国家都必须面对的现实,这就印证了库兹涅茨在研究许多国家经济高速增长的共同规律时所得到的结论:经济增长的同时必然伴随着流行价值观念的迅速变化,这种变化既是经济增长的结果,又是推动经济进一步增长的原因。[③] 传统道德体系曾经是维系中国超稳定专制国家机器的重要支

① 苏力:《仅有道德是不够的》,载《中国合作新报》1995 年 5 月 12 日。

② 张曙光:《经济学(家)如何讲道德? ——评〈中国人的道德前景〉》,载《读书》1999 年第 1 期。

③ 西蒙·库兹涅茨:《现代经济的增长:发现与反映》,载《现代国外经济论文选》(第二辑),商务印书馆 1981 年版,第 23 页。

柱,但是在现代经济发展中这些传统资源却越来越起到阻碍作用。茅于轼认为,“现代化技术需要一套与之相适应的社会结构和伦理观念,而这一套东西绝不可能自然地在原有的专制制度中生长出来”,因而有必要“用外来文化的新因素注入中国传统文化,以改变用来建立社会秩序的伦理基础”,以此对中国道德的本土资源进行重新整合与塑造。对于儒家伦理观念,茅于轼在整体批判的同时亦承认推崇其中某些精辟的传诸百世而不朽的道德信仰,如“仁者爱人”、“己所不欲,勿施于人”等等,认为这些价值观念与现代市场经济相互契合并行不悖。由此看来,儒家伦理本身是一种科塞所谓的“弹性的解释体系”,而不是一种刚性的绝对解释体系。

三、市场、价格机制与经济自由主义

现代微观经济学的所有努力都旨在证明200多年前亚当·斯密所提出的最重要的见解:在交易都是严格自愿的前提假设下,微观经济主体出于自身利益最大化的动机而实施的市场行为可以达到整个社会福利的最大化,在他的极具原创性的理论中,市场制度作为一种经济机制成功地将追求各自目标的个人自由同经济领域内的广泛合作完美结合。[1]在成熟的市场经济体制中,价格制度提供了一种神奇的机制促进微观行为主体采用最节省交易费用的交易方式从而达到社会资源的合理配置。价格首先作为一种经济信号对厂商和消费者的行为进行诱导,提供一种激励、鼓舞人们采用最节约“稀缺性”的行为模式利用资源禀赋并同时决定国民收入的分配,而价格机制成功运转所赖以存在的理论预设是微观经济主体拥有不被剥夺、不被扭曲、不被强制地自由甄选的权利。[2]茅于

① 亚当·斯密:《国民财富的性质和原因的研究》(中译本),商务印书馆1997年版。

② 米尔顿·弗里德曼,罗斯·弗里德曼著:《自由选择:个人声明》(中译本)商务印书馆1982年版,第18页,第69页。

轼在《择优分配原理》中根据自己的研究成果建构了现代微观经济学的数理基础，他对于市场经济中价格机制的作用机制与经济功能有许多独到而精辟的论述，继承并发扬了自亚当·斯密到弗里德曼的经济学传统，他的诸多见解对处于自传统计划体制向市场体制变迁期的中国而言具有格外重要的理论意义。

茅于轼将价格机制喻为无所不在的"经济学中的地心引力"，价格是资源相对稀缺性的标尺，而计划经济体制之所以难以奏效，其根源在于在该体制内难以"产生一个能真正标志稀缺性的正确价格系统"，正是在这个意义上，茅于轼提出了"价格万岁"的口号。而与此相应的，是他对价格扭曲和价格管制所导致的资源浪费进行的严厉谴责。他认为，"公平竞争的市场可以保证各种资源的高效利用"，而解决浪费问题的正确办法是"用法律保证公平竞争的市场运转规则"，尊重微观经济主体"在市场上选择的权利"。公平竞争与自由选择是市场和谐运作的两个基本条件，公平竞争代表"交换双方的平等地位"与"交换信息的充分流通"，而自由选择意味着对凌驾于微观主体之上的全能计划者的摒弃从而以双方交换的自愿性达到交易的"正和结局"。

1999 年 4 月在北京大学的一次演讲中，茅于轼认为"经济学(家)的最重要的使命是维护经济自由主义"。"自由主义"恐怕是近代史上误读与歧义最多的术语之一，古典自由主义与始于 20 世纪 70 年代的"左派"自由主义之间有着明显的话语差异。在自由主义经济学家哈耶克看来，自由主义代表着一种运用自发而非强制的社会力量形成的自然扩展的社会秩序，他一面提醒人们不要过度夸张人类理性(他认为这是人类"致命的自负")从而落入自身"奴役"的境况，一面对"自由主义"的滥用怀着警惕，他说："在自由主义的基本原则中没有什么东西能使它成为一个静止的教条，也不存在一成不变的、一劳永逸的规则……深思熟虑地创造一种使竞争尽可能地有益进行的体制和被动地接受既定的制度，二者之间的差别尤其悬殊。也许对于自由主义事业危害最大的，莫过于某些自由主义者单纯从某种经验主义出发的顽固态度，而尤以自由放任原则为甚。"(着重号为原作者所加)。[1] 在茅于轼的经济自由主义思想中,"自由主义"意味着敏感而有弹性的不被扭曲的价格信号体系,经济主体的符合市场规则的个人选择权利、政府与微观行为者的平等关系以及建立在以上经济原则基础上的自然社会秩序。出于对我行我素的放任自流思想的警惕,茅于轼特别强调市场运行与市场规则的区别,"市场运行由自利的动机所驱动,而市场规则不能靠自利的动机去维护。放松市场管制是指市场运行应该自由,而市场规则是丝毫不能放松的",而作为市场规则的建立者,政府要模范地遵守市场规则。作为市场制度的信奉者,茅于轼没有忘记客观冷静地剖析市场的制度缺陷,指出市场制度在生产上的高效率却"同时培养了消费中的严重浪费",消费效率的提高、外部性的消弭、产权的有效保护都有赖于政府的高效运转。茅于轼认为,由于市场与政府的各自局限性,"未来社会的制度必然是市场制度与非市场制度的结合"。正如盛洪[2] 所提出的,"只有经济自由主义才能理解国家或政府的真正含义",作为一种"提供安全、秩序和公正的、具有规模经济的制度安排",政府的存在是经济自由主义充分发挥作用的必要条件,而"经济自由主义心目中的理想状态,是市场与政府之间的均衡和谐"。

四、结语

与阿玛蒂亚·森所痛切批评的经济学中日益强烈的反道德主义形成鲜明对照的是,以茅于轼为代表的中国经济学家似乎正在剧烈的市场经济制度变迁中进行着艰难的道德启蒙和热诚的道德召唤。英国政治学家贝拉米(Richard Bellamy)在其著作《自由主义和现代社会》中描绘了"自由主义"的发展历程:17 世纪在英国兴起的自由主义是一种"道德性自由主义", 而其后的自由主义则是一种道德诉求日益萎缩并逐渐让位于没

① 弗里德里希·奥古斯特·哈耶克:《通往奴役之路》(中译本),中国社会科学出版社 1997 年版,第 24 页。

② 盛洪:《经济学精神》,广东经济出版社 1999 年版,第 132 页。

有道德承诺的“经济性自由主义”。[1] 也许茅于轼先生全部学术思想的价值恰在于此：它反映了一位冷静而热忱的经济学家和一位秉承中国传统士人风范的有强烈历史使命意识的知识分子在调和“道德性自由主义”和“经济性自由主义”矛盾中所付出的自愿而艰辛的努力。

此文发表于香港《中国社会科学季刊》

7. 中央电视台《商务书廊》栏目主持人杨平与经济学家茅于轼对话录

（1998年3月28日）

欢迎收看商务书廊。

“毫不利己、专门利人”很久以来一直作为中国人的道德信条，然而，我们选择了市场经济作为经济改革的目标，就必须肯定追求自利是正当行为。那么，市场经济环境下什么是真正的道德，它与传统道德有何异同呢？今天我们向大家介绍的《中国人的道德前景》就是一本从经济学角度来谈论道德是非问题的书。作者是我国著名经济学家茅于轼先生。

茅老师，您好！您一直是从事微观经济学研究的，为什么这次您写了一本关于道德问题的书？

答：经济学要解决的问题是寻求社会致富之道。几代人研究的结果发现，社会要想富，首先要每一个人都去追求财富。人类社会在过去两三百年内物质财富有了空前巨大的积累，导致了丰衣足食、教育普及、寿命延长并享受了种种科技发明的新花样。而这一切成果主要是靠市场力量

① 罗永生：《经济学还是自由主义？》，载《读书》1998年第9期。

的推动,也就是每一个人追求财富的动力,而不是某个信仰的吸引力造成的。经济学中的核心概念——供应和需求,就是众多的生产者和消费者在关心自身利益的竞争环境中,通过讨价还价,形成价格。这一竞争性的价格使得一切资源被有效地利用。

然而在市场制度出现之前,人们也是追求自身利益的,可是那时出现的是掠夺和争斗,是社会无休止的动乱。人们不得不依靠一个高度权威的政治结构来勉强维持社会的稳定。同样的个人利益,是什么导致了极其不同的结果呢?答案是市场规则。这个规则既不是靠权威的政治结构,也不是靠个人的自利动力,而是靠个人的道德约束。

正因为道德和自利的结合才出现了社会的富裕, 所以许多经济学家都对道德问题发生兴趣。最早的亚当·斯密和马克思, 到近年来的哈耶克、布坎南,都有过许多讨论道德的著作。

一般谈论道德的书往往是流于说教, 而您这本书却是从日常琐事入手,从我们身边随处可见的事例来谈论道德问题,这是否与您从事的研究有关?

答:我从事研究有一个信条,即不论多深奥的理论,如果透彻地理解了它,必定可以还原为日常生活中的现象。不论自然科学和社会科学都是如此。如果认为一个道理复杂得无法为常人理解而非得用数学表达不可,恐怕还是因为没有透彻理解它。科学规律的发现都是从观察事物开始,所以最终它必定可以还原为普通的事物。《中国人的道德前景》是本着这一信念写出来的,我过去的一本书《生活中的经济学》(不久将由暨南大学出版社再版)也是本着这样的信念写的。

我读这本书时注意到,您观察事物的角度十分不同,比如说这里有一段(原书第 5 页):"过去宣传学雷锋的时候电视上经常出现这样的报道:一位学雷锋的好心人义务为附近群众修理锅碗瓢盆,于是在他面前排起

几十人的长队……这几十人却完全不是来学雷锋做好事的，恰恰相反，他们是来捡便宜的人。"这种思考方式非常独特，那么您说做好事该不该鼓励呢？

答：我反对义务帮别人修东西，并不是一般地反对做好事。但义务修东西是不值得提倡的。因为一个人做好事，招来几十个捡便宜的人，他们排着队来捡了便宜。如果我再找一位做好事的人义务替我排队，岂不是我更捡了便宜，这样做好事那世界还有什么规矩。这里揭示了一个极深刻又极平凡的道理，即道德之发生有两种情况：一是人与人不对等，富人与穷人，强者与弱者，下公共汽车和上公共汽车的人，他们都处于不对等的情况。所以富人和强者要帮助穷人和弱者；上车的人要让下车的人先下。从来没有听说倒过来要穷人帮富人的。义务修东西错就错在没有搞清人与人不对等才发生道德问题。

那么人与人完全对等时是否也有道德问题的发生呢？是的。这可以用著名的囚犯难题来说明。例如听信银行要倒闭的谣言，争着去银行提款以避免自己要遭受损失。这样做的话，即使一家诚实经营且利润良好的银行也会垮台。此时的储户彼此处于对称地位，但仍有道德的需要。再有如国有企业不管盈亏，想方设法多发奖金，引起通货膨胀，也是对称情况下不讲道德引起的社会灾害。

我们以前提到个人主义，几乎就是自私自利的代名词，您怎么看这个问题？

答：用自利来理解个人主义的话，个人主义并没有错。自私通常用来描述一个人不大愿意帮助他人，缺乏同情心，这当然不好。但即使如此，自私自利而不损害他人的话，不能认为是错误。社会上的种种不平，不是自私自利造成的，而是侵犯他人权益造成的。"文革"时着力批判个人的私，要狠批私字一闪念，但同时对大规模侵犯个人权益的事视若无睹。最严重的是侵犯个人的基本权利，关押、拷打、侮辱、威吓、不许申辩，这才导致了中华民族一段最黑暗的历史。市场化改革以后私字大行其道，但并没有出现社会性的灾难。我们见到的种种不良现象绝大多数不简单地是私的罪恶，而是侵犯他人的利益。如假冒伪劣，借钱不还，毁约失信，肆意欺骗，都是侵犯了他人权益。道德高尚的人不是不讲私，而是同时也尊重别人的私。

是不是说个人主义若不损害别人的利益，那么个人主义也是应该受到尊重的？

答：个人主义是应当受尊重的，这里说的个人主义是指个人关心自己的利益，同时也注意到别人和我一样，也关心自己的利益。经济发展的巨大推动力正是利益的驱动。

个人主义是和集体主义相对立的。尊重个人主义是不是要反对集体主义？这要分场合。无缘无故地以集体主义为理由，侵犯个人权益是错误的。但在强敌当前，共御外侮的时候，集体主义的原则超过了个人主义。一声冲锋令下，就得勇往直前，义无反顾，牺牲在所不惜。因为当了亡国奴，自己的基本人权就失去了保障。但即使在这种情况下，个人权益仍在一定的范围内受到尊重。恩格斯曾说过，一个受暴君统治的民族，恨不得异族来入侵。可见尊重个人权益的重要性。

那么我们的儒家传统道德在当今市场经济环境下是否需要作一些修正？

答：儒家传统道德有很丰富的内容，它的核心精神是仁，是“己所不欲，勿施于人”。这个精神，保护了中华民族两千多年，即使在天灾人祸动乱不绝的环境下，整个民族没有灭亡。如今实施市场经济，仁的价值一点也没有减少。展望未来，恐怕只会更加发扬光大，而不会销声匿迹。

孔子的思想中还有许多珍贵的要素，它比之其他民族的传统道德更为圆满。比如说，当你被别人恶劣地对待时，你应当如何回报，于是有“以怨报怨”(比较接近当今的某些宗教的道德)和“以德报怨”(比较接近基督教道德)。以怨报怨，就会有怨怨相报，永无宁日的问题，所以有以德报怨之说。基督说，别人打你的左耳光，你再让他打右脸。基督相信人都可以感化，用以德报怨可以感化坏人。但以德报怨又有鼓励人做坏事的毛病。孔子主张以直报怨，意思是说，如果别人对你坏，你不可以牙还牙，而应告诉他错在哪里，并用符合原则的办法还报他。我认为孔子的道理更富有智慧，既有灵活性又不失原则。

然而儒家道德中一个极严重的缺陷是缺乏平等和人权观。孔子将人分成君子和小人，劳心者和劳力者。不论家庭社会乃至国家，都要由人对人的干涉和控制来维持结构的稳定。君臣之间发生矛盾时，不论谁是谁非，必须以臣的屈从为结局。鲁迅说过，父亲和儿子说话，父亲不论说什么都无不可，可是对儿子来说，还未开口，先已错了。将社会分成尊贵和贫贱，已深入到我们的骨髓之中。所谓的官本位即由此而来。说话时领导总是发指示，真理掌握在尊者手中；下属总是体会领导意图。骑自行车的和坐小轿车的人在马路上发生纠纷，轿车里钻出来的人就敢打骑车人的耳光。两个互相陌生的人打交道，首先是猜揣对方的身份。有时故意摆出一副官架子，以势压人。这种观念在西方市场经济国家里基本上不存在。缺乏人人平等的人权，对发展市场经济、建立市场制度也是不利的。中国有几千年的市场，但没有建立市场制度，其原因正是皇权不断侵犯市场，侵犯人民的财产，甚至侵犯人的生存。当今市场制度受到的最大威胁，也是因政治地位造成的特权屡屡破坏市场秩序。

您认为市场经济中，法治和道德应该是什么关系？

答：人们常说，市场经济是法治经济。但我认为更确切地，市场经济是道德经济，它是建立在道德基础之上的。如果市场靠法治，人人经常靠打官司解决问题，其成本是非常高的。因为打官司要花时间，花金钱。不但自己花，对方也得陪着你。还有政府要设立法庭、监狱、警察局。这些花费都是非生产性的，是用来互相抵消的。而道德是每个人发自内心的自我约束，它是没有社会成本的，所以是一种最高效的社会力量。法律是存而不用，用的是道德，这才是理想的社会。

此外，法律和道德之间还有一个真空地带。人可以不犯法而又不道德。换句话说，如果没有道德的约束，人人都仅仅是不犯法而已，生活在这样一个环境里是很可怕的，每个人都得时时处处提防，以免被人钻了法律的空子。只有生活在道德社会之中，人才会感到安全幸福。

您认为中国未来的道德应该是什么样子的？

答：中国要培养一个全新的市场经济的道德环境。在这个环境中个人的权利受到尊重，每个人懂得捍卫自己的权利，并尊重别人的同样权利，己所不欲，勿施于人。人们相处有宽容精神，不坚持僵化的态度，与人为善，平等待人，共同繁荣和发展。人们追求物质享受，更追求精神享受。大家关心处于不利境况下的人们，建立一个有人情味的市场经济。

如果说具体到每一个人身上，能做的是什么呢？

答：道德实质上是一种公共服务。当每个人享受别人的道德服务时，他也愿意向社会提供这种服务，这时社会成为一个风气良好的社会。相反，当一个社会道德水平低下时，少数人坚持道德操守，反倒成了“傻瓜”。由于对道德行为的逆向鼓励，这会形成一种恶性循环，整个社会的道德水平迅速下滑，这是十分危险的。当今我们的社会既没有出现这种道德下滑的危险，也没有形成人人都被良好社会风气所激励的道德环境。但是从近十几年以来的变化看，犯罪增加，贪污盛行，情况是令人担忧的。在这种情况下，每一个有社会责任感的人，都应坚持道德操守，为社会增添一分正气。等待是没有用的，道德不是靠说教，而是要行动。这就是我们每一个人可以做到，也亟需去做的事。

好，谢谢您，茅老师。

8. 平实以致远

——记茅于轼先生的生平与学术

何 帆

那还是七年前，我刚刚跨进大学校门的时候。有一天我在学校的图书馆里乱翻，无意中找到茅于轼先生的《择优分配原理》一书。这是一本引人入胜但我却无法一口气读完的书，因为书里用的是数理工具，讨论的又是经济学的微言大义。尽管茅于轼先生行文洗练、深入浅出，但我仍费了不少劲才把这本书啃完。对于当年的我来说，这次阅读是一次神奇的思想探险，我平生第一次感受到了经济理论的魅力。

在一个人的成长过程中，最让人激动的经历莫过于在多年之后，能够结识自己当年曾追随过的思想先驱。两年前我在北京天则经济研究所里终于认识了茅先生。此后，每次在天则所遇见这位矍铄而慈祥的老人，心中总会生出崇敬和亲切之感。

在北京东南的方庄小区，高楼林立。天则经济研究所，这家蜚声中外的民间研究所，就设在这里的一幢公寓楼里。从外表看，这里普普通通甚至还有几分简陋，但这却是中国经济学界星光熠熠的地方。天则所的成员包括茅于轼、张曙光、盛洪、樊纲、刘世锦、张宇燕、唐寿宁、张平等一批中国社科院的知名学者，茅于轼先生则是天则所的现任所长和创始人之一。除此之外，茅先生还身兼亚洲开发银行注册顾问、中国能源研究会副理事长、广州外语外贸大学和山东矿业大学的兼职教授等职务。曾被美国 Marquis 世界名人录和英国剑桥国际传记中心选为 1993—1994 年度世界名人。

但是，这些荣耀并不足以体现出茅先生的价值。在我看来，日后如果会有一本记载中国经济学发展历史的著作，那么其中的许多篇章都会提到茅先生的名字。因为，除了他自己在学术上的重要贡献，他还一直不遗余力地从事引介现代经济学前沿专题、推动中国经济学的现代化和国际化的事业，这些工作更是泽被后学、功德无量。

一

茅先生 1929 年生于江苏南京的一个知识分子家庭。他的祖父茅乃登是清末的武官，曾参加辛亥革命。他的父亲茅以新在家中排行第三。中外闻名的桥梁专家茅以升先生便是茅于轼的二伯父。茅于轼的母亲陈景湘女士也出身书香门第，她的父亲陈吟诗是清末的举人，三哥陈章曾任中央大学工学院院长，后又任南京工学院教授。

茅于轼的父亲茅以新处世正直，公而无私。他把自己的毕生默默奉献给了我国的铁路建设事业。大学毕业之后，茅以新负笈美国，在普渡大学获得铁路机车硕士学位。回国之后，他先后投身于浙赣铁路和粤汉铁路的建设，立下了汗马功劳。抗战爆发后，茅以新先生受命在广西柳州组建柳江机器厂，到 1944 年日军进犯湘桂时，又负责工厂向贵州的疏散。茅于轼的童年，也便在这连天烽火中辗转于桂、黔、川等地。他曾在 6 个小学、7 个中学就读。抗战时期生活艰苦，一家人清贫度日，常常吃不饱肚子，衣服也是补了又补，世事的艰难反而使茅家的四兄妹更加成熟和自律。他们敬重父母、互相友爱，那种乐观而融洽的家庭气氛仿佛成了他们借以驱散寒夜的火种。父亲工作繁忙，母亲也有操持不完的家务事，茅于轼和他的弟弟妹妹们不仅帮着母亲做家务，还非常自觉地坚持学习，连放假的时候也不松劲儿。长辈的榜样便是好的激励，当年茅家的四个孩子，现在都已成长为杰出的学者：茅于轼先生是海内外知名的经济学家，他的两个弟弟茅于杭、茅于海都是清华大学的教授。妹妹茅于兰是北京师范学院的副教授。

抗战之后，茅于轼考入了父亲当年的母校——上海交通大学。当时他深受父亲的影响，志向也是要献身祖国的铁路建设事业。于是，大学毕业之后，他便到了东北齐齐哈尔铁路局工作。当过火车司机，还当过工程师，后来又调入铁道科学院。那时候，他恰当风华正茂，渴望大展鸿图。不幸的是一场文化大革命风云突变，茅于轼一家也受到冲击。有一位自视为革命家的街道积极分子，为了立功邀奖，诬陷他们家是资本家，引来红卫兵到茅家翻箱倒柜，大打出手。后来，年已 70 岁的茅以新先生被发配到甘肃省边界的一个地方烧锅炉，茅于轼自己在铁道科学院也被划为“右派”。从此，许多重要课题与他无缘，他的科研成果无处发表，已经出版的书还要把作者的名字改成笔名。但在那个混乱的年代里，茅先生仍做了许多很有价值的科研工作，他用控制论原理讨论机车牵引热工动态性能；用概率论作了机车牵引热工试验的误差分析，建立了铁路道口事故的概率论模型；还应用变分法推导了列车牵引中的能量方程。但在这时期，茅先生的研究仍然局限在铁道工程学的领域之内，对于经济学，他并没有表现出特别的关注。

二

1975 年，中央打算修建一条青藏铁路。这条铁路起自格尔木，计划通到拉萨，全长 1 200 多千米。中央为此组织了一批专家对这条铁路的设计作技术经济评价，茅先生也参加了这项工作。正是这次经历使他对经济学产生了兴趣。当时，中国的经济学家们仍在忙着从《资本论》中寻章摘句，为政策的变幻作出种种政治上的诠释。茅先生以一个讲求实事求是的工程师的眼光，很快认识到经济学是要研究资源的约束条件下求得效益最大化的问题。他深厚的数学修养更使他一下子领悟到,经济学的本质在数学上就是数学规划问题。非常巧合的是,就在这一年,诺贝尔经济学奖授给了线性规划的创始人,苏联经济学家康托罗维奇等人。茅先生在那个闭塞的学术环境里, 从一开始就抓住了经济研究的世界前沿问题,这却是他当时所不知晓的。在此后的几年里,他一个人潜心构造他的经济学世界,终于在 1979 年导出了择优分配原理。1981 年,茅先生参加了美国经济学家克莱因在颐和园举办的计量经济学研讨班, 到这时,他才正式地接触到了现代经济学。此后,他进一步地阅读西方经济文献,并和自己的想法参详印证,更加坚定和完善了原先的构思。直到 1985 年,茅先生应《走向未来丛书》之邀,才写成《择优分配原理》一书。回首遥望,距离当年的思想萌芽已有十年之久。此时茅先生也已调入中国社科院美国所,从此他有了更多的时间去思考经济问题。“十年磨一剑,剑光照人寒。”茅先生的这本书深受欢迎,先后印行 7 万余册,现早已脱销,据说不久仍要再版。青年经济学家张维迎 1987 年曾在《中国:发展与改革》上撰文评价此书,称这是“一本真正的原著而不是评著,作者是以第一人称的口吻而不是以第三人称的笔法写作”。

经济学,尤其是微观经济学,讨论的核心问题便是稀缺资源的有效配置。择优分配原理就是直接探讨什么是配置资源的最佳原则。微观经济理论认为,最优分配要使配置到各个领域的资源能有一个统一的边际收益。从理论上讲,实现最优配置有两种方式:一是由一个计划者事先计算出统一边际收益的数值,再按这个计算结果制订计划,调配社会资源。问题在于,复杂经济系统中边际收益的调整往往牵一发而动全身,现实中没有任何一个计划者能求出全社会各种资源的统一边际收益。理想状态中的计划经济神话不过是一种“计算机乌托邦”。事实上,计划者总是误把平均收益当成是边际收益,创造出许多拍脑瓜式的、一刀切式的比例关系,用以指导国民经济建设,结果堵塞了资源向更有效的配置调整的渠道,造成了我们熟知的浪费和低效率。看来,只有另一种办法,即走市场经济之路才行得通。因为,按照择优分配原理,无论我们是从哪一种初始分配出发,追求自利的市场参与者总会充分利用价格信号,不断作微量调整,将边际收益低的投入改用于边际收益更高的领域。由于普遍存在边际收益递减公理,最后一切投入的边际收益都会趋于一致,从而达到了最佳分配。从学术贡献来看,茅于轼先生的择优分配原理把微观经济理论直接建立在数学规划的基础上,使经济分析的前提条件和逻辑推理都表述得更为清晰,同时也把微观经济学的制度背景从隐含表述为明显。1990年,澳大利亚昆士兰大学邀请茅先生前去讲述微观经济学,就是由于看中了他建立的这一特殊的学科结构。从现实应用来看,茅先生的这一原理对我们观察经济现象和制定经济政策都有很重要的启发。茅先生自己也曾用这一理论得到过不少有意义的结论。1986年,他在哈佛大学做访问学者时,曾注意到美国各地区之间的经济差异很大,最穷的州和最富的州人均收入相差几乎达一倍。美国是一个人口流动相当自由的国家,何以较穷州的人口不迁向富州,而使各州的人均收入趋于一致?茅先生翻检了有关的历史记录,发现各州人均收入的增长速度是大体一致的。应用择优分配原理,可以对这一现象作出解释:原来,影响人们迁移的原因在于各地之间人均收入增长速度的差异,人口的自由流动最终会使各地区的经济增长速度趋同。这一结论对于我国地区经济发展战略的制定也有很大的启示。也就是说,我们不应不顾客观规律地强求各地区的经济发展水平整齐划一,而是应以消除地区间经济增长速度的差距为目标,这一目标的实现归根结底要靠更灵活、自由的市场机制。

从茅先生对择优分配原理的研究可以看出他治学的特点。他总是力图把最基本的原理彻底弄清吃透,发掘简单定理背后的深刻寓意,再用长久思考得来的道理去分析实际问题。茅先生称,他的信念是:“经济理论必须逐条地都可还原为经济现象。一切经济现象也必定有相应的理论可以解释。”本着这样的信念,他曾以在美国的点滴感受为素材,写了一系列随笔,用经济学的原理为普通读者说明市场经济的运作。后来,这些文章又编成一本书,取名《生活中的经济学——对美国市场的考察》,由上海人民出版社出版。书中既介绍了价格与资源配置、通货膨胀、外部效应、国际贸易等基本理论,还讨论了市场经济的文化、法律及道德背景。这本书旨在引导读者自我思考,体会出自己能掌握的经济学来。这本书获得了极大的成功,茅先生的随笔从此也一发不可收拾,在《南方周末》、《经济学消息报》等报刊上,都可以经常读到茅先生的新作。茅先生在教学生的时候,也不忘引导他们用经济学去回答日常生活中一些基本的问题。去年他在北京大学演讲时,给学生们出了八道经济学问题。例如:交换是否等价?投机赚的钱是创造出的财富还是别人口袋中的钱?为什么穷国和富国的工人同工不同酬?这些问题我们几乎每天都会遇到,但实际上却很不容易回答,里面包含的理论都是相当尖端的。有兴趣的读者,不妨也用茅先生的这几道题测测自己的经济学功底。

三

伴随着经济体制从计划经济向市场经济的转轨,人们的道德水平出现了大幅度的滑坡。旧有的传统伦理经过"文革"的冲击早已七零八落,而共产主义道德又面临着种种挑战,一时间自私和欺诈的行为四处蔓延,公众对社会公德的冷漠态度和暴力等恶性事件的滋生正破坏着我们这个社会的健康发展。茅于轼先生早在1986年前后就开始关注这些问题。十年来,他在国内外发表一系列讨论道德与经济的文章,并于1997年最终完成了《中国人的道德前景》一书。这是他呕心沥血的一部力作,几经周折,1997年底终于在广州暨南大学出版社正式出版。我在1994年曾从他那里索得此书的一份拷贝,有幸先睹为快。我想这是一本值得向每一位读者推荐的佳作。它一路娓娓道来,宛如茅先生平日里那低缓而清晰的带江南口音的普遍话。书中主要从制度经济学的角度出发,参考了大量伦理学方面的著作,把人类道德伦理学方面的著作,把人类道德伦理的起源和演变——用经济理论加以剖析,能使人对感觉无所适从的道德难题豁然开朗。茅先生把道德释为自私的人们寻求互利而规定的社会规则。在人们的相互交往中,能使大家都得利的最佳途径便是自愿条件下的交换。但交换成为一种制度却只是这两三百年之内的事情。自然经济条件下物质贫乏，个人间的逐利行为常会掉进零和对局的困境，克己复礼、重义轻利才成为道德的基石。农业社会以家庭为基本生产单位，维持家庭伦理就等于维护社会秩序，因而等级制又成了传统伦理的核心。市场经济下交换能得以最完善有效的保护，交换将带来每个人利益的增加，因为它促使每个人都发挥其比较优势。经济的发展要求人们在观念上更新、扬弃传统道德，重建市场经济下的新道德体制。另一方面，新道德体制的成长也需要尽快确立自由、平等的市场机制。

我很担心我的这一段并不精彩的转述会使读者误以为茅先生的书中都是些干巴巴的说理。事实上，他引经据典，旁征博引，更为可贵的是，还从报纸上摘引了大量改革中发生的新闻，用这些实例使一个个鲜明深刻的观点跃然纸上。初读此书，就觉得茅先生针砭时弊的杂文笔法读来特别畅快淋漓。好书耐读，当我又读过几遍之后，已能渐渐品出茅先生悲天悯人的情怀。这是一位堪称“社会良心”的学者对人间冷暖的深切关怀。我相信这本书能使头脑混乱的读者思路通畅，能使内心不安的读者心灵安宁。

四

在我的同学中，许多人知道茅于轼这个名字都是从读他和汤敏主编的《现代经济学前沿专题》开始的。可以毫不夸张地说，这套书已成为国内经济学研究生必读的参考书。在已经出版的两册中，收入了杨小凯、钱颖一、田国强、陈平、易纲、邹纲、王建业等一批中国留美经济学会成员的论文，介绍了企业理论、交易费用经济学、非线性经济学、对策论等经济学新兴领域，对中国经济学的发展方向影响深远。茅先生为这套书的编辑和出版工作付出了很大的心血。他从 1987 年起就担任中国留美经济学会的国内联络员，协助学会在国内普及现代经济学理论，出版过许多图书杂志，其中比较流行的除《现代经济学前沿专题》之外，还有一套《市场经济学普及丛书》。从 1988 年起，茅先生还一直担任学会刊物《中国经济评论》(在美国用英文出版)的顾问编辑。

茅先生有那种典型的望之渊默、即之也温的长者风范。他和许多青年经济学家都保持着半师半友的密切往来,在青年学者中威望甚高。我有一个很深刻的印象,那次是杨小凯回国期间到天则所作报告,他一进门,顾不上和众人握手,就满屋子嚷嚷要找"茅老师"。当年杨小凯的第一本著作拿给茅先生看,茅先生把书中的每一个定理,每一个公式都仔细作了推导。在那本书中杨小凯的思想还只是初步成型,茅先生便看出他的不凡。在此后的许多场合,茅先生总是不忘为杨小凯的思想做宣传和赞扬。他看到年轻人发表了好的文章,常会亲自去信讨论问题,以此表示鼓励。他和盛洪的交往便是这样开始的。茅先生在1989年的《中国:发展与改革》上看到盛洪的一篇《中国经济需要制度创新》,非常欣赏文中的见解,便去信和盛洪切磋。他还谦逊地说:"盛洪是我学习制度经济学的老师。"对于青年学者的成长,茅先生总是鼎力相助,呵护有加。当年,宋国青从地质系毕业,被分配到西安地质局。茅先生深知这是对人才的埋没,他亲自找到当时的教育部副部长周麟,拍着胸脯为宋国青打保票,说他一定是个经济学家的好料子。由于茅先生和许多热心人的奔波,宋国青最后才又被调回北京。张维迎、平新乔、粟树和、梁天征……在茅先生的这些青年朋友背后,也许还有着更多类似的佳话……

五

1993年,茅先生和盛洪、张曙光、唐寿宁等与从事文化事业的大象公司共同创办了天则经济研究所。"天则"这一名字,取自《诗经》的诗句"天生烝民、有物有则",意指自然之规则。这一名称表露出天则经济学家对制度经济学的共同爱好。研究所创办之初,是由盛洪担任所长。盛洪在1993年秋天去了美国芝加哥大学做访问学者,茅先生便承担起所长的担子,从此一直干到现在。天则所在这两年多来做出的成绩是骄人的,如第一批关于中国制度变迁的案例研究已先后完成, 举办了60多次天则双周论坛，编辑出版了《中国经济学1994》等。此外，他们还走出象牙塔，致力于将经济学"产业化"，完成了亚洲开发银行、福特基金会和美国国际经济研究所委托的多个项目，在国内也完成了"广西玉柴机器股份有限公司企业发展战略"、"西安金融中心地位与城市发展模式"、"天津电解铜厂改组设计与论证"等咨询、研究项目。由于这些学术研究和咨询活动的成功，也由于天则作为中国新生的民间研究所的代表和旗帜，它已吸引了许多中外媒体的追踪报道。美国《时代》周刊1995年6月采访了盛洪和茅于轼，《商业中国》在1995年6月曾在报道中介绍过天则所，敏感的香港新闻界更是领先一步，在1994年10月的《中国时报周刊》中，就有一篇关于天则所的专访。在国内，《经济学消息报》和《长江经济导报》几乎每一期都有关于天则所活动的消息。

临到这篇稿子快写完时，我才想到自己还没有想妥一个结尾。为此我又拨通了茅先生家里的电话，请他谈谈他的心愿。他说："我最大的心愿就是中国能富起来！"关于中国的经济学，他希望能走出一条和西方的主流经济学不一样的道路。他把这个希望寄托在年青一代的经济学工作者身上，叮嘱他们一定要站在前人的肩膀上，并且要努力发挥自己的创造性。

让我们和茅先生一起，为中国经济的未来和中国经济学的未来祝福。

9. 为什么一个真正的经济学家同时又是一个高尚的人　　盛　洪

——记茅于轼教授

一、我与茅老师

我结识茅老师已有近十年了，应该说，是他主动"结识"我的。那是

1989 年的某一天，我突然接到了茅老师的来信，信中称赞我的一篇文章《论制度现代化》，并提出要与我交谈。等我与他相见后，才发现他的年龄比我预期的要大得多。这使我很羞惭，同时感到茅老师的谦恭。他的谦恭不是刻意做出来的，就像和他的本质是一样的。这种为人风格现在已不多见。比如，我给别人写信，最后总大模大样地写上自己的名字，个别时候给前辈写信加上"学生"二字，而茅老师无论给谁，如给我这样的晚辈写信，最后落款都是"于轼上"。无怪乎，茅老师有那么多的忘年朋友。

曾有一段时间，我和茅老师每个礼拜都交谈一次，内容是经济学加上海阔天空，地点就是他的家里。茅老师的渊博学识和敏捷思路，使我经常感到这样的谈话就是一种享受，他平易近人、温文尔雅的风格又使我非常放松。那是一段非常愉快的时光。后来与茅老师交往多了，对他也有了更多的了解。他诚实、守信用，当然这些字眼似乎很平常，但在今天是非常非常不容易实行的。他严于自律、风格简朴、勤奋刻苦、体谅他人，更重要的是，他有一颗善待他人的心。我经常因学术问题与他争论，也因工作原因与他意见相左，有时言辞过于激烈，但从不用担心会被穿上"小鞋"。以这颗善待他人的心，他关心着他人，关心着社会。在山西一个非常贫穷的村子里，他用自己的钱和朋友的钱创办了一个小额贷款基金，后来又动员更多的朋友开展了投资扶贫的试验。

关于茅老师的经历，我过去知之不多，最近才知道，他这一生是非常曲折坎坷的。他当过"右派"，"文革"时被抄了家，家人受虐待，自己被发配到山西。但是我们很难从他的脸上看到这段历史的阴影。对待这一切，他是那样平和。每当谈到过去时，他总是一笑，说"现在比以前好多了，现在的中国比过去好多了"；"光恨不行，还要想办法促进社会的进步，使这样的悲剧不再发生"。人很难超越自己，即使是那些宣称超越了的人。不是所有的人都能把自己受到的不公正的对待转化为促进社会进步的力量，而茅老师却一直探索着"以直报怨"的路。我经常想，茅老师的道德风范，除了和他的家风、他所继承的道德传统有关，还与他是一个经济学家有关。我作为经济学的同道，很能理解他的行为方式。但我同时也觉得，让我做到像他那样，又是非常困难的。有些我们明白的东西，做起来却是很不容易的。然而，如果我们不去身体力行我们宣称的、从经济学中发现的道理，我们是否真的相信我们写在文中、挂在嘴上的理论？如果我们可以说一套，做一套，那么说的这套还有什么价值？

二、义者，利之和

一个把经济学思考作为自己生活方式的经济学家，经常会想，“我怎样的行为是最有效率的”，结论往往是，遵循道德的行为是最有效率的。比如，要不要说谎？据说有一个关于说谎的调查指出，说谎的人比诚实的人的寿命要短。我不知这是否真实，但想起来非常符合经验。说谎者首先要付很高的心理成本，克服羞愧，掩饰慌张，时刻要想着不要败露，到处要自圆其说。久而久之，还会败坏自己的声誉，增加了与别人打交道的外在成本。这样，说谎的“好处”早已被抵消了，还不如做一个坦坦荡荡的君子好。

其实，道德就是一个人与他人的关系。人都有自己的利益，他们的利益又难免互相冲突。道德规范就是经过无数次试错而形成的人与人之间的均衡。这样的均衡，在孔子那里叫做“仁”、“和”或“中”。形象地说，在两个人之间有一道无形的线，两个人的行为都不应越过这道线，否则就构成了对对方的侵害。这也是道德规范的基本含义。遵循道德，就意味着在不损害对方的前提下，尽可能地伸张自己的利益。简而言之，对一个人最基本的道德要求，就是不损害他人。这也是这种道德规范同时是最有效率的奥秘所在。因为任何打破均衡，损害他人的行为，最终都会招致别人的回应，从而不可能保证自己不受损害。所以，遵循道德的行为，就是最有效率的行为，对个人，也对社会，这是第一层次的境界。达到这一境界也不容易，需要对经济学有透彻的把握。

三、德者，得也

即使知道道德有好处，也不一定知道道德的具体形式，道德规范并不是一成不变的教条，两个人之间的无形的均衡点因时因地因人而异，需要“具体情况具体分析”。但是达到随时随地都能发现均衡点的人并不多。我看《论语》时，总觉得孔子的行为看似没有一定之规，却时时处处都似乎落到了均衡点上。当然他不同于一般人。即使是他，也只有到了七十以后才“从心所欲而不逾矩”。这也是说，由于将道德的基本精神内化于心，时时处处根据具体情况遵循道德，不觉得有什么约束，反而觉得很自由。

在解释什么是道德时，冯友兰先生曾说，“德者，得也”。也就是说，道德是人们对人间之道、社会之道领悟的心得。一个人的道德修养不少是幼时由父母师长教导培养的，但更多的是在与别人打交道的过程中体验摸索而积累起来的。后面的形式不仅是丰富道德的过程，也是理解道德的过程。一个人对从父母师长那里继承的道德只知其然，只有自己亲身体验才知其所以然。所以人生就是一个道德化过程，一个不断有所“得”、不断发现和理解道德规范的过程。对于一个经济学家来说，他的“得”，就是在具体情境中不断求解两人间的均衡点。更进一步，他还可以寻求和发现更接近道的均衡点。

这是第二层次的境界。欲达到这一境界，就要把道德和文章结合起来，就要开始实践经济学对道德的理解，就要把符合道德的经济学精神作为一种生活方式。

四、道德难题

上面讲的遵循道德之所以如此美好，是假定了打交道的两个人或社会中的所有人都遵循道德。但是如果对方不守道德，我们将怎么办？比如道德要求我们不要去损害别人，但是如果我们面对别人对自己的损害又如何去做？这不是一道故意设计的难题，而是我们在现实中经常遇到的情境，但解决这一难题却少有良策，它不知难倒了多少英雄汉！

博弈论给出了很好的对策，叫做一报还一报。你打我我也打你，你偷我我也偷你，你骗我我也骗你。让对方也尝尝受损害的滋味，会使他们思考一下他们损人的策略是否有问题，这样有助于道德规范的形成。但这是在人们不知道德为何物的时期采取的策略，当文明已形成数千年以后，人们是否还要这样？况且互相打、互相偷、互相骗的成本是很高的。往往双方并不势均力敌，被侵害的一方经常是在侵害手段上处于劣势的一方。在一个相当大的社会中，想要通过这种方式来达到最终的道德均衡，往往需要很长时间，甚至会覆盖人的一生。更何况，懂得道德的人往往有道德障碍，他们无法心安理得地采用对方的不道德的手段，因为这样一来，他们会认为自己更输了：连自己的规范都丢了。

如何道德地对待不道德的侵害，这确实非常难。孔子说，以直报怨。茅老师很赞赏这一点。从规范形成的角度看，这种策略比一报还一报的策略好得多，因为它会减少互相仇杀的次数，缩短规范形成的过程，但实行起来却比后者难。直，就是正直，就是公正，就是道德规范。为亲人复仇是比较容易的，怎样在自己被侵害的情况下保持公正，则是有着很高的要求的。在解这一难题时，很少有人能够走到"以直报怨"上来，即使知道这样的策略，克制仇恨，保持公正，又该多难呀！这是第三层次的境界。只有解了道德难题才能达到这一境界。但能否解题，并不在于智慧的高下，而在于能否克服自己因个人恩怨而产生的冲动。

五、约束自己

还有更难的问题。如果有这样的情境，不是你受到别人的侵害，而是你有某种资源优势，使你在与他人的关系中占有上风。换句话说，即使你越界侵害了别人，别人也无力向你报复，你的行为没有外在的力量约束，在这时，你还会遵循道德吗？

可以有许多具体情境。如在具有外部性的场合，你可以随手把垃圾扔到风景秀丽的郊外，不会有任何人看见并谴责你，你能约束自己不扔垃圾吗？你可能是一个大公司的总裁，虽然公司有很严格的财务制度，但有很大的漏洞，如果你将公司的一部分财产化公为私，不会有任何人知道，你做不做？你是一个身居要职的政府官员，很多人会因为你的职位而求你，他们会低声下气，会用各种方法巴结你，甚至会贿赂你，你也许能做到拒绝贿赂（这当然也很不容易），但你能否做到（由于拒绝了贿赂）在与他们说话时完全没有傲慢口气吗？能够真正平等地对待求你的人吗？

经济学告诉我们什么是外部性的场合，也知道每当到了这种场合会普遍存在搭便车的行为，但这种行为会导致整个社会的福利降低。迄今为止，人类没有什么好办法来解决这类问题。只有靠精英人物出来说话。这时作为一个经济学家，作为一名知识分子，他有责任站出来呼吁大家遵守规则，但他首先得自律，才有资格要求别人。这意味着他要忍受自己利益的损失，或放弃能够获得巨大利益的"机会"。这是第四层次的境界。这无异于向自己的经济人本性挑战！

六、立言，立功，立德

从第一境界到第四境界，经济学都发现了问题的所在和解决的方法。但仅仅发现还不是一个真正的经济学家。一开始我们就说过，光说不练是不行的。然而经济学家要实践自己提出的解决方法是异常艰难的，而且最难的地方并不是存在着外在的恶魔，而在自己的内心。只有既发现又实践经济学的道德方案，这个人才是一个真正的经济学家：他身体力行道德规范，甚至不惜遭受损失，他自然也就是一个高尚的人。我想茅老师就是这样的一个人。

胡适先生在晚年回忆说，当他在家乡的学校读书时，每天都"可以看见北墙上悬挂的一幅长轴，上面写有公元 8 世纪时政治家和大书法家颜真卿的一段书札的印本”，他说，“当我初认草书时，我认出来这张书札开头引用的就是立德、立功、立言的三不朽论。五十年匆匆过去了，但是我第一次发现这些不朽的话的深刻印象却一直没有毁灭”。三不朽论最早出自春秋时期的一个鲁国人叔孙豹之口，他说：“大上有立德，其次有立功，其次有立言，虽久不废，此之谓不朽。”所谓不朽，就是一个人的言论、行为与德性对其他人、乃至对社会和文明产生影响，并作为社会和文明的一部分与社会和文明一起存在下去，以至永远。显然，这里说的影响，是好的影响，是有益于其他人、社会或文明的影响。而那些坏的影响，是不能永存的。因为社会和文明要改善，就必须从自己的身上除去坏的影响。

这种三不朽论，恰与经济学的基本精神相通。因为经济学绝不是这样一种学问，即它只给掌握它的人带来福利，而不管是否对社会、对全人类有没有好处。经济学的基本逻辑，它从全局或整体的角度判断效率水平的特点，决定了一个真正的经济学家只有在提出为他人、为社会增进福利的方案，并实际参与实施这些方案的前提下，才能考虑增进自己的福利。具体的形式，可以是立言，可以是立功，可以是立德。这三点又是逐级递进的。立言，就是发现能够改进人们福利的道理，并把它告诉世人；立功，就是通过自己的行为改变社会现有的状态，使之能增进大多数人的福利；立德，就是亲身实践自己所发现的道德规范，作为一个楷模影响其他的人，最后改进整个社会的道德秩序。

我想，茅老师作为一个真正的经济学家，对这个社会所作的贡献也可以用三不朽论来表达：在立言方面，茅老师通过他的文字，无论是严肃的学术著作（如《择优分配原理》），认真的专题讨论（如《生活中的经济学》、《中国人的道德前景》），还是轻松的杂文随笔（如《谁妨碍我们致富》），都起着引导学界后进、启发社会良知、普及经济学常识的作用。在立功方面，茅老师作为天则所的创始人和领导人之一，经过五年多的呕心沥血、惨淡经营和艰苦努力，终于使天则所站稳了脚跟，并有所发展，走出了一条民间开展学术研究的道路，并对学术界产生了积极的影响。在立德方面，茅老师通过自己的行为，证明了在一个道德水准低下的时代也可以做一个高尚的人，一个遵循道德规范的人。他使我们发问，既然茅老师能做到，为什么我们做不到？他的道德形象最终会对这个社会的道德秩序的复兴产生积极的影响。茅老师的所有这些贡献，都将融入我们的社会与文明，并将超越生命，与社会和文明一起永存。

10. 经济学(家)如何讲道德
——评《中国人的道德前景》

张曙光

道德的问题历来是伦理学、哲学的主题，但是，经济学家中讨论道德问题的也大有人在。亚当·斯密有与《国富论》齐名的《道德情操论》，获得诺贝尔奖的现代经济学家，如哈耶克、阿罗、弗里德曼、布坎南、诺思、西蒙等，都发表过对道德问题的看法，诺思曾经把包括道德在内的意识形态理论作为制度变迁理论的三大基石之一(1981)，布坎南则把经济学定位在“介于预测科学和道德哲学之间”(1987)。此外，还有《利他主义经济学》之类的著作出版。近几年来，国内经济界讨论道德问题的人和事也可以列出很多，特别是在出现道德危机的情况下。其中，比较突出的事件是北京天则经济研究所 1997 年 7 月 26—27 日召开的学术年会，主题是“走向市场经济的制度结构：市场、政府和道德”(以此为书名的年会文集由中国财政经济出版社出版)，有代表性的著作是茅于轼教授的《中国人的道德前景》(暨南大学出版社出版；以下简称《前景》)。

前不久，樊纲教授发表了《“不道德”的经济学》(1998)，认为经济学家讨论道德问题是“不务正业”，主张经济学“不讲道德”。该文引起了学界的非议，但是，批评者或出于道义，或出于情感，而于学理层面的议论较少。当时，笔者正在研读《前景》一书，遂引起一些联想和思考。经济学(家)讲不讲道德，其含义有二：一是指研究经济学的人有没有(讲不讲)

道德，二是指经济学讨论不讨论（讲不讲）道德问题，如果讲（讨论），那么，经济学怎么讲（讨论）道德（问题）。这是两个虽有联系但却完全不同的问题。从茅于轼教授及其《前景》中，我们可以找到对这两个问题的回答。

我是从读《择优分配原理——经济学和它的数理基础》知道茅于轼教授的，第一次与他会面是 1990 年，创办天则经济研究所并一起共事已经有五年多了。五年的接触和了解，茅教授的确是德高望重，有学者和长者风范。他思想敏锐，笔耕不辍，在《经济学消息报》、《南方周末》、《投资导报》等报刊上，人们可以经常读到他的既尖锐又幽默，既浅显又深刻的经济学评论。他对市场原则有着深刻的理解和不懈的坚持，同时对社会充满着道德关怀。他不仅作道德文章，而且非常重视自己的道德实践。他在山西搞的小额贷款和植树扶贫项目，既是经济学理论的应用，也是实现其道德目标的重要步骤。他严于律己，做事认真，一丝不苟，由他经手做的事情，不仅不会出现差错，而且往往都是做得最好的。尽管离家很远，无论是骑自行车，还是挤公共汽车，他早上总是第一个上班。他不倚老卖老，不讲资历，不摆架子，不搞虚的假的，对同辈人尊重，对年轻人关心，真诚相见，平等待人，可以说是朋友遍天下，特别是有很多青年朋友。在工作中，我们也有争论，也有不同意见。我性子急，有几次当面顶撞他，他并不在意，而且耐心与我讨论，因而我们合作得很好。总之，道德、文章，茅教授都堪称表率。

经济学界既不乏像茅教授这样讲（有）道德的人，也有一些不讲（缺乏）道德的人。有的抄袭剽窃，把别人的东西写上自己的名字发表；有的捉刀代笔，代人为自己作序写评；有的相互吹捧，致使书评变成了广告；有的跟风随风，把经济学当成了晋身之阶。在经济学繁荣的背后，学风的改善和提高并不太大，经济学成为显学，经济学家也相当浮躁，有的言而无信，不守承诺；有的心口不一，甚至患有"精神分裂症"。

在《前景》一书中，作者明确指出，"本书希望从人类利益的角度，从经济学的角度，对道德的是非问题再作一点可以引起人们思考的探索"

那么，茅教授是怎样从经济学的角度来讨论道德问题的呢？也就是说，《前景》讨论了哪些道德问题？这些问题与经济学是什么关系？作者是如何用经济学的理论和方法来分析和说明这些问题的？

第一，什么是道德，如何从经济学上解释道德。众所周知，经济学是研究利益关系的。讲道德并不是不言利，恰恰相反，正是出于利益的考虑才有道德要求，才讲道德。正如尼采所言，善是出自于利，而恶是与害相连的。可见，道德与经济和经济学的关系非常密切。从这个角度，茅教授把道德看做是“为了大家的利益而要求牺牲自己一时的利益的一种行为规范”。这一解释有两点需要评说。一是作者没有把道德看做是一种哲学理念和人类信仰，而是把道德看作是一种行为规范和制度安排，这就使之成为经济学，特别是制度经济学的考察对象；二是这一解释集中于为了利益而牺牲利益。前者包括了利益牺牲者的利益，也就包括了被牺牲利益者的权衡和判断。因而，这种牺牲不是无条件的，而是有条件的。这就是“囚徒困境”的客观条件，诸如遵守公共秩序，遵守商业规则，在非对等情况下帮助和解救他人等，这样做的结果会造成一个人人都受益的制度环境。离开了这样的条件而牺牲自己的利益，例如在可以进行正常交易的条件下免费为大家服务，并不能真正使人人受益，只能助长某些人的依赖、偏懒、占便宜的不道德行为。因而，这种利益牺牲不论是大是小，长期短期，都不能说是道德的。这种解释很有些经济学的味道。作者并没有提出一个普遍适用的道德真理，而是指出了在什么条件下人们的行为才是符合道德的。

《前景》不仅从经济学上解释了什么是道德，而且进一步讨论了道德的两个重要属性，即“公共服务”和“社会共识”。一方面明确指出，道德是一种隐含契约，其内容是我愿意为社会提供道德服务，如果人们都作出同样的承诺，我就可以享受社会为我提供的道德服务。既然如此，也就存在着一些人搭便车的机会主义行为，即不道德行为。因而，道德的维持是不稳定的，道德水准的提高不可能一蹴而就，遵守道德规范是有代价的，“一个人的道德水平可以用他愿意为道德行为支付的代价的高低来定量地衡量”。另一方面，从道德是社会共识出发，道德的基本要素就是全人类共同的道德信仰，如仁爱、诚实、守信、慷慨、宽容等。正因为如此，茅教授明确指出，“道德是非的判断在很大程度上是理性判断，而道德的实践则纯属价值判断”。作为理性判断，道德可以成为经济分析的对象，即经济学要讲（讨论）道德（问题），《前景》就是从这个角度来讨论的；作为价值判断，道德纯粹是每个人发自内心的感受和选择，是一种“非常个人化的实践”（苏力，1996），人们对自己行为的欣慰和不安，即是道德力量之所在。在这里，经济学是无能为力的，从这个意义上来说，经济学不讲（讨论）道德（问题）。樊纲教授把道德问题完全归结为价值判断，而否定了道德是非的理性判断，因而得出了经济学不讲道德的结论，其片面性就非常明显了。

第二，从经济上说明道德的来源和发展。在氏族社会中，人类处于同大自然的生死攸关的经济斗争中，为了生存，人们必须克服自私自利的动物习性，以便达成合作，共同生产劳动。因此，在当时的社会条件下，合作是主要的人际关系。人类经过几百万年的反复实践和淘汰选择，不会和不能合作的群体被淘汰了，留下了能够和善于合作的群体。由此，人们逐渐懂得了合作比不合作好的道理，道德也就由此而生成了。实际上，经济学就是从利益关系方面来研究合作比不合作好以及如何合作的学问。

道德不仅是由于经济斗争的需要而产生，而且也随着经济的发展而发展。在人类社会利益分配制度的发展中，最大的变化是从自然经济演变为商品经济，这个演变就成为道德观演变的分界线。在自给自足的自然经济条件下，家庭是最有利的生产单位和消费单位，也是社会最稳定的细胞，所以，自然经济时代的道德就是家庭伦理，其基本内容是尊长爱幼和邻里和睦。社会道德不过是家庭伦理的放大和复制。因而，家庭伦理是基本的，但其范围是狭小的，内容是简单的，无法适应现代经济发展的需要。交换促进了社会分工的发展，造成了大生产的利益和各种各样的比较利益，改变了人类的历史，同时也形成与此相适应的不同于自然经济的道德观念。据此，茅教授提出了一条原则，即凡是能够促进社会经济发展的，都是符合道德的。并借以解释了私有制，批评了对私有制的曲解，明确指出，有了私有制才产生出交换，才有了商业社会，才造成了今天丰富的物质生活。从这个意义上来说，私有制不仅不是万恶之源，而且是"道德之神"。

第三，《前景》讨论的重点是市场经济的道德基础和道德是非。这里更有很多经济学的分析，作者不仅提出了很多深刻的思想，而且也有很多精彩的分析和概括，不过，有一些论述不太准确或存在着一些片面之处。摘其要者而论之，主要有以下几点。

(1)关于等价交换与道德。作者明确指出，交换对于所有参加交换的双方都有利，而不会损害其他人，因而，追求个人利益是符合道德的，同时批评了等价交换的传统观念，说明了不等价交换的道理。这是一个很重要的观点。但是，作者对于不等价交换的道理讲得不够充分，对于等价交换的彻底否定则有片面性。其实，交换是一种合作博弈，必然会产生出合作剩余，因此，那种认为交易不创造价值的观点是不对的。其原因在于，交易双方对于交易商品价值的大小有不同的判断，交易的达成都是购买者比出卖者有更高的估价，剩余也就由此而来，讨价还价的过程和结果只是影响到合作剩余在双方的不同分配。然而，交换又是等价交换，这不仅表明交易双方是平等的，而且是公正的。尽管这种平等和公正是形式上的和规则上的，而不是实质上的。但是，这种形式上和规则上的平等和公正，正是市场经济的基本前提，也是其道德的重要基础。既然道德的基础在公正，而公正的体现在契约、在交易，那么，交易必然是等价的。因此，交换是等价交换和不等价交换的统一。

传统社会主义政治经济学片面强调等价交换，而否定不等价交换，这显然是错误的。反过来，片面强调不等价交换，而否定等价交换也是不对的。否定了等价交换，公正何在？道德何依？《前景》先是彻底否定等价交换，后又反复强调平等和公平，这在逻辑上也是不一致的。

(2)关于金钱万能与道德。在一些人的眼中，似乎讲道德就不能谈钱，更不能提一切向钱看和金钱万能。茅教授步步深入，对此作了很好的分析和解释，说明了这一提法的适用范围和适用条件。

首先，一切经济活动都是交换，交换的目的就是为了赚钱、牟利，既然交换可以为双方带来利益，那么，赚钱牟利就是符合道德的。

其次，赚钱越多越好，赚的钱越多，证明对社会的贡献越大。因为社会太复杂，除了赚钱没有别的办法可以证明你对社会作出了多大贡献，因此，赚钱就成了达到为社会作贡献目标的指标。从这个意义上来说，向钱看并没有错。

再次，货币作为财富的象征和流通的手段，不仅具有极大的流通性，而且其价值与持有者的身份无关。因而，在经济交换中，通常都是"认钱不认人"，货币的出现成了在商业领域排除特权，在消费领域要求平等的条件。因此，在商品和服务的领域，一切向钱看或者金钱万能并没有错。而超出这个范围，进入社会和政治生活领域，如关于人的生命和人格，关于基本人权，关于正义和公正的观念，关于道德评价等，如果再坚持一切向钱看和金钱万能，那就会出大问题。据此，茅教授得出了一个非常精彩的结论：所有政府都要限制金钱的作用，限制权力的作用，特别是要限制二者相互勾结，不让有钱的人有势，不让有权的人弄钱。最后，金钱并无罪恶，一切与金钱相联系的罪恶都是人恶。当然，凡事有利必有弊，金钱亦如此，因此，用毁坏良心的手段去赚钱，用毁坏健康的办法去花钱，都是不道德的。以上的论述不仅相当精辟，而且非常感人。不足之处是，茅先生把货币的流通性和平等性排除在经济学的特性之外，仅仅作为与社会和道德问题有关的特性。这是欠妥的。

(3)关于职业道德和商业道德。职业道德和商业道德都是市场经济条件下的道德。一个以分工和交换为基础的商业社会就是一个相互服务的社会，在这个社会中，职业生活不仅是谋生的手段，而且是道德的载体，职业道德就是源于利益考虑的一种监督关系，它来自企业利益而又超越了企业利益，成为关系到社会利益的社会原则。据此，作者得出结论，商品社会的成熟程度可以用其成员对其职业的忠诚程度来衡量。这是一个很有价值的思想。不过，有两个重要问题需要进一步讨论。

一是作为一般人和作为职业活动者,其道德要求有没有区别,有什么区别,《前景》没有提及,但却应当讨论。这是一个必须明确的重要问题。当一个人处在职业生活中时,为了遵守职业道德,可以违背一般人的道德要求,也就是说,职业道德和一般人的道德不仅有所不同,甚至还会出现矛盾。比如,医生对一个绝症患者不讲实话,这既符合人道主义精神,也符合医生的职业道德,但却有违其作为一般人要诚实的道德要求。再如,即使知情,在法庭上律师可以而且不应提供对自己委托人不利的指证,同时应当钻法律的空子替自己的当事人辩护,这些都符合律师的职业道德,但却不符合其作为一般人的道德。茅先生也是把"不钻制度的空子"作为商品经济中的"道德标准"的。然而,如果律师不钻法律的空子,不替自己的当事人说话,反而举证自己当事人的罪责,法庭抗辩和律师职业也就失去了光彩,律师职业也就没有独立存在的价值,还谈什么律师的职业道德。可见,职业道德的形成及其与一般人道德的背离和冲突说明,现代社会出现了道德多元化的现象。《前景》指出,一切职业都应具备的道德是微笑服务,这一点笔者完全赞同。但是,我觉得,最基本的职业道德还是尽职尽责,微笑服务只是尽职尽责的表现之一。

茅教授对从事商业活动的道德要求作了明确的阐释,既然商业交换活动是有利于交易双方的,那么,一切促成交易的行为都是符合商业道德的。商业道德的基本要求有二:一是要有平等的态度和灵活的精神,善于通过协商和合理让步达成一致意见。坚持原则过了头就变成了顽固和僵化,平等协商和合理让步就是对对方立场和要求的尊重。这正是市场经济和现代社会多元化和开放性的表现。二是要诚实和守信。因为现代商业社会是一个契约社会,人与人之间的交往是建立在共同遵守契约的基础之上的,违约和欺骗将会增大交易成本,对双方和整个社会造成很大的损失,因而是商家之大忌。借此,茅先生用经济学的道理揭示了商业道德建立和形成的过程,他说"当社会上普遍流行欺诈行为时,信誉成了稀缺的东西。根据经济学的一般规律,越是稀缺的东西越值钱,所以讲究商业信誉的商号此时反而能赚更多的钱。因为消费者害怕上当受骗,宁可价钱高一点，也要找信用可靠的商号打交道，长此以往，商业的信誉就能代替欺骗行为”。这一点与樊纲教授的“骗出一个新体制”的观点虽然角度不同，但其思想却是一致的。

(4)关于道德的重要性。茅教授对道德的重要性，特别是在现代社会的重要性有过很多精彩的论述和分析，读后深受其惠。如认为“道德是现代社会的稳定剂”。借用意大利大诗人但丁的话“道德常常能填补智慧的缺陷，而智慧却永远填补不了道德的缺陷”。道德是优胜劣汰的基因，“在一个正常生活的群体中，也总是不断地有道德败坏的人做各种坏事，这个群体之所以没有垮下去，正是因为有多数坚持道德信条的人在起作用。越是在社会道德风气败坏时，仍能不为所动，越能显出一个人的道德水准，鲁迅称这些人为民族的脊梁”。“对道德的追求是一种精神享受”，“任何物质享受都有一个饱和点，越过了这一点非但不是享受反而成了累赘；精神享受却不存在饱和点，相反，你越是追求它，它越会引你进入更高的层次，获得过去没有体会过的满足”。“道德是一个人幸福的真正源泉”。这些精湛的论述不仅饱含着深刻的道德哲理，而且蕴藏着丰富的经济学思想。虽然，道德重要不重要的判断是一种价值判断，但是，作者提供的论据是否真实、恰当，是否全面充分，则超出了价值判断的范围，是经济学可以探究的。这里有几个问题需要讨论。

首先，茅教授说，“在古代，一个人道德败坏祸及的只是一个家庭，一个村落，但是在现代社会，一个强行登车的人就要浪费上百人的时间。这些人被延误了他们的时间还会相应地浪费更多的等着他们办事的人的时间，由此可见在现代社会中道德的重要性比古代不知要强多少倍”。这是一种时间上的纵向比较，讨论的是道德的作用范围，且是从道德败坏的一面来讨论。笔者想从另一个方面提供一个反证。古代社会是一个熟人社会和身份社会，那时，正式的制度规则很少，人们之间的关系主要是依靠道德、习俗等非正式制度规则调节的，而现代社会是一个陌生人的社会和契约社会，除了熟人关系以外，主要是非个人的和一般的社会关系，这些关系的调节虽然离不开道德，但主要是依靠法律等正式制度调节的。据此,就很难得出道德在现代社会比在古代社会重要的结论。

其次,与此有关,茅教授反复强调,“道德比法律更重要”,“道德比法律重要10倍”。为此,茅教授提出了两条论据:一是说遵守道德规范的社会成本低,维持法律的社会成本高;二是说道德深入并渗透到人们的每一个思想和行动中,道德无所不在,每时每刻都在起作用。这是一种横向比较,讨论的是现代社会中道德和法律两种制度约束的作用。严格来说,这种比较与其说在于明辨孰重(重要)孰轻(不重要),不如说在于说明孰优孰劣。第一点,即道德作用的社会成本低,是对的,第二点则不完全恰当,作为一种威慑力量,法律也是每时每刻起作用的。此外,笔者还可以提出第三点论据,作为自省自律的道德,其作用的结果一般没有负作用,或者负作用很小,而作为外在强制的法律,其负作用则比较明显,特别是在过分强调的情况下。然而,我们还可以作出另一种比较。既然现代工商社会是一个陌生人的社会和契约社会,关注的是非个人化的和一般的社会关系,强调的是正当程序和一般人都可以做到的行为规范。因此,在现代社会,道德和法制各自发生作用的领域越来越大(吴重庆,1996)。不仅如此,前面已指出,随着社会分工的扩大,职业道德的发展,出现了道德规范多元化的现象,这也意味着道德约束力的弱化和法治作用的增强。如果要比较何者重要的话,那么,有一点是清楚的,即当某种东西稀缺时,其对于个人和社会更重要。因此,当道德败坏时,道德建设更重要;当法治被破坏时,法制建设更重要。道德自律和法律约束不仅不可偏废,而且必须使二者相一致。因为,人类虽不乏向善之心,但其本性中总是潜藏着某种作恶和不道德行为的基因,制度既然是“集体行动控制个体行动”(康芒斯,1994),其设计和建设自然不能以人人是君子为前提,而必须立足于人人是小人。一个道德社会的形成,固然离不开道德宣传和道德教化,也离不开言教身教。但是,关键还在于各种各样的具体的制度安排能否有效地惩戒各种不道德的恶行,增大其为恶的机会成本,使其得不偿失,甚至血本无归,道德宣传才能收到成效;也只有使各种不道德的行为损失惨重,并不断重复,深入人心,才能在全社会形成合作博弈比非合作博弈更有利的普遍预期，人们才会对不正当的自利行为形成自律和自我约束，诚实、信任、善良、纯朴的社会道德和道德社会才能最后形成。没有法律强制，道德约束是苍白无力的。从这个意义上来说，恐怕也不能得出道德比法律更重要的结论。

再次，茅教授不仅认为道德比法律重要，而且进一步指出，"如果一个社会的道德风尚很好，就根本用不着法律来管事"，"道德高尚的社会根本不需要动用法律"。前者是一个假定句，后者是一个陈述句。不管怎么表述，这是一种道德乌托邦，是茅教授批判的另一种意义上的"君子国"，这种道德社会在现实中并不存在，也不可能存在。讲道德的重要是有意义的，但是，讲过了头就有些片面性和绝对化了。应当清楚，不是任何问题都可以通过道德约束来解决的，把道德作为现代社会生活唯一的整合力量，会走向泛道德主义。事实上，任何事物都有两面性，道德也不例外。法律万能是错误的和危险的，道德万能也是不恰当和有害的。如果说法律强制坚硬而有效，那么，道德自律则脆弱而有弹性。《前景》从多方面论述了道德的重要性，但对其局限性尚未提及，再加上一些绝对化的论断，给人留下了一种道德万能的印象。

最后，茅教授还有一个观点，认为道德和法律的界限是不自私和不损人，"道德要求人们不自私，法律要求人们不损人"。因为，"不损害别人的行为尽管不犯法，仍旧有是非善恶之分"。这里，除了前述那种无偿为他人做好事以外，主要是指在不自私和不损人之间有一个道德和法律谁也管不着的空白地带，这就是自利。《前景》通篇都认为自利是符合道德的，这里又认为它是否符合道德还不确定。这不能不令人遗憾。这可能与作者没有区分出道德要求的不同层次有关。其实，道德要求可以有三个不同层次（张曙光，1998）：第一个层次是单纯的为己利己的自利行为，既不损人也不利人。这是最低的和起码的道德要求，也就是何怀宏先生所说的"底线伦理"（何怀宏，1997），它的一端连着法律，其主要内容几乎等于法律，它的另一端连着类似于宗教的信仰、信念；第二个层次是为己利人，或利己利人的互利行为，这是最普遍的道德要求；第三个层次是为人利人,无私奉献,这是最高的道德理想和道德要求。由此可见,不损害别人的自利行为有可能是不道德的观点,恐怕是站不住脚的。

《前景》一书主要是从经济学方面讨论道德问题的,但是,这种讨论并未使用严格的经济学的分析和论证方法,也不可能提出一个分析道德问题的理论框架,而是采取了一种自由轻松的随笔写法,通过列举大量生动的案例,进而加以分析和展开议论,真正做到了通俗易懂,深入浅出。这既是该书的成功之处,也是茅教授与众不同的特色。但是,归纳举证,夹叙夹议,往往会顾此失彼,挂一漏万,捡了芝麻,丢了西瓜。这也许是《前景》的局限或某些缺陷的一个原因。

1999 年 1 月 14 日是茅教授 70 岁生日,我想以此作为生日礼物。也许我的礼物有些特别。通常,在生日都是讲一些大吉大利的好听的话,而我却在讲好话的同时也讲了一些难听的"坏话"。这有点不合常理。但是,我认为,不论是"好话"、"坏话",对于茅教授这样有德之人的道德追求都会有所助益,对于经济学和其他社会人文科学的发展也不无好处。如果学术界对一些在世学人生日的祝贺和对一些先逝学者的纪念不只是歌功颂德,而且也谈论他们的局限和不足,这将是中国学界成熟的重要标志之一。

主要参考文献

1. 道格拉斯·诺思:《经济史中的结构与变迁》(中译本), 上海三联书店 1991 年版。

2. James. M. Suchanan, *Economic—Between Predictive and Moral Philosophy*, Texas A. & M. University Press, 1987.

3. 康芒斯:《制度经济学》(中译本),商务印书馆 1994 年版。

4. 樊纲:《"不道德"的经济学》,载《读书》1998 年第 6 期。

5. 苏力:《把道德放在社会生活的合适位置》,载《东方》1996 年。

6. 吴重庆:《道德重建如何可能》,载《东方》1996 年第 5 期。

7. 何怀宏:《一种普适主义的底线伦理学》,载《读书》1997 年第 4 期。

8. 张曙光:《走向市场经济的制度结构:市场、政府和道德》,载《天津社会科学》1998 年第 3 期。

重要名词索引

跋：一位学者的深沉忧思

陈大鹏

认识茅先生，是在1994年初秋。

那时，在险象环生的商业竞争中，我数次遇挫，负债累累。怀揣着一种怨恨、悲怆、沮丧的心情，离开了炎热得令人烦躁的深圳，来到南部沿海大亚湾，在一个渔村里住了下来。这里有我的一位同学，名叫刘兴成，中国人民大学研究生毕业后自愿到设在该地的农业银行担任出纳。

望着茫茫一色的海天，寂静中听着波浪的阵阵涛声，我梳理着自己纷乱的心绪，抑制着种种在不平衡心态下极易产生出的冲动，希望能透过浓重的如暗夜般的天幕，把这个世界看得更清楚些。

偶然间在兴成君书桌上看到了茅先生写的一部关于道德问题的书稿初样（兴成君在北京就读时曾兼职做过茅先生的助手）。我反复读了三遍，文中阐述的以德立国、以德树人的道德使我深有感触，茅塞顿开。由此，我认识了茅先生，并仰慕至极。

一个时代有一个时代的特征。我们这些生活在20世纪60到90

年代的青年人，最显著的一个特征就是迷茫和困惑：从小学到中学，我们接受的是革命传统教育；大学时期，又深受流行的西方人本主义思潮的影响；进入社会后，又面临着现实生活的种种挤迫。社会每时每刻都处在变革当中，激荡的雷鸣声从头顶上方滚滚而过，一切浪漫的幻想和虚弱的热情在纷繁复杂的世界里随风飘散着，长时间找不到一个立足点，也找不到一片明朗。于是，许多悲剧在无序的状态下被不择手段的行为制造出来，对一个国家社会而言，这是值得深深忧虑的。

无独有偶，事隔两个月以后，在一位好友处我又读到一部美国人写的书——《世界上最伟大的推销员》(台湾版)，书中围绕十道羊皮卷的故事，讲做人处世的原则，与茅先生的作品有异曲同工之妙。

非常庆幸自己在经过一番彷徨之后又重新找到了人生的坐标。合乎人性的秩序和规则永远是一个社会文明进步的特征，肆意泛滥的恶不但会加害于他人，还会毁了自己。仁爱、守信、谦和、诚实、敬业、正直、坚毅、忍让、勤奋、慎独、节俭等等道德素养，是一个人之所以成为人，真正获取成功的最重要的条件。

一年后，我从灾难的漩涡中挣脱出来，偿还了债务，并迅速崛起，重新获得了比以往任何时候都更加充足的实力和信心。这是我人生途中的一大转折，而这一转折则归功于我读到的这两部作品。正是从这些闪烁着人类精神的好书中我受到了启迪，陶冶了心智，确立了人生的信念。

于是，在我的头脑中产生了这样一个念头：用自己的努力，促使这两本书尽早在中国内地出版，让更多的读者感受它们的神奇和魅力。

1995年10月的一天，在一位好友的陪伴下，我与茅先生在北京他的寓所里第一次见面。与我想象中的完全一致，他热情、谦和、平易，有大家气质却毫无学者名流的架子。我们讨论了书稿，最后，达成了一项共识，那就是，在广泛听取意见和收集社会素材的基础上，将《中国人的道德前景》这部作品创作、修订得更臻完满,使它成为一部醒世之作。

当我就联系《世界上最伟大的推销员》一书版权之事向茅先生提出请求帮助时,他非常支持,欣然应允。

茅先生现任民办的北京天则经济研究所所长,承担着国内外许多重要的研究课题,并且在工作之余,勤于笔耕,著书立说。然而就在这种情况下,他依然履行着对一位普通青年许下的诺言,费尽周折,终于利用海外亲友的关系,将《世界上最伟大的推销员》一书中文简体字版权介绍到了国内。1996 年 4 月,这本书由茅先生作序,在深圳海天出版社出版,不久便在社会各个领域的读者中掀起巨大反响。

当我携带一笔酬金到茅先生家里向他表示谢意时,他仅仅收下了在版权联系过程中所花费的数百元钱,而对其他部分执意不收。他声明他应当收受他所支付的成本,其余部分是企业家对市场所作贡献的报酬,理应归创造利润的企业家所有,他无权分享。这使我深受感动,从茅先生身上,我领略到了一种可贵的人格力量。

从 1994 年完成《中国人的道德前景》初稿到 1997 年以《中国人的道德前景》作书名最后定稿,三年中,茅先生一直观察思索着市场经济条件下中国人道德发展的前景,对作品反复斟酌,几易其稿,表现出一位有良知的知识分子对国家民族深沉的忧思和认真负责的敬业精神。

"大江东去,浪淘尽、千古风流人物。"

综观中国几千年的文明史,道德——这个世代人民日常行为准则和统治者治理国家的伦理基础,在一次次社会动荡和变革的冲击下,不断裂变和演化着。适应着各个阶层不同利益的需要,一切合理的或不合理的判断和说教在历史的舞台上翻滚跳跃着,组成了一幅丰富而驳杂的画面。

感谢那些历史的推动者。如今,我们处在一个虽陌生然而却是崭新的时代，战乱和动荡的硝烟烈火已经散去，和平的歌声如冬日过后温煦的阳光一样在这块幅员辽阔的国土上散播。群枭争雄的时代已经结束，千千万万的人冲破僵死的清规戒律，焕发出显示生命强劲的自主性和独立性，社会朝着丰富多样化迅猛发展着。然而，由此也产生了无序状态，迅疾奔跑的人只顾低头直冲，猛一抬头，却发现失去了坐标。于是，有人惊呼"危机！"也有人诅咒"世风日下"。

伟大的时代亦会产生巨大的过失和缺憾，这并非就是一件坏事，不论人们承认不承认，历史的步伐确确实实是在向前迈进的，短暂的无序和丧失规则就如同一位跋涉者在向一个巅峰攀登时必须经历的一条凹谷。人的本性是向前和追求幸福的，有着几千年文明史的人类无论发生过多么可怕的灾难也从未陷入过绝境，而是迎来了一次又一次更为辉煌壮观的文明曙光。这一依据就为我们重建中华道德精神提供了一条穿越误区的基本途径。

管子曰："仓廪实而知礼节，衣食足而知荣辱。"当13亿中国人第一次解决了温饱问题，对精神生活的渴求就不会不更强烈一些。如今的世界早已不是过去那个国与国之间彼此隔绝，自然经济条件下人们老死不相往来的时代。冷战已经结束，商品经济市场化在各国都蓬勃发展着，人与人之间的生活，以及人与自然之间的关系从未像现在这样紧密。因此，人类对道德的要求也就越来越高。

法律可以制裁犯罪，而良知却能帮助人们从善，一切符合人类生存和共同利益的德行都将被继承和发扬，邪恶的、落后的、泯灭人性的行径终将被摒弃。

迷雾不会永远蒙住探索者执著的眼睛，一旦全社会人士达成共识，一个崭新的文明时代的到来就像太阳从地平线上升起一样势不可当。拥有了她，国民素质将大幅提高；贫穷将被摆脱；任何高楼大厦都能在平地和废墟上建起；战争、内乱、环境污染、泡沫经济、浮躁的发财欲望、铤而走险的犯罪活动等都将受到抑制，不合理的体制和制度会被重新设计，整个社会将最大可能地消除内耗，总体效益全方位提高，从而使人类的生活长足地繁荣、稳定和发展，变得更加美好。

茅先生的这部专著，其价值不仅仅在于分析了道德发展的历史，描绘了一幅道德乐园的图景，更重要的是提出了市场经济下什么是真正的道德，道德如何重建等问题，这些问题的具体答案需要全社会人士都加入进来，以行动来共同探。如此，这部作品才真正达到了目的。

1996年除夕之夜，聚集在我深圳家中的朋友同学就“利己利他的关系”问题展开了热烈的讨论，因此，错过了春节文艺晚会中许多精彩的镜头；中央电视台连续举办的“世纪的呼唤——市场经济与职业道德”的节目，学者文人，社会各界人士争相发言，情真意切；还有许许多多大中城市开展的“交通法规与文明行为”宣传月活动；诚实和信誉在商业社会中被广泛推崇；以及文明礼貌用语在全社会范围内广泛使用。这一切，显示出新的时期人们对道德问题的日益重视和关注。“道德”一词在经历了昔日的扭曲之后，又重新焕发出慈祥的笑容。

应当向茅先生致意，在经过一番艰苦的探索后他向我们提供了一部全方位阐述道德问题的专著。

一部作品的价值不在于量有多大，也不在于哗众取宠地赶时髦，而是看它能不能见人之所未见，言人之所未言，说出真知，引人思考。本书作者从司空见惯的日常现象中，从大量报纸的新闻报道中开发出新的视角，推导出新的概念，从而把读者带进一个新的领域，一定会受到所有关心中国社会发展的有识之士的喜爱。

过去有一句常说的话：“国家兴亡，匹夫有责。”窃以为，“匹夫有责”不仅仅在大敌入侵或发生内乱之时，还表现在日常生活之中。如果每一个公民都做到了文明处世，以礼待人，就能最大限度地减少和避免国家的灾难。争做英雄、伟人是理想，而做好一个普通人也是理想。心理暗示的反复作用，可以使印象得到巩固，人们的行为规范相互间良性影响，整个社会的文明程度就会提高。如此，则个人幸甚，国家幸甚，中国就会早日屹立于世界强国之列，从而有能力有条件为整个人类作出更大的贡献。

再版后记

本书自1997年岁末出版以来，中央和地方电视台共有3个栏目采访了我；《光明日报》、《中华读书报》等许多中央和地方上的报刊进行了程度不同的报道和评论；更有许多读者或写信或打来电话，同我就新形势下社会上出现的种种道德问题进行讨论……

我获得了一份欣慰。

道德是社会的共识，这么多的人士积极加入进来，正是我写作此书的本意。如果能做到抛砖引玉，唤起更多的人关注中国人的道德前景，从而促进社会的良性发展，那么，这本书才真正得以完成。

本书在出版过程中，得力于许多同志的辛勤劳动，借此再版重印之际，谨向他们表示诚挚的谢意。他们是：暨南大学出版社编辑苏彩桃女士、严奉强先生；海天出版社特约编辑薛亮女士；20世纪思想文库编委会执行主编陈大鹏先生；中国人民大学硕士刘兴成先生；北京大学科学与社会研究中心讲师王骏先生；深圳文锦中学杨爱红老师。正是由于他们积极热情的努力，这部著作才能以最快的速度、较好的质量与广大读者见面。

最后，谨向对本书进行过报道和评论的众多媒体和广大的读者群众表示深切的敬意，感谢他们对本书出版的积极支持和帮助。

祝愿我们的国家、社会有一个更加美好的前景！

作　者